供电企业岗位技能培训教材

用电检查

山西省电力公司　组编

中国电力出版社
CHINA ELECTRIC POWER PRESS

内容提要

《供电企业岗位技能培训教材》由山西省电力公司组织编写，内容涵盖了变电运行、线路运行与维护、变电检修、继电保护、电网调度、电网自动化、电力营销等专业领域。本套教材的编撰贯彻了“以现场需求为导向，以提高技能为核心”的指导思想，力求从实用角度出发，提高职工解决实际问题的能力，更适合一线职工学习和提高技能的需要。

本书为《用电检查》分册，根据用电检查人员应具备的基础岗位知识、工作技能素质要求进行编写。全书共分十章，主要内容包括：用电检查概述、电气设备运行、电气设备维护及检修、营销业务、电能计量、违约用电及窃电查处、客户用电检查、常用测量仪表的使用、触电急救及处理、电力营销管理信息系统。每章后均附有复习思考题。

本书可作为供电企业用电检查人员培训用书，也可供工厂、矿山、城乡企业电气工作者参考。

图书在版编目（CIP）数据

用电检查/山西省电力公司组编．—北京：中国电力出版社，2009.4（2019.12重印）
供电企业岗位技能培训教材
ISBN 978-7-5083-8465-8

Ⅰ.用… Ⅱ.山… Ⅲ.用电管理—技术培训—教材 Ⅳ.TM92

中国版本图书馆CIP数据核字（2009）第012835号

出版发行：中国电力出版社
地　　址：北京市东城区北京站西街19号（邮政编码100005）
网　　址：http://www.cepp.sgcc.com.cn
责任编辑：邓　春
责任校对：黄　蓓
装帧设计：赵姗姗
责任印制：石　雷

印　　刷：三河市航远印刷有限公司
版　　次：2009年4月第一版
印　　次：2019年12月北京第五次印刷
开　　本：787毫米×1092毫米　16开本
印　　张：13.75
字　　数：326千字
印　　数：9001—10000册
定　　价：49.00元

《供电企业岗位技能培训教材》

编　委　会

《用电检查》编写组

组　　长	张雅明
副 组 长	赵文元
成　　员	赵同生　侯效奎　杨守辰　孟维英　文　理
主　　编	赵同生
副 主 编	侯效奎　霍宇平　赵文元
顾　　问	杨守辰
主　　审	杨守辰
参编人员	孟维英　杨守辰　梁晓平　张　尧　刘　波 何昌贤　贺江华　李万有　梁尚荣　梁尚义 梁轶君　刘传颖　刘文贤　石玉英　杨洪涛 杨茂菊　张　甜　赵　擎　李　录　霍守军 高志文　王璐华　马志强　苟　雄　王文冕 武贵强　李　静　武　林　徐勇涛　于　雨 李　兵　李　彦　何玉萍　韩秉东　张文佼 刘　潇　高雪卿

序

电力工业作为关系国计民生的基础能源产业，电网的稳定运行直接关系到国民经济的发展。2008 年初的南方冰雪灾害更让人们深刻体会到电网的安全运行对人民群众日常生活的重要性。当前，电力工业已进入大机组、高参数、高电压、高自动化的发展时期，新技术、新设备、新工艺不断涌现，现代电力企业对职工的专业技能水平提出了更高的要求。要实现国家电网公司“一强三优”的企业目标，广大的电力工作者就必须不断地学习新技术、新知识、新技能，全面提高自己的综合素质。

山西省电力公司一直高度重视职工的教育培训工作，把该项工作重点纳入企业的发展规划当中，不断加大培训的投入力度，努力创建学习型企业。为适应新形势下员工培训的需求，使员工培训做到有章可循、有据可依，山西省电力公司组织编写了《供电企业岗位技能培训教材》，内容涵盖了变电运行、线路运行与维护、变电检修、继电保护、电网调度、电网自动化、电力营销等专业领域。本套教材的编撰贯彻了“以现场需求为导向，以提高技能为核心”的指导思想，力求从实用角度出发，提高职工解决实际问题的能力，更适合一线职工学习和提高技能的需要。同以往的培训教材相比，本套教材具有以下特点：

（1）在整套教材的编写中突出了对实际操作技能的要求，不再人为地划分初、中、高技术等级，不同技术等级的培训可以根据实际情况，从教材中选取相关内容。在每一章结束时，均附有复习思考题，对本章的重点和难点内容进行温故，便于读者自学参考。

（2）教材的编写体现了为企业服务的原则，面向生产、面向实际，以提高岗位技能为导向，强调“缺什么补什么、干什么学什么”的原则。

（3）教材力求更多地反映当前的新技术、新设备、新工艺以及有关生产管理、质量监督和专业技术发展动态的内容。

《供电企业岗位技能培训教材》的编写人员主要由山西省电力公司的技术专家、多年从事教学工作的高级讲师组成，在编写前期经过了充分地论证，编写过程中经过了数次审定、多次修改，历时数月，终于告罄。在此，谨希望本套教材的出版，对广大电力职工技能水平的提高起到一定的指导作用，为建设“一强三优”的现代企业作出更大的贡献！

王抒祥

2008 年 8 月

前　言

随着电力企业体制改革的深化，现代电力市场营销对营销人员应掌握的基础理论知识和实际操作技能的深度及广度，提出了更高要求。这就需要通过培训来提高职工队伍的岗位技能，以及沟通、协调能力，以适应新形势的需要。

《中华人民共和国职业技能鉴定规范》（简称《规范》）在电力行业已正式施行。为满足《规范》对电力市场营销人员的鉴定要求，做好员工岗位技能培训工作，山西省电力公司委托大同供电分公司组织相关人员编写了《供电企业岗位技能培训教材》中与电力营销相关的5个分册，分别为《电能计量》、《用电检查》、《业扩报装》、《抄表核算收费》、《95598客户服务》。在丛书的编撰过程中，山西省电力公司组织召开了多次审稿会，对提纲及内容进行讨论审定，以确保该丛书以坚持培养岗位所需要工作能力和生产技能为重点，将相关的专业理论知识与实际操作技能有机地融为一体，强调了知识够用、技能必备。

电力营销专业的这5册书，以提升操作技能为核心，力求贴近一线生产和员工培训的实际需要，贯彻“求知重能”的原则。在保证知识连贯性的基础上，突出针对性、典型性、实用性。同时反映了当前新技术、新设备、新材料、新工艺及有关电力市场管理、质量监督和专业技术发展等内容。

在该书的编写过程中，参考和辑录了相关的书籍与刊物，在此谨向这些书籍和刊物的作者致谢。

由于编写时间短、经验不足、水平有限，难免有不妥之处，恳请广大读者指正。

大同供电分公司

2008年10月

目　录

第一章

用电检查概述

电力生产的特点是发电、输电、变电、配电、用电同时完成，各环节之间相互联系紧密、互为影响。客户安全用电是供电企业用电管理的一项重要内容，客户电气事故及潜在用电隐患将直接或间接地影响到整个电力系统的稳定运行。因此，供电企业对客户的受电装置及用电行为进行用电检查是十分必要的。用电检查工作是服务客户、服务社会、构建和谐供用电环境的具体体现。

用电检查工作必须以国家有关电力供应与使用的法规、方针、政策以及国家和电力行业的标准为准则，以事实为依据，对客户的电力使用进行检查。对危害供电、用电安全和扰乱供电、用电秩序的，供电企业用电检查人员有权制止。《中华人民共和国电力法》规定：供电企业查电人员和抄表收费人员进入客户用电现场，进行用电安全检查或者抄表收费时，应当出示有关证件；客户对供电企业查电人员和抄表收费人员依法履行职责，也应当提供方便。发电企业、供电企业用电检查人员和被检查的客户，必须严格遵守《用电检查管理办法》。

第一节　岗　位　职　责

供电企业应在用电管理部门配备合格的用电检查人员和必要的工作设备，依照《用电检查管理办法》相关规定开展用电检查工作。用电检查的岗位职责包括：

（1）宣传并贯彻国家有关电力供应与使用的法律、法规、方针、政策及国家和电力行业标准、管理制度。

（2）负责对客户电气设备运行状况进行安全检查。

（3）负责对承装、承修、承试电力工程单位相关资质的考核。

（4）负责客户受（送）电装置工程电气图纸审查和电气施工质量检验。

（5）负责组织客户进网作业电工业务培训并考核。

（6）组织并网电源的并网安全检查，对检验合格的予以并网许可。

（7）参与客户电气事故的调查，撰写相关调查报告。

（8）根据实际需要，定期或不定期地对客户的安全用电、计划用电、节约用电状况进行监督检查。

（9）负责节约用电措施的推广应用。

（10）负责安全用电知识宣传和普及教育工作。

（11）建立健全客户用电检查档案资料，并及时予以核实、更新维护。

第二节　工　作　内　容

用电检查工作贯穿于为客户服务的全过程。用电检查售前服务有供电方案的确定、审查受电工程图纸、中间检查、竣工验收；用电检查售后服务有日常安全用电检查、用电业务变更检查、参与客户事故调查、违约用电和窃电检查、客户投诉举报处理、提供电气技术指导等。从客户申请用电开始到客户终止供电为止，始终都有用电检查参与其中。用电检查的工作内容包括：

（1）检查客户执行国家有关电力供应与使用的法规、方针、政策、标准、规章制度情况。

（2）对客户业务扩充报装在建受电工程施工质量进行中间检查和竣工验收检查。

（3）检查客户受电装置电气设备安全运行状况。

（4）检查客户有关电气设备检修、试验和配电线路运行维护情况。

（5）检查用电计量装置、电力负荷控制装置、继电保护和自动装置、调度通信等安全运行状况。

（6）检查并网电源安全运行情况。

（7）检查客户自备电源装置运行、检验情况及非电性质的保安措施。

（8）检查供用电合同及有关协议履行的情况。

（9）检查客户进网作业电工的资格、进网作业安全状况及作业安全保障措施。

（10）检查客户供电应急预案编制、演练及反事故措施制定情况。

（11）检查客户受电端电能质量状况。

（12）检查客户计划用电、节约用电执行情况。

（13）检查是否存在违约用电和窃电行为。

第三节　工　作　流　程

（1）用电检查人员依据《中华人民共和国电力法》、《电力供应与使用条例》、《用电检查管理办法》等相关法律、法规开展用电检查工作。

（2）供电企业用电检查人员开展现场检查时，检查人数不得少于两人。

（3）执行用电检查任务前，用电检查人员应按规定填写《用电检查工作单》，经部门负责人审核批准后，方能赴客户执行检查任务。检查工作终结后，用电检查人员应将《用电检查工作单》交回存档。《用电检查工作单》内容应包括客户单位名称、用电检查人员姓名、检查项目及内容、检查日期、检查结果，以及客户代表签字等栏目。

（4）用电检查人员在本供电营业区域内开展用电检查时，必须向客户出示《用电检查证》，说明本次工作的检查任务、需要配合的人员等事项。

（5）经现场检查确认客户的设备状况、运行管理、电工作业行为等方面有不符合相关规定的，应开具《用电检查结果通知》通知客户限期整改；《用电检查结果通知》一式两份，一份由客户代表签收，一份存档备查。

（6）现场检查发现客户在电力使用上有明显违反国家有关规定存在违约用电行为、窃电行为的，应及时取证并制止其违约用电、窃电行为，现场下达《用电检查结果通知》。《用电检查结果通知》一式两份，要求详细记录客户发生违约、窃电事实及要求处理的时限，一份由客户代表签收，一份存档备查。客户在规定期限内持《用电检查结果通知》接受处理时，供电企业应依据有关规定确定客户应承担的违约、窃电责任，出具《违约用电、窃电处理通知单》，由客户签字确认后补收其电费及违约使用电费。

(7) 对确认有危害供用电安全或扰乱供用电秩序等违约用电行为，但拒不在限期内承担由此引起的违约使用电费的客户，可按规定的中止供电程序对其实施中止供电，并报请电力管理部门依法处理；或向司法机关起诉，依法追究其有关责任。

(8) 对确认有窃电行为的客户，检查人员可当场对其实施停止供电。客户在限期内拒绝接受处理的，应报请电力管理部门依法处理；或向司法机关起诉，依法追究其有关责任。

(9) 用电检查人员应按照下达的《用电检查结果通知》跟踪检查问题的整改完成情况，并负责督促客户整改直至全部完成落实。

(10) 检查工作完毕后，用电检查人员应将有关《用电检查工作单》、《用电检查结果通知》、《违约用电、窃电处理通知单》及客户交纳电费票据复印件按月整理保存。

(11) 用电检查部门负责人月初应对上月已执行工作单进行复查，对复查存在问题的，应做详细记录并组织落实、解决；组织全体用电检查人员对上月度工作进行总结。

用电检查工作流程图如图 1-1 所示。

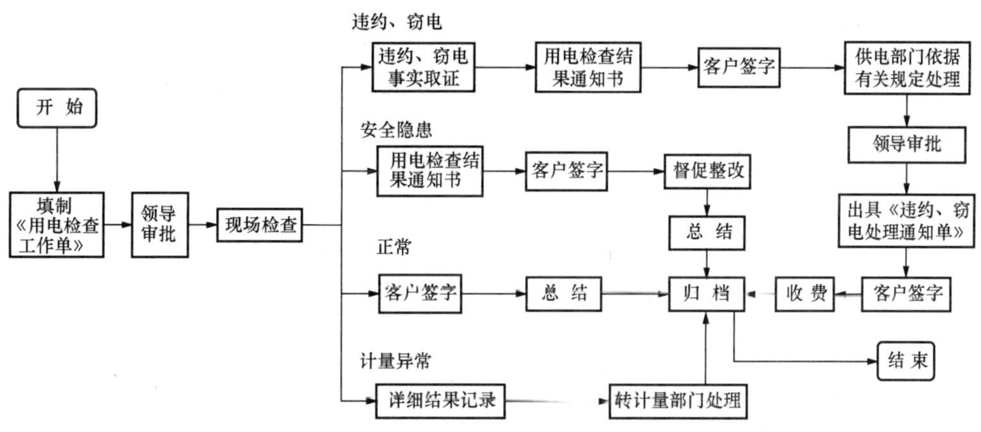

图 1-1 用电检查工作流程图

复习思考题

1. 供电企业开展用电检查工作时，《中华人民共和国电力法》对检查人员和客户的要求是什么？

2. 试述用电检查的岗位职责。

3. 在客户电力售前服务过程中，用电检查为客户提供服务的项目有哪几部分？

4. 在客户电力售后服务过程中，用电检查为客户提供服务的项目有哪几部分？
5. 简述用电检查工作的具体检查内容。
6. 简述用电检查工作流程。
7. 简答用电检查对客户电力使用情况开展检查服务时，应填写及下发哪几种单据？
8. 试画出用电检查工作流程图。

第二章

电气设备运行

第一节　发电厂、变电所及电力系统概述

当今社会，人们与电能的关系越来越密切，如果没有电能，一切都会变得不可想象。电能是一种洁净能源，它是经过人为加工而取得的二次能源。发电是将一次能源转换为电能的过程，这一过程在发电厂内完成。为了把电力输送到远离发电厂的城镇、工厂、矿山等负荷中心，通常在发电厂或客户侧建立变电所，以便于电能的输送及分配。把发电、变电、输电、配电和用电的各种电气设备连接在一起的整体称为电力系统。

一、发电厂的生产过程

1. 火力发电的生产过程

火力发电就是将煤、石油、天然气等燃料的化学能通过火力发电设备转化成电能的过程。按照我国的能源政策，火力发电厂要以燃煤为主。

燃煤火力发电厂主要由锅炉设备、汽轮机设备、发电机及电气设备和辅助生产设备（如燃料运输设备、供水设备、化学水处理设备、除尘除灰设备）等构成，其中锅炉、汽轮机、发电机称为火力发电厂的三大主设备。

列车运来用于发电的煤，卸煤设备把煤卸下来后用输煤设备将煤输送到煤斗，再经给煤机送入磨煤机磨制成煤粉。与煤同时进入磨煤机的热空气起干燥、输送煤粉的作用。煤粉与空气同时进入锅炉炉膛迅速燃烧，把燃料的化学能转化成高温热能，锅炉中的水先被加热成饱和蒸汽，再经过热器后加热成过热蒸汽。具有做功能力的高温高压过热蒸汽引入汽轮机后，冲动汽轮机转子使其高速旋转起来，从而把蒸汽的热能转换成汽轮机转子的旋转机械能。汽轮机拖动与其相联的发电机同速转动，再将旋转机械能转换成电能。

2. 水力发电的生产过程

水力发电是将自然界的水所蕴藏的能量转换成电能的生产过程。水电站主要由水工建筑物、水轮发电机组和电气设备等组成。

水电厂通过建造的拦河坝将河流的水集中起来，提高了落差，具有较大能量的水通过压力水管引至水轮机，冲动水轮机转动，将水的势能转换为水轮机的旋转机械能。水轮机带动与其相联的发电机发出电能。在水轮机中做功后的水通过尾水管排到河流下游。

3. 原子能发电

核电站是利用原子核内蕴藏的能量大规模生产电力的新型发电站。它是以核反应堆来代替火电站的锅炉，以核燃料在核反应堆中发生特殊形式的“燃烧”产生热量，来加热水使之变成蒸汽。蒸汽通过管路进入汽轮机，推动汽轮发电机发电。核电站使用的燃料称为“核燃料”，一座1000MW的核电站每年只需要补充30t左右的核燃料，而同样规模的烧煤电厂则每年要烧煤300万t。

4. 新能源发电

新能源是指除常规化石能源和大中型水力发电、核裂变发电之外的地热能、风能、太阳能、海洋能、生物质能及小水电等一次能源。这些能源资源丰富、可以再生、清洁干净，是最有前景的替代能源，将成为未来世界能源的基石。新能源发电主要分为地热发电、海洋能发电、风能发电、太阳能发电、生物质能发电和氢能发电。

二、变电所的作用和构成

为了把电力输送到远离发电厂的城镇、工厂、矿山等负荷中心，通常在发电厂或发电厂附近建立升压变电所，将发电机电压升高，然后通过输电线路与电力系统连接。再经降压变电所的降压变压器把电压降到所需各级电压，供给客户使用。变电所是连接发电厂和电力客户的中间环节，起着升、降电压，汇集和分配电能，控制操作等功能。变电所通常由变压器，高、低压配电装置及相应的建筑物等构成。

1. 变电所分类

变电所可按其在电力系统中的作用和地位、管理控制方式及地理条件、电压等级等进行分类。

（1）按作用和地位分类。

1）枢纽变电所。枢纽变电所就是位于电力系统枢纽点的变电所，其电压等级高（330kV 及以上），进、出线回路多，容量大，对电力系统运行的稳定性和可靠性起着重要的作用。

2）中间变电所。中间变电所在系统中起交换功率的或使高压长距离输电线路分段作用；另外，中间变电所同时降压向所在地区客户供电。中间变电所的电压等级多为 220kV，若中间变电所停电，将引起区域网络解列。

3）地区变电所。该类型变电所是一个地区或城市的主要变电所，其最高电压等级为 110kV 或 220kV。

4）终端变电所。该类型变电所处于输电线路终端，经降压后直接向客户供电，其高压侧电压一般不超过 110kV。

（2）按管理形式分类。

1）有人值班变电所。有人值班变电所在所内设常驻值班人员，对设备运行情况进行监视、维护、操作、管理等。这类变电所容量一般较大。

2）无人值班变电所。变电所不设常驻值班人员，而是由电网的控制中心通过远动设备或指派专人对变电所设备进行检查、维护，遇有操作随时派人去切换运行设备或停、送电等。

（3）按结构型式分类。

1）屋外变电所。其主要电气一次设备布置在屋外，这是大多数高压变电所采用的方式。

2）屋内变电所。电气设备均布置在屋内，这类变电所多位于市内居民密集地区或污秽严重的地区，电压一般在 110kV 以下。

（4）按地理条件分类。可分为地上变电所和地下变电所。在人口和工业密集的大城市，由于受地理条件限制，在地面上建立变电所有困难时，将变电所建于地下，供电线路也采用电缆线路。水电厂受地形限制时，也将变电所建于地下或洞内。

（5）按电压等级分类。主要有 35（60）、110、220、330、500、750、1000kV 变电所等。

2. 变电所的规模

变电所的规模一般以电压等级、变压器总容量和各级电压出线回路数来表示。电压等级通常以变压器的高压侧额定电压表示。变压器总容量，通常以全站主变压器容量之和来表示。各级电压出线回路数，根据变电所的容量和工业区客户来确定，如某一变电所有 110kV 输电线路 4 条、35kV 输电线路 5 条及 10kV 客户配电线路 3 条，该变电所就共有出线 12 回。

三、电力系统和电力网

目前用于发电的煤炭、水力、原子能等主要能源，和电力负荷中心分布是不一致的。为了架起发电厂和客户之间的桥梁，就必须建立一个系统，用于传输电能。为了减少电能传输过程中在导线中产生的功率损耗和电压损耗，需要提高电压输送电能。电能输送到负荷中心后必须降低电压，客户才能使用。这个把发电、变电、输电、配电和用电的各种电气设备连接在一起的整体称为电力系统。电力系统加上各种类型发电厂中的动力部分，如热力部分、水力部分、原子能反应堆部分等称为动力系统。电力系统中去掉发电厂中的电气部分和用电设备，剩余部分称为电力网。

图 2-1 所示为动力系统、电力系统和电力网的示意图。

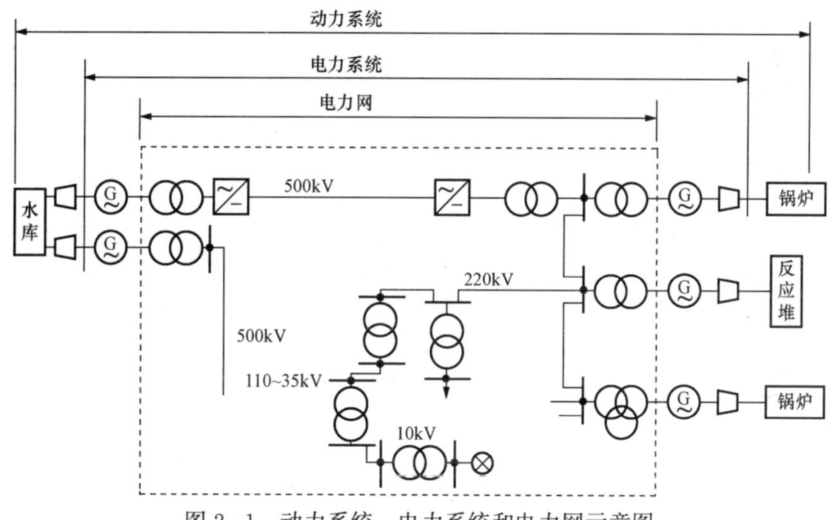

图 2-1　动力系统、电力系统和电力网示意图

电力网按供电范围大小可分地方电力网、区域电力网和远距离输电网；按电压等级的高低，电力网可分为低压电网（1kV 以下）、中压电网（1～10kV）、高压电网（35～220kV）、超高压电网（330～750kV）及特高压电网（1000kV 及以上）；按照电网接线方式不同，电力网可分为开式电力网和闭式电力网。

两个或两个以上的小型电力系统用电网连接起来并联运行，即可组成地区性电力系统。若干个地区性电力系统用电网连接起来，即组成联合电力系统。联合电力系统在技术上和经济上有很大的优越性，如可以更合理地利用能源提高经济效益，可以采用大机组以降低燃料消耗，可以减少系统总备用容量等。

1. 电力系统运行的基本要求

（1）保证供电可靠性。停电不仅使电力系统本身造成损失，而且给国民经济各部门带来更加严重的损失，往往比电力系统本身损失大几十倍，例如导致人身伤亡、设备损坏、产品报废、城市生活秩序混乱等经济损失及难以估量的政治影响。所以电力系统运行首先要保证可靠、持续地供电。电力系统运行中因事故被迫中断供电的机会少，影响范围小，停电时间短是电力系统可靠运行程度的重要标志。

(2) 保证电能质量。电压和频率都不得超过规定范围。正常时频率在 50Hz±(0.2～0.5)Hz，电压偏移不得超过额定电压的 5%。频率、电压过高或过低，都会影响用电设备的正常工作，例如频率过高和过低都会直接影响交流电动机的转速和出力；频率过低可使汽轮机叶片受到不正常气流的冲击，缩短使用寿命，甚至造成断裂事故；电压过高会影响电气设备的绝缘，使铁心发热，电灯寿命缩短；电压过低，会引起电动机转速下降，绕组因电流过大而发热等。因此，必须通过调频、调压措施来保证频率和电压的稳定。另外，谐波含量也是影响电能质量的一个重要指标，需采取必要的谐波治理措施来保证合格的电压波形。

(3) 保证电力系统运行经济性。在电能的生产、输送和分配过程中应尽量做到消耗少、效率高、成本低。要不断降低发电厂的煤耗率、厂用电率和供电部门的线损率。电能成本的降低不仅意味着能量资源的节省，还将影响到各用电部门成本的降低，因而对整个国民经济的影响极大。而要实现经济运行，除提高管理水平外，还需对整个电力系统实施合理调度。

2. 电力系统的接线方式

电力系统即电力网的接线是用来表示电力网各主要元件相互连接关系的，电力网的接线对电力系统运行的安全性与经济性影响很大。电力网的接线方式可分为开式电力网和闭式电力网两大类。

(1) 开式电力网。凡是由一个电源供电，并且只能从一个方向给用户输送电能的电力网称为开式电力网，如图 2-2 所示。开式电网接线的特点是简单明了、运行方便、投资费用少，但供电可靠性比较低，任一段线路故障或检修都会造成客户停电，所以这种接线不适用于Ⅰ类负荷占有很大比重的电力网。

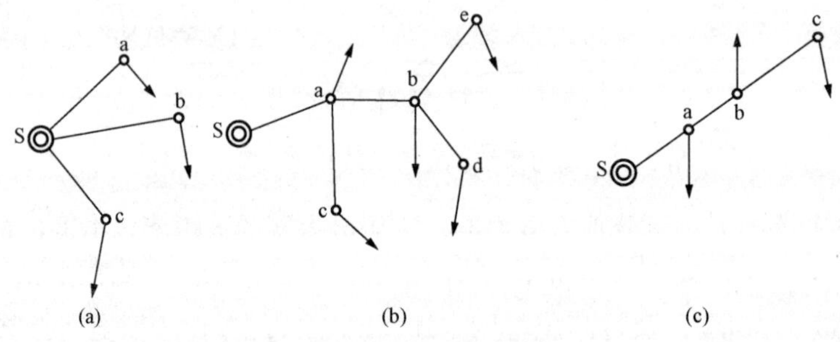

图 2-2 开式电力网

(a) 放射式；(b) 干线式；(c) 链式

(2) 闭式电力网。凡用户能从两个及以上方向获得电能的电网称为闭式电力网，如图 2-3 所示。

图 2-3 (b)、(f) 中的 a、e 两点均由三个不同方向的线路获得电能，像这样具有三个及以上电源的节点的闭式电力网，称为复杂闭式电力网。由于闭式电力网的负荷可由两个及以上的电源线路获得电能，因此，供电可靠性高，适用于对Ⅰ类负荷供电。

闭式电力网接线中，双回路的放射式、干线式、链式接线的优点在于供电可靠性高、电

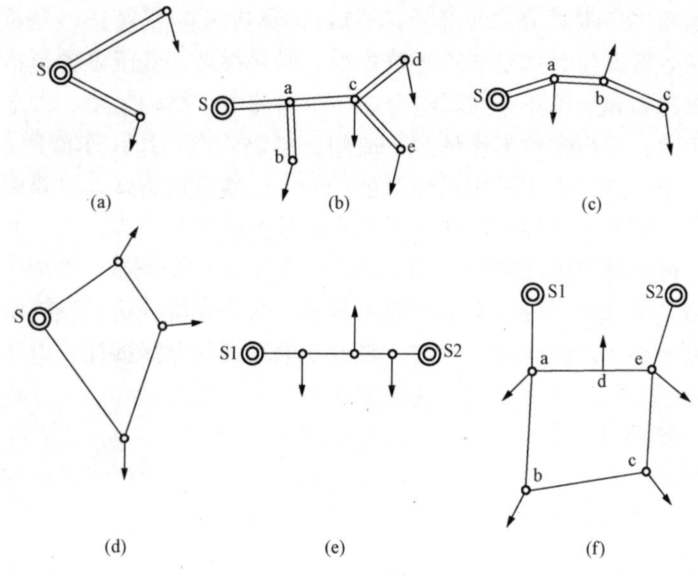

图 2-3　闭式电力网

(a) 双回路放射式；(b) 双回路干线式；(c) 双回路链式；(d) 环形接线；
(e) 两端供电网接线；(f) 复杂闭式网

压质量高；缺点是不够经济、投资大。而环形接线既可靠又经济；缺点是运行调度复杂且故障时电压质量差。两端供电网必须有两个独立电源，其优点是可靠、经济、故障及检修时电压质量高；缺点是运行复杂。

对电网接线总的要求是：供电可靠，在正常运行及故障或检修时有良好的电能质量，经济合理、运行灵活、操作安全，最后要通过技术经济比较选出最优方案。

第二节　工厂变、配电所概述及其接线

一、工厂变、配电所的作用

工厂供电包括变电和配电两个部分，也就是工厂中既有变电所，又有配电所。工厂变、配电所是工厂供配电系统的核心，在工厂中占有特别重要的地位。工厂变电所的作用是从电力系统接受电能，经过变压器降压，然后按要求把电能分配到各车间供给各类用电设备。工厂配电所的作用是接受电能，然后按要求分配电能。不同的是，变电所中有配电变压器，而配电所中不设变压器。

二、工厂变、配电所的类型

按工厂变、配电所在工厂供配电系统中的地位，可将其分为总降压变电所和车间变电所。一般中、小型工厂通常都是采用 10kV 配电网供电，不设总降压变电所，设高压配电室和车间变电所或者只设车间变电所。有的小型工厂甚至采用公共低压电网供电，即 0.4kV 低压线路进线，在工厂中只设低压配电室。

工厂的车间变电所按主变压器的安装地点分为车间附设式变电所、车间内式变电所、露天式变电所、独立式变电所、箱式变电所等类型。通常，独立式变电所的建筑费用高，一次

性投较大，适用大型工厂的总降压变电所及需要远离有危险或腐蚀性物质场所的变电所。中、小型工厂中一般不设独立式变电所。箱式变电所是把高、低压设备包括高、低压开关电器，互感器，避雷器等和变压器分间隔组合在一个箱体中，结构紧凑、占地少、美观、安装方便、安全可靠性高、运行维护工作量少，适用于各类供电场所。车间附设式变电所在中、小型工厂中普遍采用。露天式变电所比较简单、经济、通风散热好，只要周围环境条件正常都可以采用，在一些要求不高的小厂和生活小区中较为常见。

三、工厂变、配电所所址选择

变、配电所所址的选择，应根据下列要求并经技术、经济分析比较确定：

（1）接近负荷中心。以减少配电距离，降低配电系统的电能损耗、电压损耗和有色金属消耗量。

（2）进出线方便。

（3）接近电源侧。

（4）设备吊装、运输方便。

（5）不应设在有剧烈振动的场所。

（6）不应设在污染源的下风侧。

（7）不应设在厕所、浴室或其他经常积水场所的正下方或贴邻。

（8）不应设在爆炸危险场所以内，不宜设在有火灾危险场所的正上方或正下方，如布置在爆炸危险场所范围以内或与火灾危险场所的建筑物毗连时，应符合 GB 50058—1992《爆炸和火灾危险环境电力装置设计规范》的规定。

（9）变、配电所为独立建筑物时，不宜设在地势低洼和可能积水的场所。

（10）高层建筑地下层变、配电所的位置宜选择在通风、散热条件较好的场所。

（11）变、配电所位于高层建筑（或其他地下建筑）的地下室时，不宜设在最底层。当地下仅有一层时，应采取适当抬高该所地面等防水措施，并应避免洪水或积水从其他渠道流入变、配电所的可能性。

（12）装有可燃性油浸电力变压器的变电所，不应设在耐火等级为三、四级的建筑中。在无特殊防火要求的多层建筑中，装有可燃性油的电气设备的变、配电所可设置在底层靠外墙部位，但不应设在人员密集场所的上方、下方、贴邻或疏散出口的两旁。

（13）高层建筑的变、配电所宜建设在地下或底层。

（14）大、中城市除居住小区的杆上变电所外，民用建筑中不宜采用露天或半露天的变电所。如确因需要设置时，宜选用带防护外壳的户外成套组合变电所。

四、工厂变、配电所电气主接线

变、配电所的电气主接线是由各种开关电器、电力变压器、母线、电缆（或架空线）、移相电容器等一次设备依一定次序相连，组成接受和分配电能的电路。电气主接线的确定对变、配电所电气设备的选择、配电装置的布置及运行的可靠性、经济性有很密切的关系，所以电气主接线是变、配电所电气部分的重要部分。

1. 对电气主接线的基本要求

（1）安全性。电气主接线应符合有关国家标准和有关技术规范的要求，充分保证人身和设备的安全。

（2）可靠性。电气主接线应根据负荷的等级，满足负荷在各种运行方式下对供电连续性的要求。

（3）灵活性。电气主接线应能适应各种运行方式，并能灵活地进行运行方式的转换，以保证正常运行时能安全可靠供电，在系统故障和设备检修时，保证非故障和非检修回路继续供电。

（4）经济性。确定电气主接线必须综合考虑技术和经济两方面的问题，在保证供电安全、可靠、灵活、方便的前提下，尽量减少设备投资与运行费。

2. 电气主接线的基本接线形式

主接线的基本接线形式主要有单母线、双母线、桥形接线、线路—变压器单元接线，如图 2-4 所示。

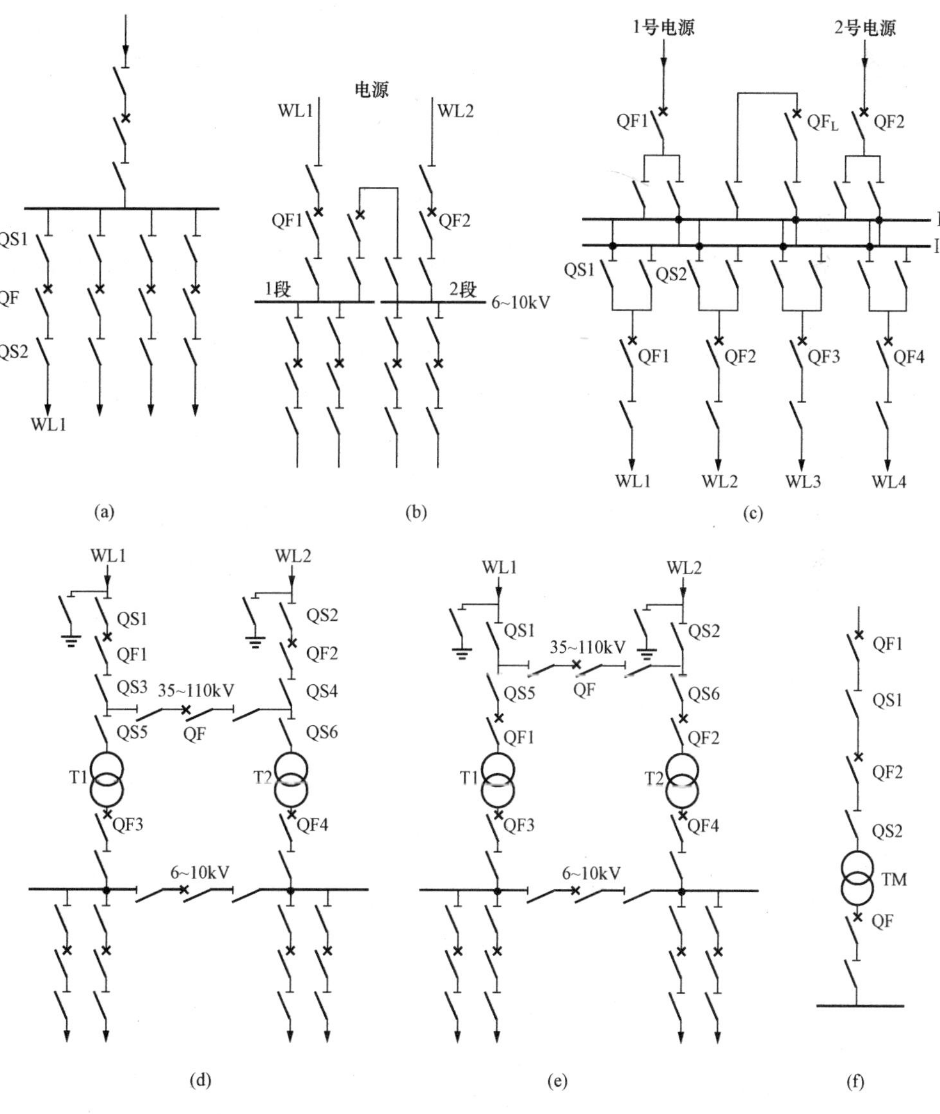

图 2-4　电气主接线的基本接线形式

（a）单母线不分段接线；（b）单母线分段接线；（c）不分段的双母线接线；（d）内桥接线；（e）外桥接线；（f）线路—变压器单元接线

第三节 电气配电装置

电气配电装置是用来接受和分配电能的电器设备组织体，是按主接线的要求，由控制电器（断路器、隔离开关、负荷开关）、保护电器（避雷器、熔断器、继电器）、测量电器（电流互感器、电压互感器、电流表、电压表、功率表）和载流导体等构成的。按其电压等级分为低压配电装置和高压配电装置（其中3～35kV级又称中压配电装置）；按其装置地点可分为户内式配电装置和户外式配电装置；按其结构型式可分为装配式（又称间隔式）配电装置和成套式配电装置。本节将对配电装置相关电器设备及成套配置进行简单介绍。

一、断路器

（一）电弧现象

电弧实际上是一种气体游离现象。当断路器、隔离开关等开关电器切断带有电流的电路，如果触头间的电压大于10～20V、电流大于80～100mA，在断开电路的瞬间，相互分开的开关触头之间会产生一道强烈的白光，这种白光称为电弧。此时的电路中因触头间存在电弧，表面虽然断开，实际仍然处于接通状态。只有待电弧熄灭后，电路才算真正断开。

（二）断路器的作用及类型

断路器是一种很重要的开关设备，它的用途是断开或接通10kV及以上的高压电路，以及电路在发生短路故障时，通过继电保护装置的作用，将电路自动断开，是一种担负控制和保护双重任务的电器。

由于要求断路器既能投切正常负荷，又可切除短路故障，所以断路器中最主要的问题是如何熄灭分开瞬间所产生的电弧，即必须具备一种可靠的灭弧装置。根据所采用灭弧介质的不同，通常将断路器分为多油断路器、少油断路器、空气断路器、真空断路器、六氟化硫（SF_6）断路器。

（三）断路器的型号及技术参数

1. 型号

我国断路器的型号根据国家技术标准的规定，一般由文字符号和数字组成，表示如下：

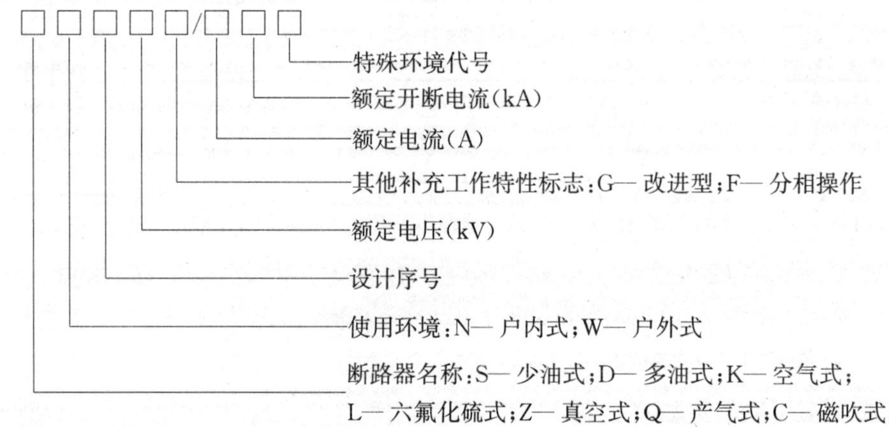

2. 技术参数

(1) 额定电压。断路器的额定电压是指允许连续工作的线电压，也即标在铭牌上的额定电压。断路器可以在低于额定电压下工作，但不能在高于额定电压下工作。

(2) 最高工作电压。由于考虑到电网的电压降落，变压器出口端电压应高于线路的额定电压，位于变压器出口位置的断路器可能在高于额定电压下长期工作，因此规定断路器有一个最高工作电压与额定电压相对应。在配电网络内，断路器的最高工作电压有3.5、6.9、11.5kV等。

(3) 额定电流。指断路器中长期允许通过的工作电流，在该电流下，各部分的温升不得超过断路器规定的容许数值。国家标准规定断路器的额定电流有630、1000、1250、2000、3000A等。

(4) 额定开断电流。在额定电压下断路器能安全无损地断开的最大电流（一般指短路电流），称为额定开断电流。国家标准规定有16、31.5、40kA等。

(5) 断流容量。断路器在一定电压下的开断电流与该电压的乘积，再乘以$\sqrt{3}$后，所得值即为在该电压下的断流容量。断流容量表明了在一定电压下的最大断流能力。国家标准规定断路器的断流容量有15、30、50、100、150、200、250、300、400、500MVA等。

(6) 极限通过电流。指断路器在合闸位置时容许通过的最大短路电流。这个数值是同各导电部分所能承受最大电动力的能力所决定的，单位为kA。

(7) 热稳定电流。断路器在合闸位置，在一定时间内通过短路电流时，不会因为发热而造成触头熔焊或机械破坏，这个电流值称为一定时间（如1、4、5、10s等）的热稳定电流。此电流通过断路器的时间愈短，热稳定电流愈大，但最大不能超过极限通过电流值。

(8) 合闸时间。对有操作机构的断路器，自发出合闸信号起，到线路被接通时为止所经过的时间，称为断路器的合闸时间。

(9) 开断时间和固有分闸时间。断路器的开断时间是从加上分闸信号起，到三相中电弧完全熄灭时为止所经过的时间。开断时间是由固有分闸时间和电弧燃烧时间两部分组成的。固有分闸时间是指从加上开断信号起，直到触头开始分离时为止的一段时间；电弧燃烧时间是指从触头开始分离起，直到三相电弧完全熄灭时为止的一段时间。

(10) 最大分闸速度。断路器分闸过程中，分闸速度的最大值。

(四) 配电网常用断路器简介

1. 真空断路器

真空断路器是以真空（$1.33\times10\sim1.33\times10^{-2}$Pa）作为灭弧的绝缘介质，触头在真空中开断电路的断路器。真空具有很高的绝缘强度，有利于熄灭电弧。目前，真空断路器主要用于10kV和35kV电压等级的高压成套装置中作频繁操作或切合电容器组。

真空断路器具有以下特点：①能连续进行频繁操作，开断电容电流性能好，可连续多次重合闸；②触头开距小，动作速度快，燃弧时间短，触头烧损影响小；③体积小，重量轻，运行维护简单，无爆炸可能，噪声小；④灭弧室工艺及材料要求较高，而且断口电压不易太高；⑤价格比其他同容量的断路器高。

2. 六氟化硫（SF_6）断路器

六氟化硫断路器是利用SF_6气体作为绝缘介质和灭弧介质的断路器。SF_6气体是无色、无臭、不燃烧、无毒的惰性气体，它的密度是空气的 5.1 倍。SF_6 的分子有特殊性能，能在电弧间隙的游离气体中吸附自由电子，在同样的电场强度下电子产生碰撞游离的机会减少了，因此 SF_6 气体有着优异的绝缘及灭弧能力，与普通空气相比，它的绝缘能力约高 2.5～3 倍，灭弧能力则高近百倍。因此采用 SF_6 作电气设备的绝缘介质或灭弧介质，既可以大大缩小设备的外形尺寸，又可以利用简单的灭弧机构达到很大的开断能力。此外，电弧在 SF_6 中燃烧时，电弧电压特别低，燃弧时间短，因而 SF_6 断路器每次开断后触头烧损很轻微，不仅适用于频繁操作，同时也延长了检修周期。

六氟化硫断路器具有以下特点：①燃弧时间短；②不重燃；③可频繁操作；④机械可靠性高；⑤电寿命长；⑥无火灾和爆炸危险；⑦可开断单相接地故障；⑧可投切电容器组；⑨可控制高压电动机；⑩受电场均匀程度及水分等杂质影响特别大，对 SF_6 断路器的密封结构、元件结构及 SF_6 本身质量的要求相当严格。

二、隔离开关

隔离开关是一种没有专门灭弧装置的开关设备，主要用来断开无负荷电流的电路、隔离高压电流，在分闸状态时有明显的断开点，以保证其他电气设备的安全检修。在合闸状态时，能可靠地通过正常工作电流和短路故障电流。因为它没有灭弧装置，所以不能用来开断负荷电流和短路电流。它的触头全部敞露在空气中，所以分闸状态有明显可见的断口。隔离开关能在电路已被断路器断开的情况下才能进行操作，严禁带负荷操作，以免造成严重的设备和人身事故。只有电压互感器、避雷器、励磁电流不超过 2A 的空载变压器，电流不超过 5A 的空载线路，才能用隔离开关进行直接操作。

（一）隔离开关的作用

（1）隔离电源。利用隔离开关断口的可靠绝缘能力，将待检修的线路或电气设备与带电的设备或线路可靠隔离，形成可见的空气间隙，以保证检修工作的安全进行。

（2）倒换母线。双母线制供电的电路，在隔离开关断开点两端接近等电位的条件下，可以在不断开负荷的情况下进行分、合闸，将设备或供电线路从一组母线切换到另一组母线上去，也称倒闸操作。

（3）允许接通和断开较小的负荷电流。当回路中未装断路器时，可使用隔离开关进行下列操作：

1）接通或断开互感器和避雷器。

2）接通或断开母线和直接连接在母线上的设备的电容电流。

3）接通或断开变压器中性点的接地线，但只有在系统没有接地故障时才可进行。

4）与断路器并联的旁路隔离开关，当断路器在合上位置时，允许接通或断开较小的负荷电流。

5）接通或断开励磁电流不超过 2A 的空载变压器和电容电流不超过 5A 的无负荷线路；但电压在 20kV 及以上时，应使用户外垂直分合式的三联隔离开关。

6）客户外三联隔离开关接通或断开电压 10kV 及以下且电流在 15A 以下的负荷电流。

7）接通或断开电压 10kV 及以下，电流在 70A 以下的环路均衡电流。

（二）隔离开关的型号及技术参数

1. 型号

隔离开关的型号表示方式如下：

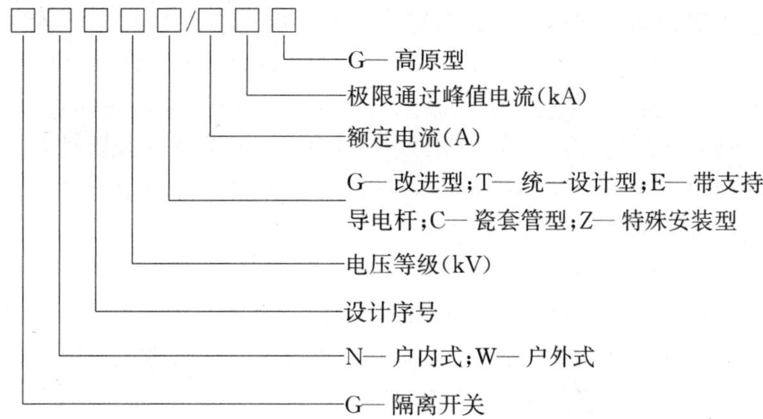

2. 技术参数

隔离开关的技术参数一般都标在铭牌上，包括额定电压、额定电流、极限通过电流和热稳定电流等项目。前两项是按正常条件选择的数据；极限通过电流是校核隔离开关动稳定性的依据，当通过隔离开关的电流不超过此值时，在隔离开关的结构上不会产生影响其继续正确工作的任何永久变形；热稳定电流是用来校验隔离开关的热稳定性，即通过隔离开关的5s热稳定电流不超过此值，则不致使隔离开关各部分过热。

三、负荷开关

负荷开关是用来在额定电压和额定电流下接通和切断高压电路的专用电器。它具有灭弧机构，其实相当于隔离开关和简单灭弧装置的结合，但灭弧能力较小，只能切断和接通正常的负荷电流，不能用来切断短路电流，这是它和断路器的主要区别。一般情况下，负荷开关与高压熔断器配合使用，由负荷开关开断负荷电流，用高压熔断器作为过负荷和短路保护。在负荷小的工厂企业中，负荷开关也可替代断路器工作。

1. 负荷开关的类型

负荷开关的种类很多，结构型式也较多。按灭弧方式可分为固体产气式负荷开关、压气式负荷开关、油浸式负荷开关；按使用场所可分成户内式和户外式，户内式负荷开关多采用气吹灭弧，户外式负荷开关多采用油浸火弧。

2. 负荷开关的型号

负荷开关的型号表示方式如下：

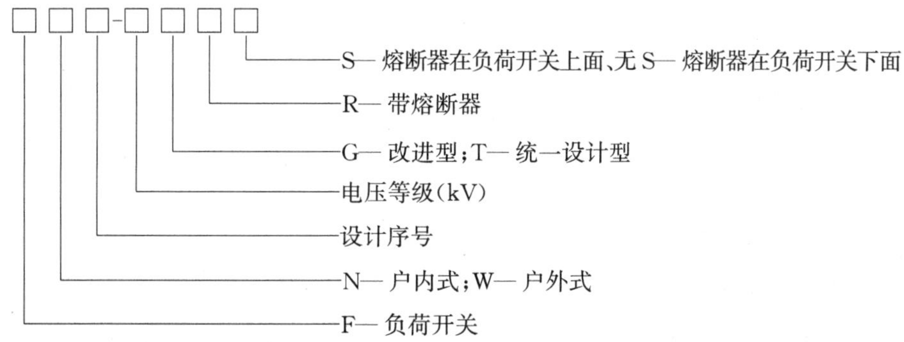

3. 负荷开关运行特点

(1) 可靠性高。负荷开关的技术要求比断路器低，分合闸时间允许稍长，不设重合闸，因而其结构及操动机构比较简单、分合闸速度较低，操作力较小，故负荷开关的机械可靠性高。

（2）成本低。

（3）组合性强。负荷开关能承载短路电流，具有一定的开断和关合能力，具备良好的组全功能，如一些负荷开关可同时作为隔离开关用；负荷开关和熔断器配合可以作为变压器的控制和电流保护；多台负荷开关组合可组成环网单元等。

四、避雷器

避雷器用来限制加于被保护电气设备的过电压值，与被保护设备并联连接。通过合理选择避雷器，使避雷器的放电电压低于电气设备绝缘的耐压值，当发生雷电过电压时，先使避雷器放电，此时电气设备所加的仅是通过避雷器的电流在避雷器和接地电阻上的压降或避雷器两端的压降，充分保护电气设备。

（一）避雷器的用途及分类

1. 避雷器的用途

避雷器的作用是限制大气过电压以保护电气设备。避雷器与被保护的线路或电气设备是并联的，均接在相与地之间，如图 2-5 所示。正常时，避雷器中没有电流通过。一旦雷击过电压波 4 沿线路 1 传来，并危及保护物 2 的绝缘时，避雷器 3 立刻放电，使雷电流经过避雷器而泄入大地，起到限制雷击过电压，保护设备的作用。这也是避雷器的工作原理。

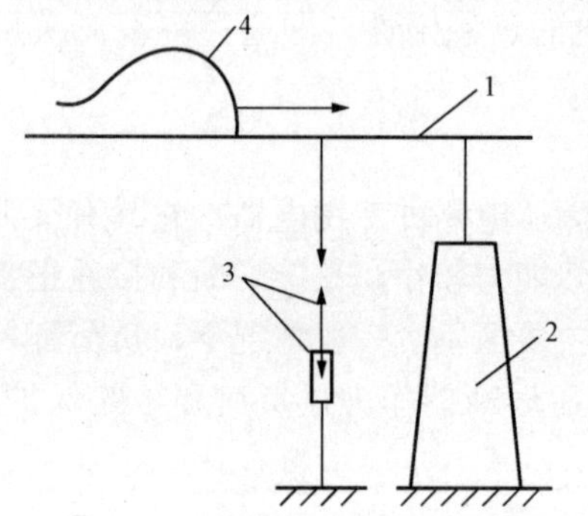

图 2-5　避雷器连接示意图
1—导线；2—保护物；
3—避雷器；4—雷电波

2. 分类

避雷器种类较多，现我国大量生产和应用的有阀型避雷器、管型避雷器、磁吹避雷器和氧化锌避雷器。目前，普遍采用 FZ 系列阀型避雷器和氧化锌避雷器。

（二）避雷器的型号

避雷器的型号表示方式如下：

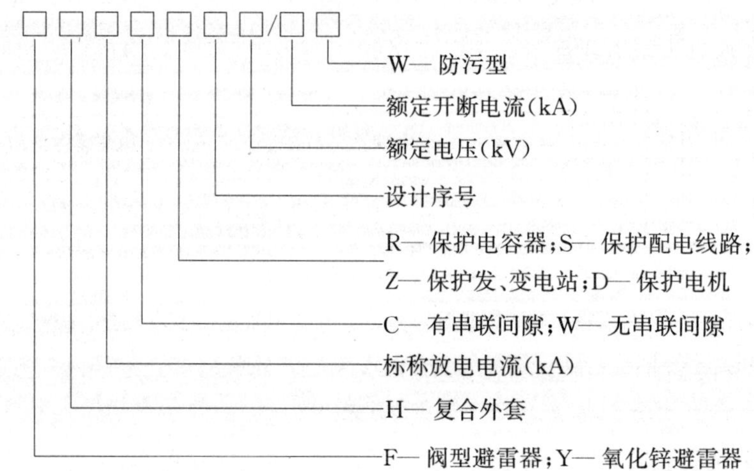

（三）常用避雷器简介

1. 阀型避雷器

阀型避雷器分为有并联电阻（FZ）和无并联电阻（FS）两种。阀型避雷器主要由火花间隙、阀片和分路电阻三部分组成。

阀型避雷器工作原理：线路中没有雷电波传来时，避雷器的火花间隙具有足够的对地绝缘强度，因此它不会被正常的工频电压击穿，这时阀片电阻就不通过电流。当线路中雷电波传来而出现过电压时，火花间隙很快被击穿，使雷电流通过阀片电阻流入大地，从而保护了设备。

2. 氧化锌避雷器

氧化锌避雷器是近 20 年来研究成功并迅速在电力系统推广应用的一种新型避雷器。氧化锌避雷器又称为氧化锌阀型避雷器，或称为金属氧化物避雷器。其主要工作元件为金属氧化物非线性电阻片，具有非线性伏安特性，在过电压时呈现低电阻，从而限制避雷器上的残压，对被保护设备起保护作用。而在正常工频电压下呈现电阻，流过不超过 1mA 的对地泄漏电流，实际上使带电母线对地处于绝缘状态，无需串联间隙来隔离工作电压。由于氧化锌避雷器具有陡坡响应特性好、通流容量大、残压低、运行可靠、无工频续流、体积小、维护简单等特点，所以近年来在系统中得到广泛的应用。

氧化锌避雷器有以下特点：

（1）氧化锌避雷器与外套构成密实的整体，消除了引起呼吸作用的空腔，解决了内部元件受潮的关键问题。

（2）整体耐受内过电压能力强，老化特性好。

（3）结构紧凑，零部件少，体积和质量分别为瓷外套避雷器的 1/2 和 1/3。

（4）保护特性稳定，响应快，陡坡特性好，无截波，能耐受多重雷击，能限制异常操作过电压，能在重污秽等恶劣环境中可靠运行。

（5）软质橡塑外套可防止恶性爆炸事故，可防止在运输与安装过程中破损。

五、熔断器

熔断器是一种最简单的保护电器，通常用于保护功率较小和保护性能要求不高的场所。用于低压配电时，熔断器与闸刀配合可代替自动开关；用于高压配电时，可以与负荷开关配合代替高压断路器。

（一）熔断器的作用及类型

熔断器的主要元件是一种易于熔断的熔体。熔体由熔点较低的金属制成，当通过它的电流达到一定值时，由于熔体本身产生的热量，使其温度升高到熔体的熔点而自行熔断，切断电路，用以保护电气装置免受电流或短路电流所引起的损坏，完成过电流或短路保护的功能。

熔断器按其使用环境可分为户内式和户外式；按其动作特性可分为固定式和自动跌落式；按其工作特性分为有限流作用和无限流作用的。

（二）熔断器的型号及技术参数

1. 型号

熔断器的型号表示方式如下：

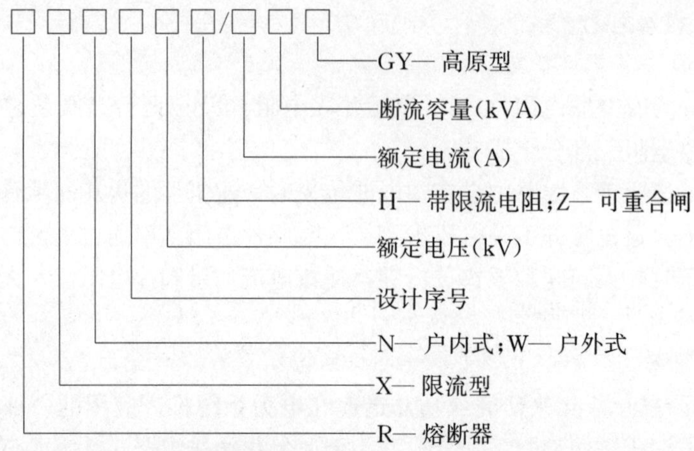

2. 技术参数

（1）熔断器的额定电流。熔断器的额定电流为熔断器壳体的载流部分和接触部分所允许的长期工作电流，当长期通过额定电流时，不致损坏熔断器。

（2）熔件的额定电流。熔件的额定电流为长期通过熔件，而熔件不会熔断的最大电流。熔断器与熔件的额定电流不一定相同，在同一个熔断器内，通常可装入不同额定电流的熔件，但熔件的额定电流不能大于熔断器的额定电流。

（3）熔断器的极限断路电流。熔断器的极限断路电流为熔断器所能切断的最大电流。若切断大于此电流值的电流，则可能使熔断器损坏，或由于电弧而引起相间短路。

（三）高压熔断器的选择

1. 选择原则

（1）额定电压选择。对于一般的高压熔断器，其额定电压必须不小于电网的额定电压。而对于充填石英砂有限流作用的熔断器，则只能用在等于其额定电压的电网中；用在低于其额定电压的电网中时，熔体熔断将产生危险的过电压，以致损害电气设备。

（2）额定电流选择。熔断器熔管的额定电流应大于或等于熔体的额定电流。熔体的额定电流应按熔断器保护的安秒特性（见图 2-6）来选择。

（3）动作具有选择性。熔断器的熔体在满足可靠性前提的条件下，首先要满足前后两级熔断器之间或熔断器熔体与继电保护动作时间的选择性。

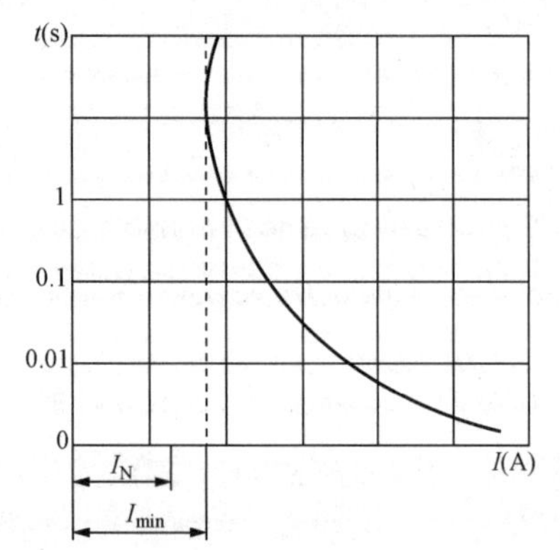

图 2-6 熔断器熔件的安秒特性曲线
I_N—额定电流；I_{min}—最小熔化电流

（4）熔断时间要短。当在本段保护范围内发生短路时，应能在最短的时间内切除本段故障，以防止熔断时间过长而加剧被保护设备的损坏。

此外，对用于保护电压互感器的熔断器，只需根据额定电压和开断容量进行选择即可。

配电变压器用高压熔断器熔体的选择应注意：当熔体通过最大工作电流时不应熔断；当熔体通过励磁涌流时不应熔断；当熔体通过保护范围以外的短路电流及电动机自起动引起的冲击电流时不应熔断。低压熔断器熔体的额定电流要大于电路中的工作电流，为避免熔体在电动机起动时间内的起动过程中被熔断，在选择熔体时，起动时间内所通过的电流应为熔体额定电流的1倍左右。

2. 配电变压器高压侧熔断器的选择

（1）容量为100kVA及以下的变压器，熔断器的额定电流应按变压器高压侧额定电流I_{1N}的2～3倍选择。

（2）容量为100kVA以上的变压器，高压侧熔断器的额定电流应按变压器额定电流的1.5～2倍选择。

3. 配电变压器低压侧熔断器的选择

配电变压器低压侧的熔断器应按变压器低压侧额定电流I_{2N}来选择。若计算出的电流数值不符合熔体标准额定电流，则应选择略大于这个计算值的熔体。

4. 配电线路熔断器选择

架空和电缆线路的熔断器按下列原则来选择：装在架空分支线路上的熔断器，按分支线路中的最大负荷电流来选择；装在保护电缆线路的熔断器，按电缆长期允许电流来选择。

5. 保护电动机用的熔断器选择

对于不经常起动及加速时间不长的电动机，熔体的额定电流为

$$I_{RN} = I_{st}/(2.5 \sim 3) \tag{2-1}$$

式中　I_{st}——电动机起动电流，A。

对于经常起动或起动时间较长的电动机，熔体的额定电流为

$$I_{RN} = I_{st}/(1.6 \sim 2.0) \tag{2-2}$$

六、配电装置

（一）配电装置型式选择

变电所配电装置型式的选择，应考虑所在地区的地理情况及环境条件，因地制宜、节约用地，并结合运行、检修和安装要求，通过技术经济比较予以确定。在确定配电装置型式时，必须满足下列基本要求：

（1）保证工作的可靠性和符合防火要求。

（2）确保工作人员的人身安全。

（3）便于操作、维护和检修。

（4）节省基建费用、减少钢材和有色金属的消耗量。

（5）少占土地、不占良田和避免大量开挖土石方。

（6）便于施工、安装和扩建。

（二）配电装置的安全净距

配电装置的整个结构尺寸是综合考虑到设备外形尺寸、检修维护、搬运的安全距离、电气绝缘距离等因素决定的。各种间隔距离中最基本的是空气中的最小安全距离（即DL/T 5352—2006《高压配电装置设计技术规程》中所规定的A_1和A_2值），它们表明带电部分至接地部分之间及不同相的带电部分之间的最小安全净距。保持这一距离时，无论正常或过电压的情况下，都不致发生空气绝缘的电击穿，如图2-7所示。其余部分的尺寸B、C、D、E等，都是在A_1和A_2值的基础上，加上运行维护、设备搬运和检修工具活动范围、施工误差等尺寸而确定的。

（三）屋内配电装置的类型及其特点

将电气设备安装在屋内的配电装置称为屋内配电装置。屋内配电装置土建工程量较大、投资较多，但电气设备受外界的影响较少，设备的运行及维护的条件较好。

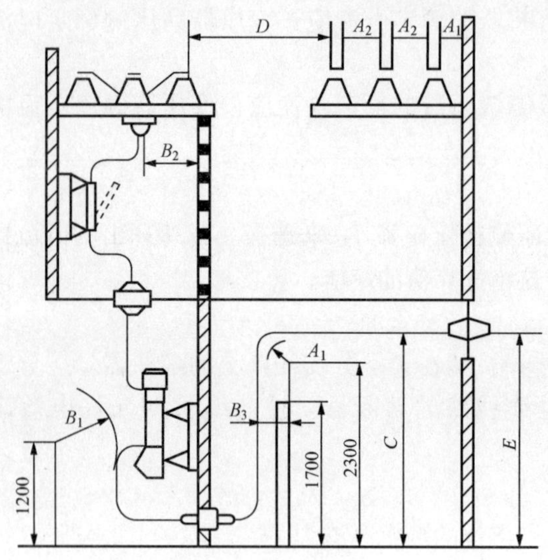

图 2-7 屋内配电装置安全净距校验图

变电所 6～10kV 屋内配电装置，真空断路器较多，体积较小，一般采用单层式，当有线路电抗器时采用两层式。当 6～10kV 和 35kV 都采用屋内成套配电装置时也可以采用两层式，6～10kV 配电装置在底层，35kV 配电装置在上层。35kV 屋内配电装置多采用两层式。

110kV 屋内配电装置有单层和两层式的两种，它与屋外配电装置比较，突出的优点是能有效地防止空气污染及节约占地。

1. 屋内配电装置的布置原则

（1）整体布局。

1）同一回路的电气设备和载疏导体应布置在同一间隔内，以保证检修安全和把故障限制在本回路范围内。

2）在间隔中各部分之间的尺寸除应满足安全净距的要求外，还应考虑设备的安装和检修条件，但应充分利用间隔位置。

3）较重的设备如电抗器等应布置在底层。

4）电源进线和客户出线间隔的位置，应使进出线方便。电源进线尽可能布置在一段母线的中间，以减少通过母线的电流。

5）布置应清晰，力求对称，并便于运行人员记忆和操作。整个配电装置要易于扩建。

（2）母线及母线隔离开关。母线通常装在配电装置的上部。三相母线的布置一般有三种方式：水平、垂直和三角形布置。在双母线或分段母线布置中，应将两组或两段母线用垂直隔板分开，这可以保证在一组母线故障或检修时，不影响另一组母线工作。母线隔离开关一般装在母线的下方。

（3）断路器和互感器。电流互感器一般与断路器装在同一间隔内。穿墙式电流互感器应尽可能作为穿墙套管使用。电压互感器应单独占一专门间隔，也可与避雷器共用一个间隔，但中间应有隔板隔开。断路器的操动机构设在操作通道内。

（4）电抗器。电抗器较重，多装在底层的小室内。电抗器室应有良好的通风条件。电抗器有三种不同的布置方式：三相垂直、“品”字形和水平布置。垂直布置是三相重叠在一起。“品”字形布置是 U、V 相重叠在一起，W 相落地。水平布置是三相电抗器均放在地面上。

（5）通道和出口。配电装置中必须设置通道，以便于操作、设备检修及搬运。通道分为三种：凡用来维护和搬运设备的通道，称为维护通道；通道内设有断路器或隔离开关的操动机构和就地控制屏的，称为操作通道；仅与防爆小间相通的通道，称为防爆通道。为了保证工作人员的安全和工作方便，不同长度的屋内配电装置，应有不同数目的出口。

（6）采光与通风。屋内配电装置可以开窗采光和通风，但应采取防止雨、雪、小动物、风沙及污秽灰尘进入的措施。配电装置室内应装设足够的事故通风装置，以排除事故时室内的烟气。

（四）屋外配电装置

1. 屋外配电装置的类型及其特点

屋外配电装置将所有电气设备和载流导体都安装在露天的基础式构架上。屋外配电装置根据电气设备和母线布置的高度，可分为中型、半高型和高型三种类型。

中型配电装置是把所有电气设备都安装在地面的基础上，或安装在设备支架上，以保持带电部分与地之间必要的高度，这样使各种电气设备基本处在同一水平面内。母线布置在比电气设备较高的水平面内，母线和各种电气设备均不上下重叠布置。其优点是在施工、运行和检修方面都比较方便，而且可靠，但是占地面积过大。

高型和半高型屋外配电装置是将母线布置抬高，母线和电气设备布置在几个不同高度的水平面上，并且上下重叠。高型屋外配电装置是将两组母线上下重叠，两组母线隔离开关也上下重叠。半高型屋外配电装置只是抬高母线，两组母线并不上下重叠布置，仅将母线与断路器、电流互感器等设备上下重叠布置。所以，高型和半高型较中型可节省占地面积，在110～220kV系统中应用较广。图2-8所示为110kV单母线、进出线带旁路、半高型布置的进出线断面图。

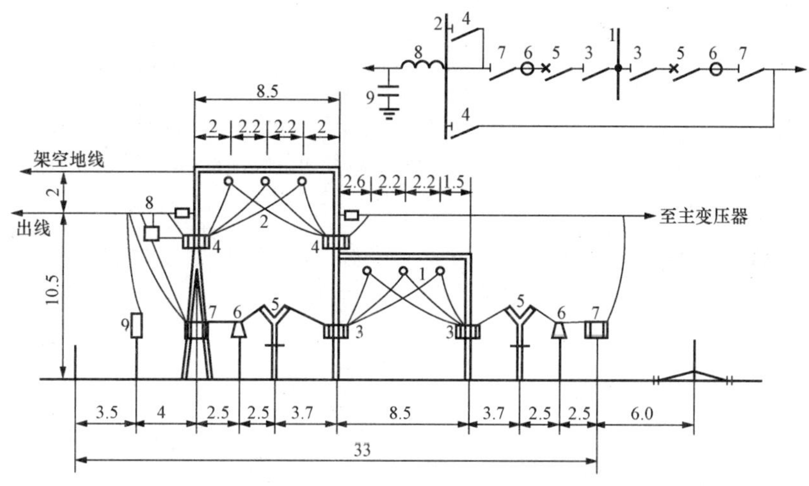

图2-8 110kV单母线、进出线带旁路、半高型布置的进出线断面图

2. 屋外配电装置的布置原则

（1）母线及构架。屋外配电装置的母线有软母线和硬母线两种。软母线多采用钢芯铝绞线和分裂导线，三相母线水平布置，用悬式绝缘子串悬挂在母线构架上。硬母线常用的有管形和分裂管形，固定在支柱绝缘子上。屋外配电装置的构架，一般由型钢或钢筋混凝土制成。220kV及以下的配电装置中，广泛应用以钢筋混凝土环形杆和镀锌钢梁组成的构架。在大跨距500kV配电装置中，多用由钢板焊成的板箱式构架和钢管混凝土柱，此类构架钢材用得少，机械强度也比较高。

（2）电力变压器的布置。电力变压器的布置应注意防火。变压器的基础一般为双梁形，上面铺以铁轨，轨距与变压器的滚轮中心距相等。对单个油箱的油量超过1000kg的变压器，设置储油池，池内铺设厚度不小于0.25m的卵石层。

（3）电气设备的布置。断路器、隔离开关、互感器和避雷器等设备在屋外配电装置中有低位和高位两种布置方式。

（4）电缆沟和通道。屋外配电装置中的电缆沟有横向的和纵向的：横向的一般布置在断路器和隔离开关之间；纵向的为主干电缆沟，电缆数目较多时，纵向电缆沟一般可分为两路。为了运输设备和消防，应在主要设备的附近铺设行车道路。大中型变电所内一般应铺设3m宽的环形道路。设置0.8～1m宽的巡视小道，以便运行人员巡视。

（五）成套配电装置

1. 高压开关柜的型号及分类

（1）高压开关柜的型号表示方式如下：

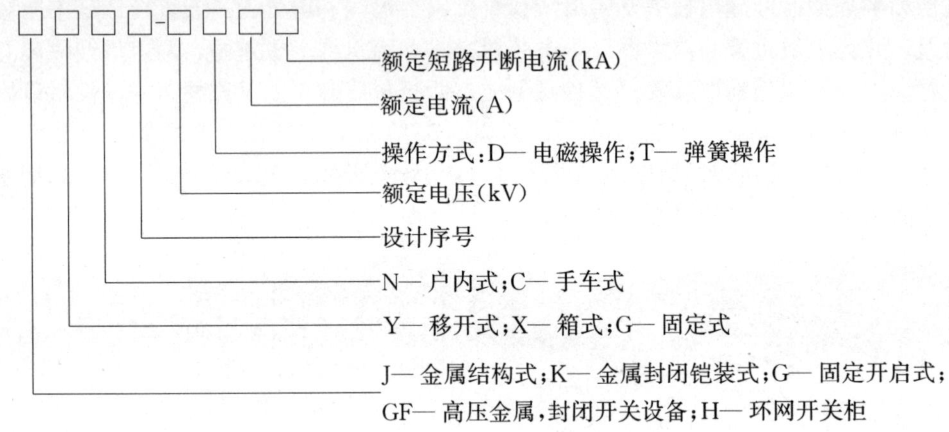

（2）分类：

1）按安装方式，可分为固定式和移开式（手车式）开关柜，如图2-9所示。

2）按柜体结构分，可分为金属封闭间隔式、金属封闭铠装式及金属封闭箱式固定开关柜。

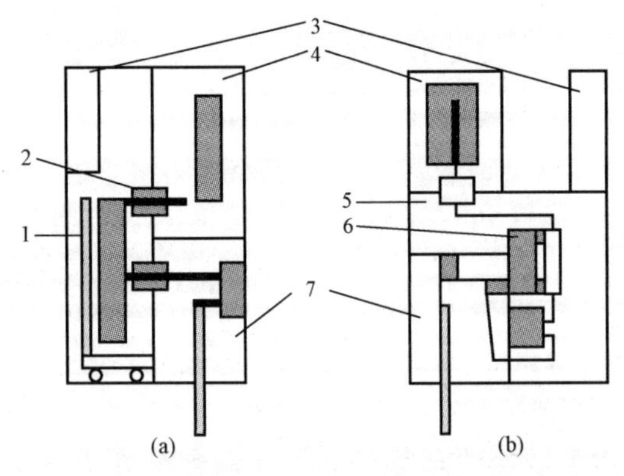

图2-9 手车式开关柜与固定式开关柜示意图

（a）手车落地式开关柜；（b）固定式开关柜

1—移动手车；2—隔离插头；3—低压室；4—母线室；5—隔离开关；6—固定式装设的断路器；7—线路室

3）按断路器小车安装位置，可分为落地式和中置式开关柜。

2. 固定式高压开关柜

固定式高压开关柜是指一次元件，如断路器、隔离开关、互感器等固定安装在金属开关箱柜内，亦称固定式成套装置。其优点是结构比较简单、易于成批生产制造，操作简便，内部空气间隙较大，运行可靠性高；缺点是体积较大，柜中断路器的更换、检修不如移开式柜方便。但其结构简单、价格低廉的特点使其在配电系统建设中得到了广泛应用，常用在变配电所、高压配电室等户内场所，作为接受和分配电能，并对电路实行控制、保护和监测之用。型号有 XGN、HXGN、KYN 等。

固定式高压开关柜工艺不断改进，发展到当前已配置了“五防”联锁功能。“五防”联锁功能是指可以防止以下五种类型的电气误操作：①防误分、误合断路器；②防带负荷合、分隔离开关（或隔离触头）；③防带电挂地线（接地开关）；④防带地线合隔离开关；⑤防带电误入带电间隔。

3. 移开式（手车式）高压开关柜

移开式高压开关柜指断路器等一次元件安装在可移动的手车上（或抽屉上），亦称移开式（手车式）成套装置。这些断路器等一次元件与柜内固定安装的电器元件之间，一般通过隔离触头来实现电气联通。操作手车可使车上的元件（如断路器）从所在回路上断开，并可随车移至柜外，因而这些元件的检测、维护和更换都很方便。柜内的手车还可与同类型的备用手车互换。当柜内手车移出检修时，可将备用手车投入继续供电，这可大大缩短检修停电时间。手车（中置）式柜具有结构紧凑、体积小、检修方便安全的特点，其应用已越来越广泛。

图 2-10 所示为 JYN2-10 型手车式高压开关柜。这种开关柜适用于三相交流频率为 50Hz，额定电压为 3～10kV，额定电流为 630～3000A 的单母线接线系统中，用来接受和分配电能，也适用于各工矿企业作为大型高压电动机的起动和保护。

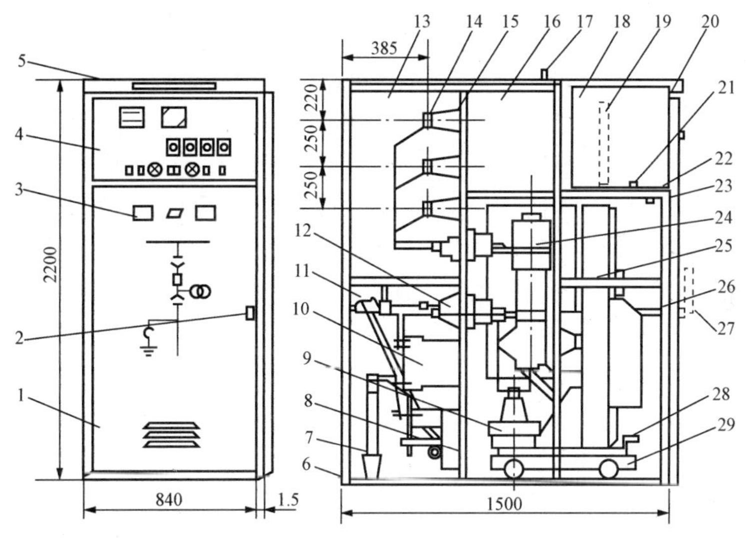

图 2-10　JYN2-10 型手车式高压开关柜

1—手车室门；2—门锁；3—观察室；4—仪表板；5—用途标牌；6—接地母线；7—一次电缆；8—接地开关；9—电压互感器；10—电流互感器；11—电缆室；12—一次触头隔离罩；13—母线室；14—一次母线；15—支持绝缘子；16—排气通道；17—吊环；18—继电仪表室；19—继电器屏；20—小母线室；21—端子排；22—减振器；23—二次插头；24—油断路器；25—断路器手车；26—手车室；27—接地开关操作棒；28—脚踏锁定跳闸机构；29—手车推进机构扣攀

这种开关柜本体是用角钢和钢板焊制而成，柜体用钢板（铠装式）或绝缘板分隔成小车室、母线室、电缆室和继电仪表室四个部分。柜体的前上部位是继电保护装置及仪表，下门内是小车室，门上装有观察窗。底部左下侧为二次电缆进线孔，后上部位为主母线室，后下部位为电缆室，后面封板上装有观察穿插。

4. 箱式变电所

箱式变电所是一种新型的供电设备，具有以下优点：

（1）占地面积小，征用土地相对方便，适用于一般城市负荷密集地区、农村地区、居民住宅小区等，有利于高压延伸、减少低压线路的供电半径、降低线损。

（2）减少土建基础费用，可以工厂化生产，缩短现场施工周期，投资较少，收效快。

（3）体积小、重量轻，便于运输或移位。

（4）采用全密封变压器、SF_6 环网柜等新型设备，具有长周期、免维护、功能比较全的特点，能用于终端，又可用于环网。

（5）外形新颖美观，广泛用于工业园区、居民小区、商业中心。

箱式变电所 10kV 配电装置一般不用断路器，常用的有如下装置：①FN5-10 型或 FN7-10 型负荷开关加熔断器；②环网供电装置；③从邻近架空线支接到变压器高压端子。

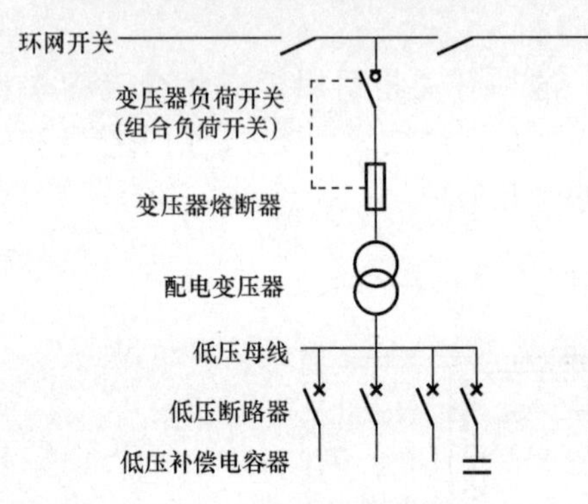

图 2-11　箱式变电所的内部功能组合结构图

作为公用电网，箱式变电所的低压出线视变压器容量而定，一般不超过 4 回，最多不超过 6 回，也可以 1 回总出线，到邻近的配电室再进行分支供电。

箱式变电所的功能如图 2-11 所示。

箱式变电所成套装置的操作方式有手动操作、弹簧操动机构操作和电磁机构操作。为保障工作人员人身操作和设备运行安全，要求成套装置的联锁装置必须保证设备的正常操作程序。

箱式变电所成套装置具备的“五防”功能有：

（1）防止带负荷操作隔离开关。

（2）防止带电挂接地线或带电合接地开关。

（3）防止带接地线合隔离开关、断路器。

（4）防止误分、合断路器。

（5）防止误入带电间隔。

联锁装置具备的功能有：

（1）断路器在工作位置合闸状态时，柜体外门不能打开或手车（抽屉）不能拉动。

（2）断路器在工作位置的合闸状态时，隔离开关不能拉开，接地开关不能合闸。

（3）隔离开关未拉开时，接地开关不能合闸。

（4）隔离开关未拉开或接地开关未合好的，不能打开柜体的门，柜体的门未关好前，接地开关分开后，才可操作一次回路。

（5）手车（中置式抽屉）成套装置二次回路插头未插好前，主断路器不能合闸。

图 2-12 所示为箱式开关站剖面图。

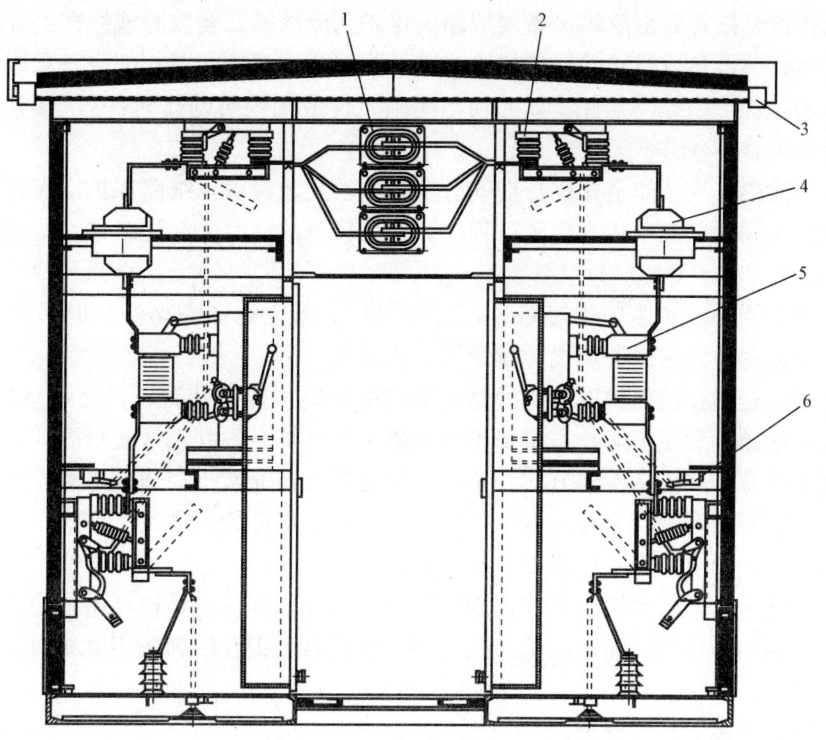

图 2-12 箱式开关站剖面图

1—主母线室；2—隔离开关；3—漏水箱；4—电流互感器；5—断路器；6—门外联锁机构

第四节 继 电 保 护

一、继电保护装置的基本任务

继电保护装置就是指能反应电力系统中电力设备和线路发生故障或不正常（异常）运行，而动作于断路器跳闸或发出信号的一种自动装置。它的基本任务是：

（1）自动、迅速和有选择性地将故障的电力设备或线路从电力系统中切除，保证其他无故障部分迅速恢复正常运行，使故障元件免于继续遭到破坏。

（2）及时反应电力设备或线路的不正常运行状态，并根据运行维护的条件（例如有无经常值班人员），而动作于发出信号、减负荷或动作于断路器跳闸。此时，一般带有一定的延时，以保证选择性和维修的要求。

二、继电保护装置的基本要求

继电保护装置应满足可靠性、选择性、灵敏性和速动性的要求。

（1）可靠性是指保护该动作时应可靠动作，不该动作时应不误动作。可靠性是继电保护装置四条基本要求的前提，在拟制、配置和维护保护装置时，都必须满足可靠性的要求。为保证可靠性，宜选用可能的最简单的保护方式，应采用由可靠的元件和尽可能简单的回路构成的性能良好的装置，并采取必要的检测、闭锁和双重化措施。此外，保护装置还应便于整定、调试和运行维护。

（2）选择性是指首先由故障设备或线路的保护切除故障，当故障或线路的保护或断路器拒动时，应由相邻设备或线路的保护切除故障。为保证选择性，对相邻设备和线路有配合要求的保护和同一保护内的两元件（如起动与跳闸元件或闭锁与动作元件），其灵敏性与动作时间均应相互配合。

当重合于故障，或在非全相运行期间健全相又发生故障时，线路保护应保证选择性。在重合后加速的时间内以及单相重合闸过程中，发生区外故障时，允许被加速的线路保护无选择性。

在某些条件下必须加速切除短路时，可使保护装置无选择性动作，但必须采取补救措施，例如采用自动重合闸或备用电源自动投入来补救。

（3）灵敏性是指在被保护设备或线路范围内故障时，保护装置应具有必要的灵敏系数。灵敏度系数应根据不利正常运行方式和不利故障类型计算。不利正常运行方式，系指正常情况下的不利运行方式和正常检修方式。正常不利运行方式通常指在非故障和检修方式下，电厂中因机组开启与停运等，引起继电保护装置灵敏系数降低的不利运行方式。正常检修方式系指一条线路或一台电力设备检修的运行方式。

（4）速动性是指保护装置应能尽快地切除短路故障，其目的是提高系统稳定性，限制故障设备和线路的损坏程度，缩小故障波及范围，提高自动重合闸和备用电源或备用设备自动投入的效果等。

三、继电保护装置的一般规定

根据 GB 50062—1992《电力装置的继电保护和自动装置设计规范》内容，继电保护装置应具有以下主要规定：

（1）电力系统中的电力设备和线路，应装设短路故障和异常运行保护装置；电力设备和线路的保护应有主保护和后备保护，必要时可再增加辅助保护。

1）主保护。满足系统稳定及设备安全要求，能以最快的速度、有选择地切除被保护设备和全线路故障的保护。

2）后备保护。主保护或断路器拒动时，用以切除故障的保护。后备保护可分为远后备和近后备两种方式。①远后备保护指当主保护或断路器拒动时，由上一级相邻电力设备或线路的保护实现后备保护。②近后备保护指当主保护拒动时，由本电力设备或线路的另一套保护实现后备保护；当断路器拒动时，由断路器失灵保护实现后备保护。

3）辅助保护。为补充主保护和后备保护的不足而增设的简单保护。

（2）在拟制保护装置和制定保护配置方案时，对稀有故障，可根据对电网影响程序和后果采取相应措施，使保护装置能正确动作。对两种稀有故障同时出现的情况可不考虑。

（3）装有管型避雷器的线路，为了在避雷器放电时不致误动作，电流保护装置的动作时限（从开始发生故障至发出跳闸脉冲），应不小于 0.08s，保护装置起动元件的返回时间应小于 0.02s。

（4）保护用电流互感器的稳态比误差不应大于 10%。原则上，保护装置与测量仪表不共用电流互感器的二次线圈。

（5）电力系统正常运行情况下，当电压互感器二次回路断线或其他故障能使保护装置误动作时，应装设断线闭锁装置或采取其他措施，如装设电压回路断线信号装置。

（6）为了分析和统计继电保护的工作情况，在保护回路内应设置指示信号（包括信号继电器、带动作指示的继电器、带指针的时间继电器等)。

(7) 为了便于分别校验保护装置和提高可靠性，主保护和后备保护宜做到回路彼此独立。

(8) 用交流整流电源作为保护用直流电源时，应符合下列要求：

1) 直流母线电压，在最大负荷情况下保护动作时不应低于额定电压的 80%，最高电压不应超过额定电压的 115%。应采取限幅、稳压（电压波动不大于±5%）和滤波（波纹系数不大于 5%）措施。

2) 如采用复式整流，应保证各种运行方式下，在不同故障点和不同相别短路时，保护与断路器均能可靠动作跳闸；电流互感器的最大输出功率应满足直流回路最大负荷需要。

3) 对采用电容储能电源的变电所，其电力设备和线路除应具有可靠的远后备保护外，还应在失去交流电源情况下，有几套保护同时动作时，或在其他消耗直流能量最大时，保证保护与有关断路器均能可靠动作跳闸。

4) 当自动重合闸装置动作时，如重合于永久性故障，应能可靠跳闸。

(9) 用交流操作保护装置时，短路保护可由被保护电力设备或线路的电流互感器取得操作电源，变压器的瓦斯保护和中性点非直接接地电力网的接地保护，可由电压互感器或变电所用变压器取合适操作电源。必要时，可增加电容器储能电源作为跳闸的后备电源。

四、继电保护的基本原理及结构

为完成继电保护所担负的任务，继电保护装置应该能正确地区分电力系统正常运行与发生故障或异常运行状态之间的区别，以实现对电力设备和线路的保护，稳定电力系统的正常运行。

通常情况下，电力系统中的电力设备或线路发生故障时，总伴随着电流增大、电压降低、电压与电流之间相位变化、故障电流与正常运行时流向不同及线路始端测量阻抗减小等现象。因此，利用正常运行与故障时这些基本参数的区别，便可以构成各种不同原理的继电保护，例如，反应电流增大的过电流保护、反应电压变动的低电压及过电压保护、反应电流与电压之间相位变化的功率方向保护及反应阻抗降低的距离保护，以及反应其他参数变化的种种保护。

以上各种原理的保护，可以由一个或若干个继电器，按照一定的性能和要求连接在一起组成保护装置来实现。

五、常用的继电保护方式

利用电力系统正常运行与故障或不正常状态时某些基本参数的区别，可以构成各种不同原理的继电保护方式。常用的几种继电保护方式有以下几种。

(一) 电力系统中单侧供电电源网络的电流保护

电力系统的电气元件最常见同时也是最危险的故障是各种类型的短路，最主要的不正常运行状态是单相接地或电气元件的过负荷。电流保护就是利用短路故障或过负荷时，伴随着电流增大这一特点构成的。

电流保护又可分为电流速断、限时电流速断、过电流、过负荷保护及零序电流、负序电流、方向电流保护等几类。工矿企业中小变电所常用前几类保护方式，大型企业常用以上各类电流保护方式。

1. 电流速断保护

单侧电流电力线路相同短路的电流保护，多采用电流速断及限时电流速断相配合的主保护方式。

（1）速断保护的原则。根据对继电保护速动性的要求，保护装置动作切除故障的时间，除了必须满足系统稳定和保证重要客户供电可靠性等要求以外，在简单可靠和保证选择性的前提下，原则上总是越快越好。因此，在电力系统中使用的一次电气元件（包括电力线路和电力设备），都力求装设快速动作的继电保护，这种瞬时动作的电流保护，称为电流速断保护。

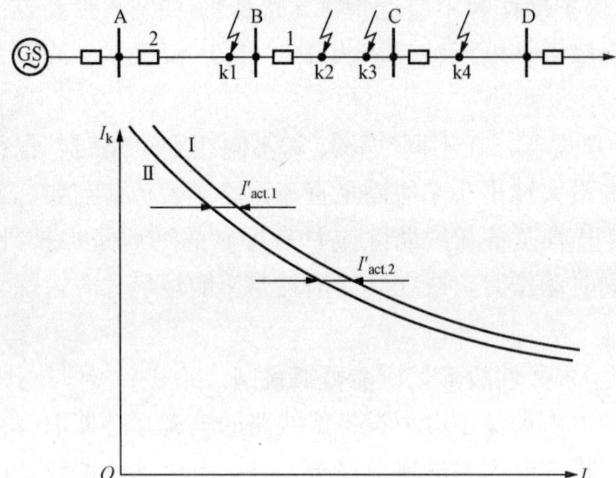

图 2 - 13　电流速断保护动作特性分析
1，2—电流速断保护

以图 2 - 13 所示网络接线为例，假定在每条线路上均装有电流速断保护，则当线路 A～B 上发生故障时，希望保护 2 能瞬时动作；而当线路 B～C 上故障时，就希望保护 1 能瞬时动作，它们的保护范围最好能达到本线路全长的 100%。

具体分析如下：

以保护 2 为例，当 A-B 线路 k1 点短路时，希望保护 2 能够瞬时动作，而当相邻线路 B-C 的始端（习惯上又称出口）k2 点短路时，按照选择性的要求，保护 2 就不应该动作，而应由保护 1 动作切除该处故障。但是，从电气的观点来看，k1 点和 k2 点短路时，从保护 2 安装处所流过的短路电流实际上是一样的，因此，希望 k1 点短路时保护 2 能动作，而 k2 点短路时又不动作的要求就不可能同时得到满足。同样地，保护 1 也无法区别 k3 和 k4 点的短路。

解决这个矛盾需采取两种办法，优先考虑保证动作的选择性，即从保护装置起动参数的整定上，来保证下一条线路出口处短路时不起动，即电流速断保护按躲开相邻线路出口处短路的条件来进行整定；另一种办法就是在个别情况下，当快速切除故障是矛盾的主要方面时，就采用无选择性的速断保护，而以自动重合闸纠正。

电力线路故障短路电流的大小，取决于电力系统运行方式的变化、故障的不同类型及故障点至系统电源之间的阻抗（长度）。通过故障点短路电流为最大的方式，称为系统最大运行方式，而短路电流为最小的方式，称为系统最小运行方式。

在最大运行方式下三相短路时，通过保护装置的短路电流为最大，而在最小运行方式下三相短路电流为最小，这两种情况下短路电流的变化如图 2 - 11 中的曲线Ⅰ和Ⅱ所示。

（2）速断保护的整定。电流速断保护的整定应保证动作上的选择性。对发电厂厂用母线或重要客户母线电压还应满足线路短路使母线残余电压不低于额定电压的 60%，若不能满足时，应装设非选择瞬时电流速断保护装置，保护的非选择性动作由自动重合闸或备用电源自动投入来补救。非选择电流速断装置的动作电流按保证母线的残余电压不低于 60%额定电压计算。

当瞬时电流速断保护装置的整定能满足选择性动作和保证母线上具有规定的残余电压，它的动作电流按躲过被保护线路末端发生短路时的最大短路电流计算

$$I_{act} = K_{rel} I_{k.max} \tag{2-3}$$

式中 K_{rel}——可靠系数，DL-10 型继电器采用 1.2～1.3，GL-10、GL-20 型继电器采用 1.4～1.5；

$I_{k.max}$——被保护线路末端或变压器低压侧短路时流过保护的最大短路电流，A。

不带电抗器的线路灵敏系数计算意义不大，故可不进行灵敏系数的核算。

电流速断保护的主要优点是简单可靠，动作迅速，因而获得了广泛的应用。它的缺点是不可能保护线路的全长，并且保护范围受系统运行方式变化的影响。

当系统运行方式变化很大，或者被保护线路很短时，速断保护就可能没有保护范围。此时可采用延迟—时间级差的限时速断保护替代或增加一段限时速断保护。

电流速断保护的单相原理接线如图 2-14 所示。

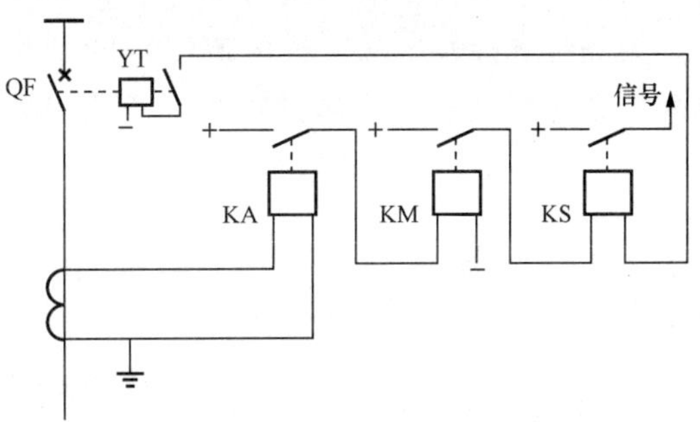

图 2-14　电流速断保护的单相原理接线图

当被保护的线路装有管型避雷器时，利用中间继电器来增大保护装置的固有动作时间，以防止管型避雷器放电时引起速断保护误动作，同时用以增加继电器触点容量。限时电流速断保护的接线或速断保护基本类似，仅用时间继电器替代中间继电器。

限时电流速断保护 2 的动作电流 I'_{op2}，要大于下级速断保护 1 动作电流，即

$$I'_{op2} K'_{rel} I'_{op1} \tag{2-4}$$

式中 K'_{rel}——可靠系数，取 1.1～1.2；

I'_{op1}——下级速断保护 1 动作电流，A。

动作时限较下级速断保护增加一个时间级差为 0.3～0.5s。

灵敏系数按式（2-4）校核

$$K_{sen} = \frac{I_{kmin}}{I'_{op2}} \tag{2-5}$$

式中 K_{sen}——灵敏系数；

I_{kmin}——保护范围末端最小短路电流（小方式下两相金属性短路），A；

I'_{op2}——下级速断保护 2 动作电流，A。

2. 过电流保护

过电流保护通常是指其起动电流按躲开最大负荷电流来进行整定的一种保护装置。它在正常运行时不应该起动，而在电力线路或电力设备发生故障时，则能反应于电流的增大而动作。在一般情况下，它不仅能保护电力线路的全长或电力设备的全部，而且也能保护相邻线路或变压器二次电气元件，以起到后备保护的作用。

过电流保护分为定时限和反时限两种。

（1）过电流保护动作电流计算。为保证在正常运行情况下过电流保护不动作，显然保护装置的动作电流须大于最大负荷电流 I_{Lmax}，同时还要考虑在外部故障切除后已起动的保护

能否返回的问题。继电器的返回电流 I_r 总小于动作电流 I''_{op}，为可靠返回必须引入一个返回系数 $K_r=\frac{I_r}{I_{op}}$。而且由于短路时电压降低后接在非故障线路上的电动机负荷被制动，故障切除电压恢复时电动机的自起动电流大于其工作电流，所以还要引入一个自起动系数 K_{ast}，故过流保护的动作电流应为

$$I''_{op}=\frac{K_{rel}K_{ast}}{K_r}I_{Lmax} \tag{2-6}$$

式中 I_{Lmax}——最大负荷电流，A。

一般取 K_r 为 0.85；K_{rel}为 1.15～1.25；$K_{ast}>1$，由负荷性质和网络接线确定。

(2) 过电流保护动作时限选择。由于过电流保护动作电流是以负荷电流为基础整定的，所以当下一级或下几级过电流保护装置保护区间短路时，本级过电流保护也可能起动，为满足选择性要求，过电流保护的动作时限应比相邻的下一级过电流保护的动作时限高一个时间级差 Δt。由此可见，越近电源端，过电流保护的动作时限越长，这是它的缺点。

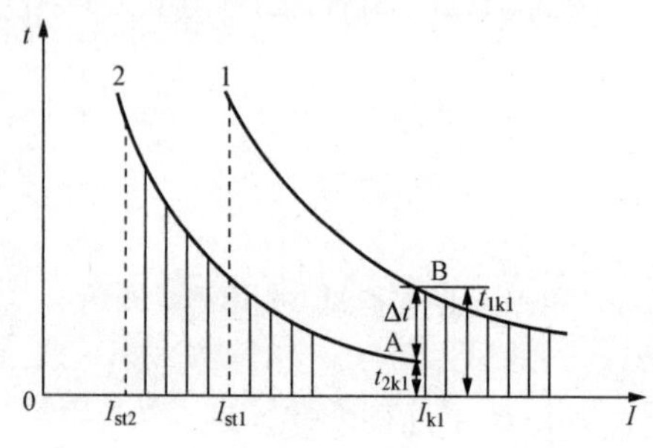

图 2-15 反时限过电流保护的时限配合

反时限过电流保护特点是：动作时限与线路中电流的大小有关。当电流大时动作时限短，而电流小时动作时限长，其动作时限与故障电流成反比。为保证选择性，上级保护的反时限特性曲线应在下级曲线的上面，曲线各点间保持一个时间级差 Δt，如图 2-15 所示。

过电流保护的灵敏系数仍按式（2-5）校验，一般较易达到，为使后备保护作用完善，要求越靠近故障点灵敏系数越高。

3. 过负荷保护

有过负荷可能的设备要装过负荷保护，动作于信号，必要时动作于切负荷。由于负荷电流三相平衡，所以过负荷保护一般为单相式。

过负荷的动作电流按避越其额定电流整定

$$I_{opl}=\frac{K_{rel}}{K_r}I_N \tag{2-7}$$

式中 K_{rel}——可靠系数，取 1.05；

K_r——返回系数，取 0.85；

I_N——变压器或其他电气元件额定电流，A。

电流速断、限时电流速断、过电流和过负荷保护都是反应于电流升高而动作的保护装置。它们之间的区别主要在于按照不同的原则来选择起动电流。由于电流速断有时又不能作为相邻元件的后备保护，因此，为保证迅速而有选择性地切除故障，而常将电流速断、限时电流速断和过电流保护组合在一起，构成阶段式电流保护。具体应用时，可以只采用电流速断加过电流保护，或限时电流速断加过电流保护，也可以三者同时采用。

具有电流速断、限时电流速断和过电流保护的单相式原理接线如图 2-16 所示。

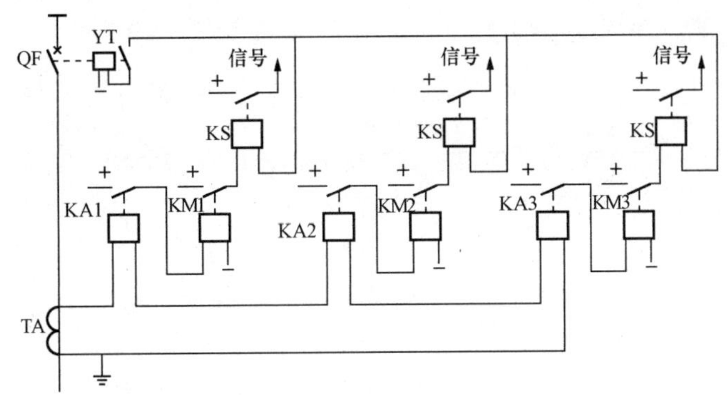

图 2-16 具有电流速断、限时电流速断和过电流三段保护的单相原理接线图

上面所述速断、过电流、过负荷保护的动作电流和灵敏系数整定计算，都是以一次电流计算的。如要求二次继电保护动作电流，则可将一次动作电流乘以$\frac{K_{jo}}{n_I}$，其中，K_{jo}和n_I分别为电流互感器的连接系数和电流比。电流互感器星形和简化星形（V 形）接线，K_{jo}为 1，三角形接线时 K_{jo}为$\sqrt{3}$。

4. Yyn 接线的低压厂用变压器的零序电流保护

低压厂用变压器的零序电流保护是变压器低压侧的接地保护。它保护变压器低压绕组引出线和母线的接地短路，并作为 380V 电动机和变压器本身接地短路的后备保护。

零序电流保护用电流互感器通常接在 Yyn 接线的变压器的中性点接地回路上。该电流互感器正常运行时只有较小的不平衡电流，因此，电流互感器的变比仅由接地短路电流 $3I_0$ 所引起的热、动稳定决定。通常该电流互感器的变比选取为变压器额定电流的 1/2～1/3。

由于低压侧电气元件多采用熔断器作为相同短路保护，为了和熔断器反时限特性相配合，低压变压器的零序保护一般多采用反时限继电器。低压厂用变压器的零序保护如图 2-17 所示。

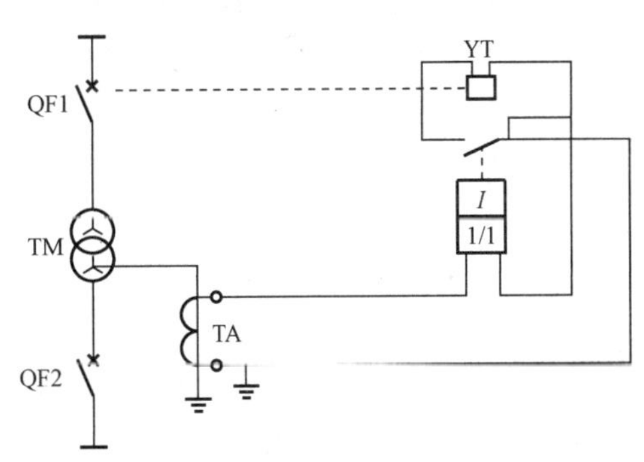

图 2-17 低压厂用变压器接地保护原理接线图

当变压器高压侧的过电流保护对低压侧单相接地短路有足够的灵敏度时（灵敏度系数 $K_{sen}>1.5\sim2$），也可以不装设专用的零序电流保护。利用高压侧的过电流保护实现中性点直接接地侧的单相接地短路保护，宜采用三相式以提高灵敏性。

5. 中性点非直接接地电网中单相接地故障的零序电流保护及零序功率方向保护

（1）中性点非直接接地电网中单相接地故障的特点。由图 2-18 所示的最简单的网络接线来看，在正常运行情况下，三相对地有相同的电容 C_0，在相电压的作用下，每相都有一超前 90°的电容电流 $\dot{I}_{C0}$ 流入地中，而三相电流之和等于零。假设在 U 相发生单相接地，则 U 相对地电压为零，对地电容被短接，而其他两相的对地电压升高$\sqrt{3}$倍，对地电容电流也相应地增大$\sqrt{3}$倍，相量关系如图 2-18（b）所示。如不考虑负荷电流，则流向接地点的电流

$\dot{I}_E = \dot{I}_V + \dot{I}_W$，在数值上 $I_E=3I_{C0}$。

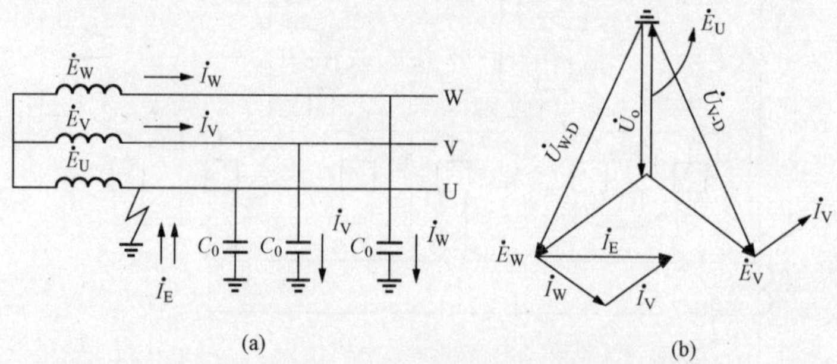

图 2-18　中性点不接地系统的单相接地示意图

(a) U 相接地示意图；(b) U 相接地相量图

图 2-19 为单相接地电容电流分布图。利用图 2-19 的分析，可以给出清晰的物理概念，由此可得出如下结论：

1）在发生 U 相单相接地时，全系统都将出现零序电压 $\dot{U} = -\dot{E}_U$。

2）在非故障元件上有零序电流，其数值等于本身的对地电容电流，电容性无功功率的实际方向为由母线流向线路。

3）在故障元件上，零序电流为全系统非故障元件对地电容电流之总和，数值一般较大，电容性无功功率方向为由线路流向母线。

根据这些特点和区别，利用以上三点结论可以制成中性点非直接接地电网中单相接地故障的零序电流及方向保护。

(2) 零序电流保护。利用故障线路零序电流较非故障线路为大的特点，实现有选择性地发出信号或动作于跳闸。这种保护一般使用在有条件安装零序电流互感器的线路上（如电缆线路或经电缆引出的架空出线）；当单相接地电流较大，足以克服零序电流过滤器中不平衡电流的影响时，保护装置也可以接于三个电流互感器构成的零序回路中。

利用零序电流互感器制成的零序电流保护装置被广泛地应用。零序电流互感器的一次绕组就是电缆的三相导线，二次绕组在包围着三个相的铁心上。电缆型零序电流互感器接线方式如图 2-20 所示。

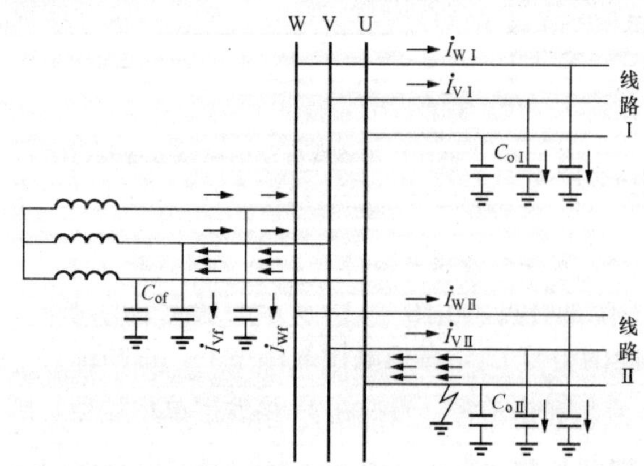

图 2-19　三相系统单相接地时电容电流分布图

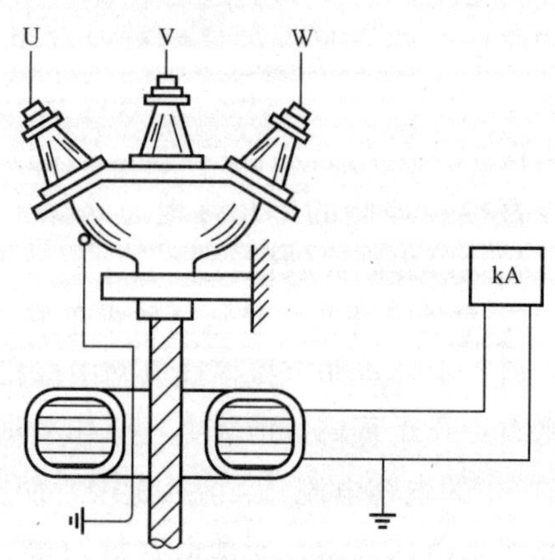

图 2-20　电缆型零序电流互感器的接线图

零序电流保护装置的动作电流 I_{op0} 为

$$I_{op0} = K_{rel} I_{C1} \tag{2-8}$$

式中 I_{C1}——接地故障时流过本线路的电容电流，A；

K_{rel}——可靠系数，当继电保护作用于瞬时信号时，考虑过渡过程的影响，取 4～5，当保护作用于延时信号时，取 1.5～2。

上述计算中所用电容电流数值，最好为运行实测数据。

反应电容电流值的保护装置的优点是接线比较简单，但在使用时应注意下列问题：

1）在发生接地故障的瞬间，暂态电容电流的幅值很大，经工频的一个周波后，暂态电容电流分量逐渐衰减。为使电流保护不致在暂态过程中误动作，保护通常带有 20～30ms 的延时。

2）通常接地电容电流值是不大的，约为几安至十几安，而线路的负荷电流值则很大，达几十安，甚至几百安。因此，在测量接地电容电流时，必须注意由负荷电流引起的电流互感器不平衡电流的影响。接地电容电流可由零序电流互感器或零序电流滤过器测得。

3）当中性点经消弧线圈接地运行时，不能采用电容电流接地保护。

（3）零序功率方向保护。当零序电流保护不能满足灵敏系数的要求时，以及接线复杂的网络中，利用故障线路与非故障线路零序功率方向不同的特点，制成零序功率方向保护来实现有选择性地动作于信号或跳闸，其原理接线如图 2-21 所示。

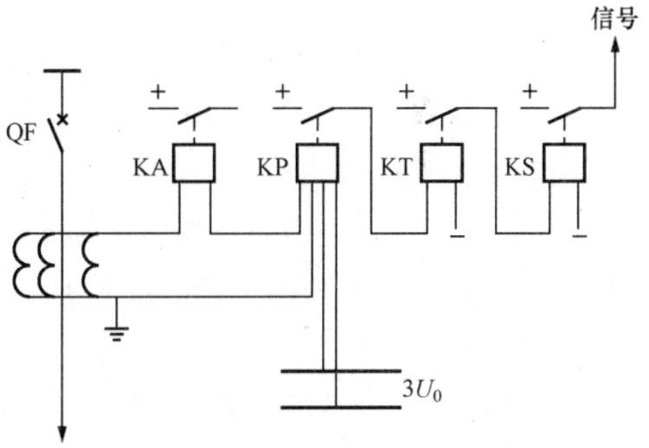

图 2-21　零序方向保护原理接线图

（二）电压保护

利用电力系统发生故障或不正常运行状态时，电压的降低或升高及负序或负序、零序电压同时出现的现象而构成的。电压保护可细分为欠电压或过电压保护，零序、负序及复合电压保护。

1. 欠电压保护

欠电压保护常用在 10～35kV 线路及高压电动机继电保护装置中，有时也作为闭锁元件用在变压器的低电压起动的过电流保护之中。

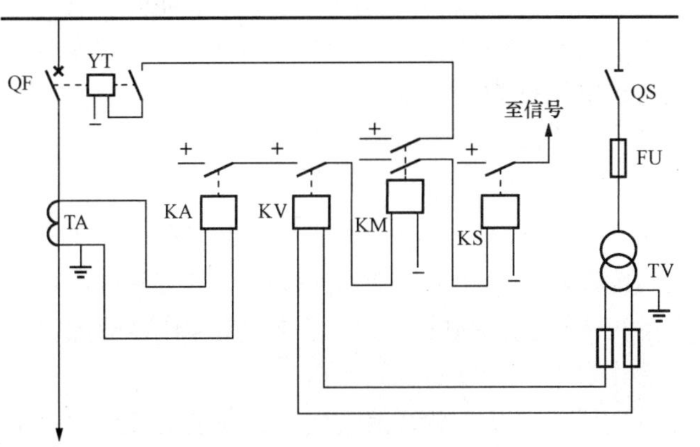

图 2-22　电压速断保护单相原理接线图

电压速断保护就是反应保护安装处母线电压降低而动作的一种保护方式。图 2-22 所示为电压速断保护单相原理接线。

图 2-20 中元件 1 为电流继电器，它是电压速断保护的闭锁元件。装设它是为了防止电压互感器二次回路断线时，或同一母线引出线的其他线路故障时使母线电压降

低引起电压速断保护误动作。电流继电器的动作电流不大于线路的最大负荷电流，正常运行时电流继电器不起动，只有被保护线路故障流过短路电流时才能动作，因而可起闭锁作用。继电器 2 为欠电压继电器，它接在线电压上，当被保护线路故障时电压降低而动作。只有继电器 1、2 都动作，才能起动中间继电器 3，使线路断路器跳闸。

电压速断保护的动作电压 U_{op} 按躲地最小运行方式下被保护线路末端三相短路时，保护安装处的母线残余电压 U_{rem} 整定为

$$U_{op} = \frac{U_{rem}}{1.1 \sim 1.2} \tag{2-9}$$

由于最小运行方式下线路发生短路时，保护安装处母线残压最低，保护范围最长，因此这样整定后，在运行方式变化时，保护范围不会伸出本线路，从而在动作时限上不需和相邻的线路保护相配合，可以作为瞬时跳闸的速断保护。

低电压继电器有时作为闭锁元件与其他保护组合起来，以提高保护装置的灵敏系数，如低电压闭锁的过电流保护。为了保证低电压闭锁元件在发生各种相间短路时能够可靠地动作，三个低电压继电器应接在不同的线电压上，并将它们的触点并联起来，以保证任一低电压继电器动作，都能使整套低电压闭锁过电流保护动作。

2. 过电压保护

电容器等要装设过电压保护，一般用一只电压继电器接于线电压上。一般动作信号的动作电压为 $1.1U_N$，动作于跳闸的为 $1.3U_N$。

第五节　过电压及过电压保护设备

电力系统在运行中发生的电压异常升高现象称为过电压。过电压分为两类：由电力系统本身的操作和异常运行产生的过电压叫内部过电压；由外部雷电引起电力系统的过电压叫外部过电压，或称雷电过电压、大气过电压。

一、内部过电压

1. 内部过电压的分类

随着电力系统装机容量和输电线路距离的增加，输电电压等级的提高，系统内因断路器的操作，或运行中出现故障、异常会使系统参数发生变化，从而引起系统内部电场能量和磁场能量的转换和传递。在能量传递的过程中使系统内部出现过电压，对电力设备绝缘造成极大的威胁。这种由于系统内部原因造成的过电压称为内部过电压。

内部过电压按照其产生的原因，可分为操作过电压与谐振过电压。

2. 操作过电压产生原因

操作过电压是由于断路器操作或故障时，系统将由一种稳定状态过渡到另一种稳定状态。在运行状态转变过程中，引起系统内电磁场能量相互转换及重新分布的过渡过程，可能在某些电气设备上，甚至在局部或整个系统中产生很高的过电压。通常将操作、故障时过渡过程中产生的过电压称为操作过电压。操作过电压持续的时间较短。

操作过电压可分为切断空载变压器过电压、切断空载线路过电压、间歇电弧接地过电压等几类。

3. 谐振过电压产生原因

电力系统中的许多电气设备或电容储能元件，如变压器绕组的电感、输电线路的对地电容、补偿电容器的电容等，在操作设备或系统内发生故障时，系统内电感、电容参数配合不当，形成谐振回路，并出现谐振现象，从而产生过电压。谐振过电压持续时间较操作过电压长。

谐振过电压按其性质可分为先性谐振、铁磁谐振及参数谐振等几类。

二、外部过电压（雷电过电压）

雷云对地放电是大气中的自然现象。由雷电引起的过电压称为雷电过电压，又称大气过电压。雷过电压分为直击雷过电压和感应雷过电压两种。

（一）雷电放电过程

在雷雨季节，太阳光照使水分充足的地表接受热量，水分变为水蒸气升入空中，遇冷后凝结为小水滴，大量水滴积聚在一起形成积雨云。积雨云在高空强烈气流冲击下将会带上电荷成为雷云。多数雷云所带电荷为负电荷，常集中于几个带电中心。

雷云放电通常在云层间进行，只有很少的部分放电是对地进行的。放电过程分为先导放电、主放电和余辉放电三个阶段。

1. 先导放电

雷云会在大地感应出异号电荷，由于雷云多积聚为负极性电荷，因此在大地上会感应出正极性电荷，从而在雷云与大地间形成电场。电场随着电荷增多而逐渐增强，当电场增强到25～30kV/cm时，雷云附近空气开始发生游离，这部分的空气被击穿，由绝缘状态变为导电通道。雷云中电荷通过此通道向地面流动，空气不断被击穿。该导电通道成为先导放电通道。

先导放电具有以下特点：

（1）先导放电是分级进行的。原因是先导放电的头部必须积聚足够的电荷，使电场足够强才能使前方的空气发生游离，通道才能继续向前发展。所以先导放电速度相对较慢。

（2）先导放电发展具有方向性。先导放电初始阶段，先导放电通道会出现分支，形成树枝状。

2. 主放电

当先导放电接近地面时，先导头部与地面间的电场强度达到极高的数值（可达数兆伏），此时地面上感应电荷集中的部位会产生向上发展的迎面先导。当迎面先导与雷云先导相遇时，就会产生两种异号电荷的强烈中和作用。此时形成放电的第二个阶段主放电阶段。主放电过程在通道中正负电荷大部分中和完后结束。

主放电具有以下特点：

（1）主放电电流大，可达数十千安到数百千安。

（2）主放电速度快，持续时间短。

（3）主放电过程中伴随有强烈的闪电与雷鸣。

3. 余辉放电

主放电结束后，雷云中剩余电荷会沿着原来的主放电通道下泄，此过程称为余辉放电过程。

（二）直击雷过电压

雷电直接通过电气设备、建筑等放电时叫直击雷。直击雷通过被击物的强大雷电流，由其生成的热效应和机械效应使被击物损坏。直击雷过电压是雷直接击中某物体时，在被击物上所产生的过电压。直击雷过电压的幅值受到下列因素的影响：

（1）被击物阻抗的性质及参数。

（2）雷电流幅值。

（3）雷电流的波形。

（三）感应雷过电压

感应雷过电压是由于主放电通道中的主放电电流剧烈变化，引起周围电磁场剧烈变化感应出的过电压。感应雷过电压分为两种：电磁感应过电压和静电感应过电压。

（1）电磁感应过电压。雷电对地放电时雷电流急速变化产生的电磁场，会使附近的线路感应出很高的电压。

（2）静电感应过电压。雷云先导放电阶段会使处于下部的线路静电感应产生与雷云极性相反的束缚电荷，这种束缚电荷可抵偿雷云电荷的电场在导线上引起的电位升高，故对线路运行没有影响。当雷云和线路附近的大地发生放电时，雷云先导通道中的电荷被中和消失，导线上的束缚电荷因失去束缚而迅速向两端流动，形成很高电压的雷电波。过电压的最大值与雷电流幅值和导线平均高度成正比，与雷击点和线路之间的距离成反比。

三、防雷设备

直击雷过电压的特点是作用时间短暂，但过电压幅值很高，对电力系统安全运行形成极大的危害。为防止和降低直击雷过电压对系统造成的危害，采用避雷针与避雷线来进行防护。

感应雷过电压是由于在雷云放电过程中主放电通道中电流剧烈变化引起周围电磁场剧烈变化而感应出的过电压。另外，当输电线路落雷时，还会发生雷电波沿输电线路向发电厂及变电所侵入，产生过电压危及设备安全运行的现象。常采用避雷器来防护设备以避免遭受感应雷过电压的损害。

（一）避雷针与避雷线

1. 避雷针和避雷线的结构

避雷针和避雷线均是金属构成，由接闪器、接地引下线和接地体三部分组成。避雷针的接闪器为避雷针的针头，避雷线的接闪器为空中水平悬挂的架空地线。

2. 避雷针和避雷线的防雷原理

避雷针的针头与避雷线的悬挂高度比被保护设备高，当雷电先导发展到“定向高度”时，避雷针和避雷线比周围其他物体更易产生迎面先导，将雷电引向自身。由于它们均有良好的接地装置，因此可以将雷电流安全导入大地中，从而使被保护物免受直接雷击。

因此，避雷针和避雷线具有“引雷”与“泄雷”的作用。避雷针一般用于发电厂、变电所的防雷，避雷线一般用于输电线路的保护。

3. 避雷针与避雷线的保护范围

避雷针的保护范围与避雷针的高度、根数及避雷针间的距离有关。避雷线的保护范围由被保护物高度、避雷线悬挂高度和条数来确定。

避雷针与避雷线的保护范围以单支避雷针和单根避雷线为例进行说明。

(1) 单支避雷针保护范围的确定。保护范围如图 2-23 所示。图 2-23 中，h 为避雷针的高度，它对地面保护范围的半径 $r=1.5h$，在 h_x 高度水平面上的保护半径可按下式确定：

当 $h_x \geqslant h/2$ 时

$$r_x = (h - h_x)P \tag{2-10}$$

当 $h_x \leqslant h/2$ 时

$$r_x = (1.5h - 2h_x)P \tag{2-11}$$

式中 r_x——避雷针保护半径，m；

h——避雷针对地高度，m；

h_x——被保护建筑物高度，m；

P——高度影响系数，当 $h \leqslant 30\text{m}$ 时，$P=1$，当 $120 \geqslant h > 30\text{m}$ 时，$P=\frac{5.5}{\sqrt{h}}$。

从式 (2-10) 和式 (2-11) 可看出，避雷针高度超过 30m 时，其保护范围不再随针高成正比例增加。所以通常采用多支等高或不等高的避雷针的做法来扩大其保护范围。

(2) 单根避雷线保护范围的确定。单根避雷线保护范围与单支避雷针的保护范围相同。

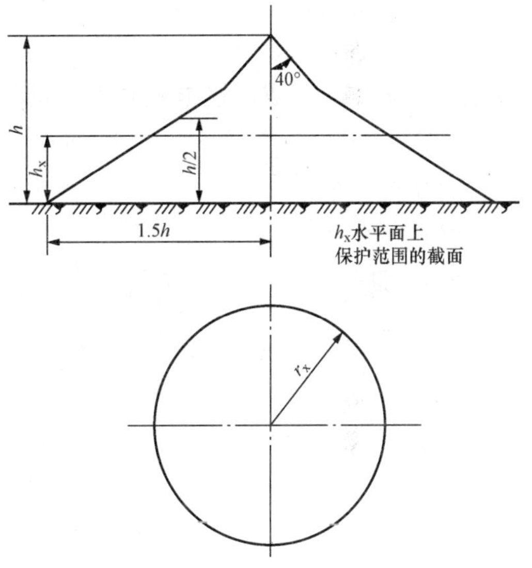

图 2-23 单支避雷针的保护范围

(二) 避雷器

1. 避雷器的防雷原理

避雷器除了可以防护雷电波侵入造成的危害外，还可防护电力系统内部过电压。电力系统中操作过电压其幅值可达到几百千伏甚至更高，对系统设备绝缘威胁很大。避雷器运行时是与被保护设备并联连接的，正常运行时，避雷器与大地之间保持绝缘状态。它的放电电压低于被保护设备的冲击绝缘耐压数值，当出现雷电波侵入时，避雷器电压达到其放电电压，避雷器即会放电将雷电流泄入大地，从而达到保护电力设备的作用。

2. 对避雷器的基本要求

(1) 当雷电流过电压达到或超过避雷器放电电压时，避雷器应尽快可靠工作，将雷电流经小电阻或直接接地以泄入大地，以限制过电压。

(2) 在雷电过电压作用过去后，避雷器应能在规定时间内迅速切断工频续流，使系统尽快恢复正常，避免供电中断。

(3) 避雷器应具有以下性能：残压（雷电流在避雷器上形成的压降）较低；伏秒特性比较平坦，便于绝缘配合；具有较强的通流能力；不应产生高幅截波，以免造成被保护设备绝缘的损害。

四、防止过电压的基本措施

发电厂、变电所的雷害主要来自三个方面：①雷直击于发电厂、变电所；②雷击输电线后产生的雷电波侵入发电厂或变电所；③雷直击线路附近地面或物体，在三相导线上产生感应雷电波作用于电气设备上。

（一）发电厂、变电所防止雷电直击的措施

防止雷电直击，发电厂、变电所常采用避雷针和避雷线作为直击雷防护。直击雷的防护原则：

（1）所有被保护设备都应处于避雷针或避雷线的保护范围之内。被保护设备包括室外配电装置、建筑物、易燃易爆设施等。

（2）避雷针遭雷击后，应能够避免反击现象发生。避雷针与避雷线由接闪器、接地引下线和接地体组成，而接地引下线和接地体具有电感和接地电阻，所以当雷击避雷针或避雷线后，其顶端电位可能会达到很高的数值。若它与被保护设备间的绝缘距离不够，就会发生对设备放电的现象。这种现象称为反击现象。因此要求避雷针或避雷线与被保护设备间在空间及地中距离应足够长，以避免发生反击现象。

规程规定空气间隙绝缘距离不应小于 5m，地中绝缘距离应保持 3m 以上。

（二）发电厂、变电所防止雷电波侵入的措施

1. 采用进线保护段

发电厂、变电所的雷电波入侵，主要是感应过电压产生后形成的。因此，应采取措施避免感应过电压的形成，输电线路及母线应远离易引雷的避雷针，然后利用进线保护段对侵入波进行限制其过电压的幅值及陡度，如图 2-24 所示。

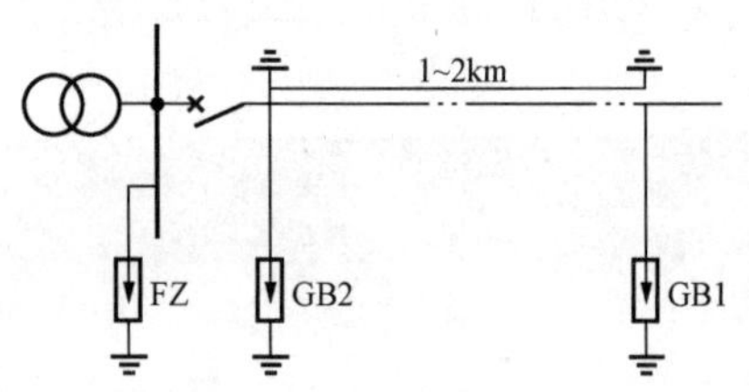

图 2-24　35～110kV 变电所的进线保护段

2. 采用避雷器保护

避雷器是防止过电压入侵及内部过电压的危害，保护电气设备绝缘有效的防护设备。发电厂、变电所的每组母线上，都装设有避雷器，所有避雷器与配电装置的主接地网相连。所有被保护设备均应在避雷器的保护范围之内。

第六节　电气设备的安全运行

一、概述

电力系统中的客户，按照用电性质、负荷容量以及工矿企业的规模可以申请各个电压等级用电。目前，我国的大部分企业用电客户以 10、35kV 供电为主，110、220kV 供电的用电客户正在逐步增加。本章主要介绍 10、35kV 客户电气设备安全运行的相关要求。

二、安全运行要求

10、35kV 电气设备主要包括电力变压器、高压断路器、互感器、电抗器、消弧线圈、无功补偿装置等。

（一）变压器安全运行要求

（1）变压器的安全运行电压不应超过额定电压的 105％。

（2）油浸式自然循环冷却变压器的上层油温一般不宜超过 85℃。

（3）变压器三相负载不平衡时，应注意最大一相的电流，并测试中性线的电流不得超过厂家的允许值。

(4) 变压器在正常条件下使用，可按额定电流运行；但有严重缺陷或绝缘有弱点时，不应超过额定电流运行。

(5) 干式、油浸、风冷变压器，风扇故障停用时，允许的负荷和运行时间，应按照厂家的说明使用。油浸变压器的上层油温不超过65℃时，可以带负荷运行。

(6) 强油循环的风冷、水冷变压器，所有冷却器故障时，允许带额定负荷2h。允许顶层油温达到75℃，但最长时间不得超过1h。

(二) 高压断路器安全运行要求

(1) 高压断路器不得过电压运行，最高工作电压：35kV的不高于40.5kV，110kV的不高于126kV，220kV的不高于252kV，500kV的不高于550kV。

(2) 电磁操动机构的断路器严禁用手力杠杆或千斤顶等方法带电进行合闸操作。

(3) 长期停用的断路器准备运行前要检查回路的正确性，进行电气试验，并通过远方控制方法进行试操作2～3次，无异常方可进行操作。

(4) 在运行中有以下现象应立即申请停运：有放电现象、内部有爆裂声和冒烟；严重漏油、缺油；SF_6断路器气室严重漏气发出操作闭锁信号。

(5) 巡视时监视电压、电流、功率等表计是否正常指示。

(6) 液压、气压操动机构的断路器，如因压力异常导致断路器分、合闸闭锁时，不准擅自解锁操作。

(7) 断路器对故障线路进行强送后，应对断路器外观进行仔细检查。

(8) SF_6断路器发生意外漏气、爆炸等事故，值班人员尽量选择从“上风头”接近设备，必要时要戴面具、穿防护衣。

(三) 互感器安全运行要求

(1) 电压互感器的二次侧禁止短路。电流互感器的二次侧禁止开路，二次绕组必须接地。

(2) 电压互感器允许在1.2倍的额定电压下连续运行。

(3) 停用电压互感器，将二次回路断开并要有明显的断开点，防止反送电。

(4) 严禁就地用隔离开关或高压熔断器拉开有故障的电压互感器。

(5) 互感器的外观应完整清洁，无放电、无渗漏、无破裂、无异常振动音响等现象。

(6) 互感器应油色清澈、油位正常，无过热、膨胀现象。

(7) 电流互感器的引线端子、接头螺栓必须牢固可靠，严禁使用导线缠绕，外壳和二次回路一点接点应良好。

(8) 电流互感器二次侧需要短路时，必须使用短路片或专用短路线。且禁止在电流互感器与短路点之间的回路上进行任何工作。

(四) 电抗器安全运行要求

(1) 每相电抗器电抗值偏差不应超过三相平均值的±2%。

(2) 发现电抗器有过热现象时，应及时减小负荷，并进行给风、通风处理。

(3) 电抗器室的门窗应严实、周围整洁无杂物。

(4) 电抗器的支撑绝缘子应牢固、清洁，不得倾斜。

(五) 无功补偿装置安全运行要求

(1) 室内电容器的环境最高温度不得超过40℃，不低于－25℃，且通风良好。

(2) 对电容器的巡视每天不少于一次。

(3) 电容器的箱体应无膨胀、喷油、渗漏等现象。

(4) 电容器组断路器掉闸后不应抢送，保护熔丝熔断后，在未查明原因的情况下不许更换熔丝送电。

(5) 三相电容之间的差值不得超过一相总电容的 50%。

(6) 当电容器组从电网中切除时，会产生操作过电压，造成绝缘水平降低，避雷器、电容器等损坏。因此操作 35kV 以上的电容器组，应采用并联电阻的断路器进行操作。

(7) 电容器组禁止带电荷合闸送电。

复习思考题

1. 简述变电所的功能、构成及分类。
2. 电力系统、动力系统及电力网的概念，对电力系统运行的基本要求。
3. 试述工厂变、配电所的作用及类型，对工厂变、配电所选址有何要求？
4. 什么是电气配电装置？电气配电装置通常由哪几部分构成？
5. 试分别叙述断路器、隔离开关、负荷开关、避雷器、熔断器的作用及其类型。
6. 简述室内配电装置和室外配电装置的布置原则。
7. 试述成套配电装置的“五防”功能及联锁装置具备的功能。
8. 简答继电保护装置的基本任务及对继电保护装置的基本要求。
9. 常用的继电保护方式有哪些？
10. 什么叫过电压？过电压分为哪几类？
11. 简述避雷针或避雷线、避雷器的防雷原理。
12. 单支避雷针的保护范围如何计算？
13. 35、110、220、500kV 高压断路器最高工作电压应分别不超过多少千伏？
14. 无功补偿装置的安全运行条件有哪些？

第三章

电气设备维护及检修

第一节 电气设备巡视检查

一、概述

1. 巡视检查人员

电气设备的巡视检查人员为变电运行值班人员和从事电气工作的专业人员。

2. 巡视检查要求

(1) 巡视人员应熟悉设备及相关电气设备运行规程。

(2) 应按时、按规定次序对设备巡视检查。

3. 巡视检查方法

(1) 通过感官，如眼看、耳听、鼻嗅、手触来发现设备的异常。

(2) 使用工器具及仪表进行检查，如红外测温法等。

(3) 在线监测法。目前可以通过计算机自动巡检在线监测的项目有在线监测避雷器、主变压器铁心、电流互感器、电压互感器、电容器、110kV及220kV电容型套管、35kV断路器等设备的绝缘状况。

(4) 工业电视法。可采用红外成像仪成像，经计算机处理和显示器相连，观看有关设备情况；也可以在主要设备附近安装摄像机，经远动自动化装置把信号传到中心站。

4. 巡视检查分类

(1) 交接班巡视检查。交接班的值班人员，共同对设备进行全面检查；交班人员还应向接班人员交待运行方式，设备检修、试验及地线装设情况，设备新发现的缺陷等。

(2) 正常巡视检查。值班人员，每日按规定时间及线路，对设备进行全面检查，并记录发现的缺陷、巡视时间。

(3) 夜间巡视检查。晚上高峰负荷时进行闭灯检查，查看导体及连接处有无打火、烧红等，以发现过热点。

(4) 特殊巡视检查。

1) 故障巡视，即事故跳闸后或系统接地时。

2) 出线或设备在大负荷或超负荷运行时。

3) 恶劣天气，如雷电、雨、雪、大雾、高温天气或气温偏低时。

4) 设备有重大缺陷或运行中设备有可疑现象时。

5) 新投入运行或大修后投入运行的设备。

6) 节假日或上级通知有保电任务时。

二、变压器巡视

电力变压器是电网中的重要设备之一。它不仅能升高电压把电能远距离输送到用电地区，还能把电压降低，以满足各级客户用电的需要。变压器能否正常运行直接关系到电网的稳定，所以一定要加强管理，通过巡视及时发现问题并相应采取措施来防止事故的发生，以确保电网设备安全运行。值班人员必须严格按照规程规定要求认真负责，做好巡视检查工作。

1. 巡视周期

(1) 有人值班变电所每天至少巡视一次，对强迫油循环的变压器，要求每小时巡视一次，每周至少进行一次夜间巡视。

(2) 无人值班变电所，容量为3150kVA及以上变压器每10天至少巡视一次，3150kVA以下的可每月至少巡视一次。

(3) 2500kVA以下配电变压器，装于室内的每月至少一次，户外（包括郊区及农村的）每季至少一次。

2. 巡视检查的主要项目

(1) 声音检查。变压器响声是否正常，在正常运行时，变压器应发出均匀的嗡嗡声。

(2) 油温检查。主变压器本体油温表和远方油温表指示一致，上层油温应在85℃以下。

(3) 导线、连接线的检查。变压器的导线、连接线有无松动情况，无断股、炸股现象，接头处应接触良好，无发热情况。

(4) 绝缘瓷质部分检查。绝缘瓷质有套管瓷质、中性点接地部分瓷质等，检查时应无放电痕迹、无污物，特别应注意无破损裂纹。

(5) 油位油色检查。主变压器油位包括储油柜油位、套管油位及有载调压装置的储油柜油位。储油柜油位对比温度曲线应在正常范围内。油色检查时，油色不应有明显变化，正常一般为浅黄色或黄色。

(6) 呼吸器检查。呼吸器中的蓝色硅胶吸收水分后变粉红，应检查其变色程度不超过2/3，油杯中油量适中，硅胶更换时宜停用瓦斯保护，防止误动。

(7) 冷却装置检查。冷却器投入数量充足，冷却装置如风扇转动、潜油泵运行正常，风扇声音正常，风向和油流速表流向正确。散热器管阀门全部开启，无渗漏现象和吸附杂物。

(8) 压力释放阀的检查。压力释放阀是本体的重要保护，巡视中应注意其良好性。防爆管的隔膜是否完好，有无积液情况。

(9) 接地装置检查。接地开关位置是否正确；接地点是否可靠，如本体外壳接地、中性点接地、铁心接地等其接地扁铁应牢固。

(10) 气体继电器检查。正常时气体继电器玻璃窗透明，无油污，内部充满油，无气泡，其保护罩处于打开位置，防雨罩必须紧固，连接油管应无渗漏现象。

(11) 有载分接开关的检查。有载分接开关操作机构外部清洁，储油柜油位指示正常，分接头位置和远方指示位置一致，电源指示正常。

(12) 控制箱和二次端子箱的检查。控制箱和二次端子箱的门应关严，端子排及导线无受潮，各种标志齐全明显。

3. 变压器特殊巡视检查

(1) 当变压器在下列特殊条件下运行时，应对其进行特殊巡视检查：

1) 新设备或经过检修、改造的变压器在投运72h内。

2) 有严重缺陷或发生故障时。

3) 气象突变（如大风、大雾、大雪、冰雹、寒潮等）时。

4）雷雨季节特别是雷雨后。

5）高温季节、高峰负荷期间。

6）变压器急救负荷运行时。

7）其他需要进行特殊巡视的情况，如政治保电、上级命令。

（2）特殊巡视检查的主要内容包括：

1）大风时检查变压器有无搭挂物，附近有无容易被吹动飞起的杂物，防止吹落到带电部分，并注意引线的摆动情况。

2）大雾天气检查套管有无闪络、放电现象；大雪天检查变压器顶盖至套管连线间有无积雪、覆冰现象，油位计、温度计、气体继电器有无积雪覆盖情况。

3）雷雨后检查变压器各侧避雷器记数器动作情况，冰雹后重点检查套管有无破损、裂缝及放电痕迹，变压器基础有无下沉。

4）气温突变时，检查油位变化情况及油温变化情况。

5）在严寒气候下，应检查引线有无过紧现象，油位是否正常。

6）变压器在过负荷情况下，检查导流等部分的接头有无过热烧红现象；应监视负荷、油温和油位的变化，接头接触应良好，示温蜡片应无熔化现象，冷却系统应运行正常。

7）变压器带长期急救周期性负荷和短期急救负荷，应按照制造厂家规定和《现场运行规程》执行。

8）地震后，应检查变压器基础有无倾斜现象。

9）三相负荷严重不平衡时，应监视最大一相的电流。

三、高压断路器巡视

1. 真空断路器

运行时，应巡视检查以下项目：

（1）检查断路器的分、合闸机械位置指示器指示正确，与当时实际运行位置相符。

（2）检查绝缘子应清洁、无裂纹、无破损、无放电痕迹和闪络现象。

（3）检查接头接触部位应无过热现象，无异常声响。

（4）检查火弧室，应完好、无漏气现象。正常情况下，玻璃泡应清晰，屏蔽罩内颜色应无变化。开断电路时，分闸弧光呈微蓝色。若运行中屏蔽罩出现橙红色或乳白色辉光时，则表明灭弧室的真空已失常，应停止使用并更换灭弧室。当灭弧室漏气，真空度下降后，真空断路器的开断性能会劣化。为使运行中不出现真空失常，运行一段时间后，应检查其真空度下降情况，即在检修状态，对动、静触头间隙作工频耐压试验，若无放电或击穿现象，则灭弧室真空度正常，可继续使用。否则应更换灭弧室。

（5）检查断路器绝缘拉杆应完整无断裂现象，各连杆应无弯曲，断路器在合闸位置，弹簧应在储能状态。

（6）检查断路器开关柜有无掉牌。

（7）当环境温度低于5℃时，应检查开关柜加热器是否已投入运行。

（8）检查运行环境，应无滴水、化学腐蚀气体及剧烈振动。

2. SF_6 断路器

运行时，应巡视检查下列项目：

（1）断路器本体检查。本体应清洁，无严重污秽现象；绝缘子完好，无破损、无裂纹、无放电痕迹和闪络现象。

（2）运行声音的检查。断路器内无噪声和放电声；断路器各部分通道应无漏气声和振动声。

（3）SF_6 气体压力的检查。断路器内 SF_6 气体的压力应正常，其额定压力一般为0.4～0.6MPa(20℃)。运行中的 SF_6 断路器，每班应定时记录 SF_6 气体的压力和环境温度，并与制造厂的压力—温度关系曲线进行比较。在某一环境温度下，由表计测出的 SF_6 气体压力值与该温度在压力—温度曲线中查出的压力值比较，可大致判断断路器漏气程度。压力测量值符合关系曲线的，则为额定值或表计指示值在标准范围内。压力测量值与关系曲线值相差较大时，则可能为漏气。在一定环境温度下，SF_6 断路器气体的压力也可按下式计算

$$p_t = \frac{(0.1 + p_{20})(273 + t)}{293} - 0.1 \tag{3-1}$$

式中 p_t——环境温度为 t 时的压力，MPa；

p_{20}——制造厂给出的环境温度为20℃时的压力，MPa；

t——环境温度，℃。

如果断路器无漏气，则表计指示值与计算值应近似相等。在同一环境温度下，两次记录的表计压力值之差超过规定值，则说明有漏气现象，应及时查漏并消除之。

（4）断路器运行温度的检查。断路器接头处及流通部位应无过热及变色发红现象，否则应停止运行，待消除后方可投入运行。

（5）操作机构及位置指示的检查。操作机构应完好，液压机构油压、油位应正常，无渗油、漏油现象，油泵起、停及运转正常，防潮保温加热器按规定环境温度投入或断开；断路器的机械位置指示器指示应正确，与断路器实际分、合位置相一致。

（6）检查控制、信号电源应正常，控制方式选择开关在“遥控”位置。

（7）断路器防潮。断路器运行时，应严格防止潮气进入断路器内，以免水与电弧作用产生硫化物和氟化物，造成对断路器结构材料的腐蚀。运行中的 SF_6 断路器应定期测量 SF_6 气体的含水量，新装或大修后的 SF_6 断路器，每三个月测量一次，待含水量稳定后，每年测量一次。

3. 断路器的特殊巡视检查项目

（1）断路器事故跳闸后，检查油位、油色，本体各部件有无移位、变形、松动，瓷件、各引线接线线夹、断路器内部有无异常声音，操动机构分、合闸线圈有无焦臭味。

（2）高峰负荷及高温天气时，检查引线及引线线夹。

（3）大风时检查引线，雾天、雷雨后检查瓷套管。

（4）雪天时检查冰柱及接线夹积雪。

（5）气温骤冷、骤热时，检查油位、气压、油压、引线。

四、隔离开关巡视检查

1. 隔离开关本体检查

隔离开关本体应该完好，三相触头在合闸时应同期到位，检查有无错位或到位不同期现象。

2. 触头检查

（1）触头应平整光滑，检查有无脏污、锈蚀变形。

（2）动、静触头间应接触良好，检查有无因接触不良而引起热发红或局部放电现象。

（3）触头弹簧或弹簧片应完好，检查有无变形损坏。

3. 绝缘子检查

隔离开关各支持绝缘子应清洁完好，检查有无放电闪络和机械损坏。

4. 操作机构检查

检查操作机构各部件有无变形锈蚀和机械损伤，部件之间应连接牢固，无脱落现象。

5. 接地部分检查

对于接地的隔离开关，其触头接触应良好，接地应牢固、可靠，接地体可见部分应完好。

6. 底座检查

底座连接轴上的开口销应完好，底座法兰应无裂纹，法兰螺栓紧固应无松动。

五、电流互感器巡视检查

主要检查项目有：

（1）瓷套管或其他绝缘介质有无裂纹破损，有无闪络放电现象。

（2）有无渗油、漏油现象，外壳有无锈蚀，油位是否正常，油色有无变化，有无异常响声和异常的焦臭味。

（3）检查一次、二次接线是否牢固，二次回路各连接部分螺丝应紧固，接触良好，防止二次侧开路。

（4）外壳及二次回路一点接地良好。

（5）一次触点有无发热、发红现象，金具是否完整，连接螺栓是否齐全，检查一次保护间隙应清洁完好。

（6）运行声音是否正常。

（7）定期检验电流互感器的绝缘情况，对充油互感器要定期放油，以化验油质情况。

六、电压互感器巡视检查

主要检查项目有：

（1）油位正常，油色透明不发黑，且无严重渗油、漏油现象。

（2）瓷绝缘子及其他绝缘介质应清洁、完整，无损坏及裂纹，无放电痕迹及电晕声响，干式电压互感器应无流胶现象。

（3）一次侧引线、线夹及二次回路各连接部分螺丝应紧固，接触良好。

（4）二次端子箱应密封良好，二次绕组接地线牢固良好。内部应保持干燥、清洁。外壳及二次回路一点接地应良好。

（5）运行中的电压互感器内部声响正常，无放电声及剧烈振动声。

（6）接地测量仪表、继电保护及自动装置回路的熔丝是否熔断等。

（7）呼吸器内部及吸潮剂不潮解。

（8）电压表（或监控系统显示）三相指示应正确。

（9）高压侧导线头不应过热，低压电路的电缆及导线不应腐蚀及损伤，高、低压侧熔断器及限流电阻应完好，低压电路无短路现象。

七、并联电容器巡视检查

并联电容器组运行中的巡视一般有日常巡视检查、定期停电检查及特殊巡视检查。

1. 日常巡视检查

并联电容器组运行中日常巡视检查由变、配电所运行值班人员进行，每班巡视检查一次；如为无人值守，每周至少检查一次。夏季应在电容器室环境温度最高时进行巡查，其他季节可在系统电压最高时进行巡查。当不停电巡查有困难时，可以将电容器组短时间停电，以便更仔细地进行检查（但应将电容组充分放电，注意安全）。

运行中巡查项目主要有电容器组的电流、端电压、本体温度及环境温度是否正常，有无超过允许范围；电容器外壳有无膨胀、渗漏油痕迹，有无异常的声响、火花，或放电痕迹；放电指示灯是否有熄灭等异常现象；单只熔丝是否正常、有无熔断现象；装置是否有其他缺陷或原有缺陷的发展情况如何。

2. 定期停电检查

定期停电检查应结合设备清扫、维护一起进行，应根据设备情况和环境条件决定，一般每季度检查一次。检查内容主要有电容器外壳有无膨胀或渗、漏油现象；绝缘件表面等处有无放电痕迹；各螺栓连接点的松紧及接触是否良好，连接线是否完好；放电回路是否完整良好；电容器外壳及柜体（构架）的保护接地线是否完好；电容器组继电保护装置情况及有无动作过；单只熔断器是否完好，熔丝有无熔断；电容器组的控制、指示等设备是否完好；电容器室的房屋、电缆线、通风设施等是否完好，有无渗透漏水、积水、积尘等；清除电容器、绝缘子、构架等处的积尘等。

3. 特殊巡视检查

当电容器组发生熔丝熔断、短路、保护动作跳闸等情况时，应立即进行巡视检查，此类检查就称为特殊巡视检查。检查项目除上述各项外，必要时应对电容器组进行试验，如查不出故障原因，则不能将电容组投入运行。

八、避雷器装置巡视检查

主要检查项目有：

（1）上、下引线头紧固，无断线等现象。

（2）内部应无异常声响。

（3）放电记录器动作正确。

（4）避雷器瓷质部分是否清洁，有无破损。

（5）避雷器基础是否下沉。

（6）避雷器接地引下体是否连接良好，有无锈蚀、有无开焊等异常。

（7）雷雨过后立即检查放电记录器是否动作，避雷器整体有无异常。

（8）大风天气检查引线摆动情况，有无断股或搭挂物；暴雨后，基础有无下沉，绝缘部分有无闪络；大雪时，应检查积雪融化情况，对融化形成的冰溜进行清理；下冰雹后，检查绝缘部分有无裂纹或破损；严寒气候下，检查引线有无过紧现象。

（9）氧化锌避雷器注意检查泄漏电流表值，并加以记录对比分析，做好预防“热崩溃”隐患发生。

九、其他巡视检查

1. 母线的巡视检查

（1）多股软母线有无断股，硬母排有无变形，母排上的示温片有无变化。

（2）设备线卡具、金具是否紧固，连接处有无发热，伸缩是否正常。

(3) 瓷瓶是否清洁完好，有无放电痕迹。

(4) 架构接地是否完好。

2. 电缆的巡视检查

(1) 检查电缆头是否有渗油、漏油、发热熔化、放电等现象。

(2) 检查电缆外皮有无损伤，外皮接地是否良好。

(3) 检查电缆沟内是否有渗水和积水。

(4) 检查沟内是否有不准堆放的杂物和易燃品。

(5) 检查电缆支架是否牢固，有无松动或生锈现象，接地是否良好。

3. 房屋建筑物的巡视检查

(1) 检查主控制室、高压室、配电室的门窗是否严密，有无小动物可进入的孔洞。

(2) 房屋有无漏雨、渗水现象。

(3) 站（所）内雨季排水是否良好。

(4) 所有建筑物和设备的基础是否牢固，有无下沉。

第二节 电气设备故障处理

一、变压器故障处理

(一) 一般异常现象

变压器发生事故的初期都有不正常的现象发生，发现后应立即向领导报告，加强监视，并做好相关记录。一般异常现象有：

(1) 噪声比平时大，音调异常，或响声性质特别。

(2) 温度比平时高。

(3) 外壳发现有漏油现象。

(4) 塞垫和盘根向外凸出。

(5) 油色变化。

(6) 油面低下。

(7) 套管发生裂纹和有放电现象。

变压器的温度比平时高，是与平常相同运行条件下测得的数值相比较来说的。发现温度较高，应查明原因，看是否因冷却装置不正常、温度表指示不正常（将信号温度计与水银温度计校对）等。

(二) 严重异常现象

当发生严重的不正常现象时，应立即停止变压器的运行，有备用变压器的则先投入运用。变压器的严重异常现象分析见表 3-1。

表 3-1　变压器的严重异常现象分析表

序号	不正常现象	现象分析
1	强烈而不均匀的噪声，内部有火花声音	可能铁心夹紧螺栓长时间受振动而松动，也可能由于变压器端电压超过了容许值。内部的火花声可能是线圈或引出线对外壳闪络放电，或者铁心接地线断线，在铁心与外壳间发生火花

续表

序号	不正常现象	现象分析
2	在正常负荷和正常冷却方式下，有不正常的高温，且逐渐上升	变压器内部有故障，如铁心放电或匝间短路
3	从储油柜向外漏油或防爆管上的安全膜破裂	变压器的内部已有严重损伤
4	由于漏油导致储油柜的油面显著降低	漏油使油面过低（气体继电器的油标上看不到油面）能引起气体继电器的动作。对单独运行的变压器，会使负荷停电；对并列运行的变压器，会使其他变压器过负荷
5	没有气体继电器的变压器，其油面降低到最低油面线以下	当油面过低（低于顶盖），没有气体继电器或气体继电器因故没有动作时，会使引线绝缘破坏
6	油的颜色骤然变化	铁心放电逐渐发展，会引起油色逐渐发暗，并由于靠近发热部分温度很快的上升，致使油的温度逐渐达到发热点的危险范围。在这种情况下，若不及时断开变压器就有可能发生火灾或爆炸
7	在套管上发现大的裂纹和碎片，或有闪络现象（沿表面放电）	套管上有大的裂纹和碎片，或有闪络现象时，会引起套管的击穿，尤其是在闪络时，因为这时发热很激烈，套管表面膨胀不均，有时能使套管炸裂

（三）变压器运行中的故障及其排除方法

1. 异常响声

变压器在加上电源后，由于励磁电流及磁力线的变化，铁心、绕组会振动而发生连续均匀的嗡嗡声，俗称交流声。但若有异常响声，应按发声情况进行分析与检查。

有较大而均匀的响声时，可能是外加电压过高，检查证实后，应设法降低电压。如声大而嘈杂，则说明内部振动加强或结构松动，必须密切注意，必要时，可减少负荷，甚至停电修理。

有“滋滋”声时，说明表面有闪络，要检查套管是否太脏或有裂纹。若套管无闪络，则可能是变压器内部的问题。

发现音响特大，而且很不均匀或有爆裂声时，表明有击穿现象。如绕组的绝缘损坏，会导致短路，应立即停电修理。

2. 油面不正常

油面上升，主要是温度上升引起的，应针对温度上升情况进行处理。油面高出规定油面时，应放油至适当高度，以免溢出。

油面下降，是由于容器渗、漏油或天然气变冷收缩所致。如属前者则要考虑到停电修理；若为后者，应添油。

3. 油温过高

油温过高时，必须采取相应措施。若因负荷过大，应降低负荷；Yyn0 连接的变压器，中性线电流不得超过低压绕组额定电流的 25%，若因三相负荷不平衡，则应调整三相负荷分配。

油温过高，上层油温超过 85℃时，应首先检查校对温度表指示是否正确，检查变压冷却系统的运行情况是否正常，并核对前一天记录。比较在同一时间或同样负荷时，所指示的温度是否相同。

若负荷冷却系统均正常，而温度继续上升，则要考虑是否因为变压器内部故障，如绕组短路、油路堵塞等，应立即停电修理。

4. 防爆管薄膜破裂

变压器内部发生故障时，产生大量气体，压力增加，会致使防爆管的薄膜破裂，甚至将油喷出，这时应立即停电修理。但要注意，薄膜是否系外力所破，若是则不需停电修理。

（四）变压器着火的处理

变压器发生火灾时危险性特别大，会发生爆炸使火灾扩大，因为变压器有大量的油，并有许多易燃的零件，例如绕组的绝缘、绝缘浸渍的漆、木件、楔子和其他等。

变压器正常运行时是不会发生火灾的，但过热时就可能发生火灾。发生这种事故时，继电器应该将变压器的短路器断开，若因故不能断开时，应立即手动拉开断路器，并断开其隔离开关，有强制送风的风扇也应该停止，然后投入备用变压器。及时通知消防队，必要处由保卫值班人员守候，把火灾部分与其他设备隔离开。

如果油在变压器盖上燃烧时，由于储油柜油压作用而流油，应从故障变压器的一个油门把油面放低一些。不要停止冷却，因为冷油比热油不易燃烧。最好向变压器外壳浇水，使油冷却，但此时，强制送冷风应该停止。当变压器铁壳爆炸时，必须将变压器所有的油都引入储油坑或储油槽中去。

变压器着火是一种严重的故障，首先应该切断一、二次隔离开关，同时抢救遇险人员，然后迅速放出全部变压器油，引入储油坑或封闭沟内，扑灭火焰。灭火应采取不导电材料（如二氧化磷、四氧化磷、干粉等）的灭火器和黄砂。喷射灭火剂时应有针对性，不能乱喷，尽可能减少开关等其他设备的损失。带电灭火时，严禁使用导电的灭火剂（如喷射水流、泡沫等）进行灭火，以防止发生触电危险。

二、高压断路器故障处理

（一）真空断路器

真空断路器的异常运行主要有以下几方面：

（1）真空灭弧室真空度失常。真空断路器运行时，正常情况下，其灭弧室的屏蔽罩颜色应无异常变化，真空度正常。若运行中或合闸之前（一端带电压）真空灭弧室出现红色或乳白色辉光，说明真空度下降，影响灭弧性能，应更换灭弧室。

（2）真空断路器运行中断相。真空断路器接通高压电动机时，有时会出现断相，使电动机缺相运行而烧坏电动机。真空断路器出现合闸断相的可能原因有：

1）断路器超行程（触头弹簧被压缩的数值）不满足要求，影响该相触头的正常接触。这可通过调节绝缘拉杆的长度，并重复测量多次，保证其超行程的正确性和接触的稳定性。

2）断路器行程不满足要求；在保证超行程的前提下，通过调节分闸定位件的垫片，使三相行程均满足要求，并三相同步。

3）由于真空断路器的触头为对接式，触头材料较软，在分、合闸数百次后触头易变形，使断路器超行程变化，影响触头的正常接触。

（3）真空断路器合闸失灵。合闸失灵的原因有：

1）电气方面的故障。主要有合闸电压过低（操作电压低于0.85倍额定电压）或合闸电源整流部分故障、合闸电源容量不够、合闸线圈断线或合闸线圈匝间短路、二次接线接错等。

2）操动机构故障。主要有合闸过程中分闸锁扣未扣；分闸锁扣的尺寸不对；辅助开关的行程调得过大，使触片变形弯曲，接触不良。

处理完上述缺陷后再合闸。

（4）真空断路器分闸失灵。分闸失灵的原因主要有：

1）电气方面的故障。主要有分闸电压过低（操作电压低于 0.85 倍额定电压）、分闸线圈断线、辅助开关接触不良。

2）操动机构故障。主要有分闸铁心的行程调整不当、分闸锁扣扣住过量、分闸锁扣销子脱落。

上述缺陷应逐一检查消除。

（二）SF_6 断路器

一般来说，SF_6 断路器运行可靠，维护工作量小，检修周期长。但运行中有时也会出现一些异常运行和故障情况，可能发生的异常运行和故障分述如下。

1. 液压机构油压过高或过低

SF_6 断路器运行时，其液压机构的油压有时过高或过低。油压过高的主要原因：液压机构的微动开关失灵，当油泵起动油压升至额定值时，微动开关不能切断油泵电动机电源，造成油泵持续打压；储能筒的活塞密封不严或筒壁磨损，液压油进入氮气中，使油压升高；液压机构压力表失灵或指示数据不真实。处理时，应调整或更换微动开关，检查并检修储能筒，检查校验压力表。

油压过低的主要原因：由于焊缝焊接不良或连接管路接头密封不严，造成大量漏油；分、合闸阀钢球密封不严；储能筒或储压缸漏气或漏油；低油压起动油泵的微动开关失灵。处理时，检查并处理液压油系统漏油点，调整或更换微动开关。

2. 油泵起动频繁和打压时间过长

由于液压机构的高压油系统漏油（如管路接头漏油、高压放油阀关闭不严、合闸阀内部漏油、工作缸活塞不严等），油泵本身有缺陷，引起液压油压力降低，使油泵频繁起动打压。遇到油泵频繁起动，应立即查漏，消除频繁起动现象。有时油泵打压时间过长（超过 3～5min），应检查高压放油阀是否关严，安全阀是否动作，机构是否有内漏外泄，油面是否过低，吸油管有无变形，油泵低压侧有无气体等，针对以上缺陷进行相应处理。

3. 液压机构建不起油压

断路器投入运行前，其液压机构应建立正常油压。有时，油压建立不起来，其可能原因有：

（1）油泵内各阀体高压密封圈损坏或逆止阀阀口密封不严（此时用手摸油泵，油泵可能发热）；油泵柱塞间隙配合过大；油泵柱塞组装时没注入适量的液压油或柱塞及柱塞座没擦干净，影响油泵出力，甚至使油泵打压件磨损。

（2）油泵低压侧有空气存在。

（3）油箱过滤网有脏物，油路堵塞。

（4）高压放油阀没有关严，高压油泄漏到油箱中。

（5）合闸阀一、二级阀口密封不严，高压油通过排油孔泄掉。

消除上述缺陷后，再打压。

4. 断路器 SF_6 气体泄漏

运行中的 SF_6 断路器有时来“补气”信号，这说明断路器漏气。漏气的原因可能是：断路器安装时遗留漏气点（如连接座内拉杆、气管焊口、本体、密度继电器、气压表接头连接密封处等易形成漏气点）。当断路器来“补气”信号时，其处理方式如下：

（1）检查气体压力。若属断路器气体压力降低，则需将断路器停电补气。

（2）检查密度继电器。SF_6 断路器运行时，由密度继电器监视其气体的运行压力，当气体压力降低到第一报警值时，其触头闭合发“补气”信号，此时可用压力检测专用工具检测密度继电器动作值是否正确。

（3）确认 SF_6 气体泄漏时，联系检修人员检修处理。

5. 断路器合后即分

当操作断路器合闸时，出现合后即分现象。合后即分的原因可能是：合闸阀的二级阀杆不能自保持；分闸阀的阀杆卡涩，不能很快复位。

6. 断路器拒动

操作断路器分、合闸时，断路器拒动。拒动的主要原因：分、合闸电磁铁线圈断线，匝间短路或线圈线头接触不良；电磁铁行程太小，使分、合闸阀钢球打不开；操作回路故障，如断线、熔断器熔断、端子排接头和辅助开关触点接触不良或接线错误；二级阀杆锈死；灭弧室动、静触头没对准；中间机构箱卡涩；操作电压过低等。

必须消除上述缺陷后，断路器才允许投入运行。

三、隔离开关故障处理

1. 隔离开关触头过热

触头过热时，刀片和导体接头变色发暗，接触部分变色漆变色或示温片变色、软化、移位、发亮或熔化；户外隔离开关触头过热，在雨雪天气可观察到接头处有冒汽或落雪立即融化现象；若触头严重过热，刀口可能烧红，甚至发生熔焊现象。处理隔离开关触头过热的方法如下：

（1）用红外测温仪测量过热点的温度，以判断发热程度。

（2）如果母线过热，根据过热的程度和部位，调配负荷，减小发热点电流，必要时汇报调度协助调配负荷。

（3）若隔离开关触头因接触不良而过热，可用相应电压等级的绝缘棒推动触头，使触头接触良好，但不得用力过猛，以免滑脱扩大事故。

（4）若隔离开关因过负荷引起过热，应汇报调度，将负荷降至额定值或以下运行。

（5）隔离开关发热不断恶化，威胁安全运行时，应立即停电处理。不能停电的隔离开关，可带电作业进行处理。

2. 隔离开关绝缘子损坏或闪络

运行中的隔离开关，有时发生绝缘子表面破损、龟裂、脱釉，绝缘子胶合部位因胶色剂自然老化或质量欠佳引起松动，以及绝缘子严重积污等现象。由于绝缘子的损坏和严重积污，当出现过电压时，绝缘子将发生闪络、放电、击穿接地。轻者使绝缘子表面引起烧伤痕迹，严重时发生短路、绝缘子爆炸、断路器跳闸故障。

运行中，若绝缘子损坏程度不严重或出现不严重的放电痕迹时，可暂时不停电，但应报告调度尽快处理。处理之前，应加强监视。如果绝缘子破损严重，或发生对地击穿、触头熔焊等现象，则应立即停电处理。

3. 隔离开关拒绝分、合闸

用手动或电动操作隔离开关时，有时发生拒分、拒合，其可能原因如下：

（1）操动机构故障。手动操作的操动机构发生冰冻、锈蚀、卡死、瓷件破裂，断裂操作杆断裂或销子脱落，以及检修后机械部分未连接，使隔离开关拒绝分、合闸。若是气动、液压的操动机构，其压力降低，也会使隔离开关拒绝分、合闸。隔离开关本身的传动机构故障也会使隔离开关拒绝分、合闸。

（2）电气回路故障。电动操作的隔离开关，如动力回路动力熔断器熔断，电动机运转不正常或烧坏，电源不正常；操作回路，如断路器或隔离开关的辅助触点接触不良，隔离开关的行程开关、控制开关切换不良，隔离开关箱的门控开关未接通等均会使隔离开关拒绝分、合闸。

（3）误操作或防误装置失灵。断路器与隔离开关之间装有防止误操作的闭锁装置，当操作顺序错误时，由于被闭锁，隔离开关拒绝分、合闸；当防误装置失灵时，隔离开关也会拒动。

（4）隔离开关触头熔焊或触头变形，使刀片与刀嘴相抵触，而使隔离开关拒绝分、合闸。

4. 误拉、合隔离开关

在操作隔离开关时，由于误操作，可能出现误拉、误合隔离开关。由于带负荷误拉、合隔离开关会产生弧光，甚至引起三相弧光短路，故在隔离开关操作过程中，应严防隔离开关的误拉、误合。

当发生带负荷误拉、合隔离开关时，按隔离开关传动机构装置型式的不同，分别按下列方法处理：

（1）对手动传动机构的隔离开关，当带负荷误拉闸时，若动触头刚离开静触头便有弧光产生，应立即将触头合上，电弧便熄灭，避免发生事故。若动触头已全部开，则不允许将动触头再合上。若再合上，会造成带负荷合刀闸，产生三相弧光短路，扩大事故。

（2）对电动传动机构的隔离开关，因这种隔离开关分闸时间短，比人力直接操作快，当带负荷误拉闸时，应将最初操作一直继续操作完毕，操作中严禁中断，禁止再合闸。

（3）对手动蜗轮型的传动机构，因拉开过程很慢，在主触点断开不大时（2～3mm）就能发现火花，这时应迅速作反方向操作，可立即熄灭电弧，避免发生事故。

（4）当带负荷误合隔离开关时，只能一错到底迅速合上，特别是合闸过程中已出现电弧时宜速不宜迟，不准再将隔离开关拉开，否则，会形成带负荷拉刀闸，造成三相弧光短路，扩大事故。只有在采取措施后，先用断路器将该隔离开关回路断开，才可再拉开误合的隔离开关。

四、电力电容器故障处理

1. 常见异常现象

（1）渗、漏油。安装、检修时造成法兰或焊接处损伤，或制造中的缺陷及在长期运行中外壳锈蚀都可能引起渗、漏油，渗、漏油会使浸渍剂减少，使元件易受潮从而导致局部击穿。

（2）外壳膨胀或鼓肚。电容器内部故障（过电压、对外壳放电、元件击穿等）会导致介质分解气体，使外壳内部压力增加造成外壳膨胀。

（3）电容器爆炸。在未装设内部元件保护的高压电容器组中，当电容器发生极间或极对外壳击穿时，与之并联的电容组将对之放电，当放电能量散不出去时，电容器可能爆炸。

（4）温升过高。电容器组的过电压、过负荷、介质老化、电容器冷却条件变差等原因皆可使温升过高，影响使用寿命甚至击穿，导致事故。

（5）瓷绝缘表面闪络。表面脏污、环境污染、恶劣天气（如雨、雪）和过电压都将产生表面闪络引起电容器损坏或跳闸。

（6）声响异常。运行中的电容器发生异常声响（如“滋滋”声或“咕咕”声），则说明内部或外部有局部放电现象。

（7）喷油起火。多由内、外过电压引起，导致内部产生严重短路故障。

2. 故障处理

（1）对发生渗、漏油现象的，如有极微量的渗油是允许的，不会影响到电容器的正常运行。但在运行中发现电力电容器外壳、焊缝等处渗、漏油时，应立即退出运行，以确保电容器组的安全。

（2）对发生外壳膨胀或鼓肚现象的，应立即采取措施更换或停电处理，以免事故发生。

（3）对发生电容器爆炸、喷油起火现象的，应立即断开电源，并用砂子或干式灭火器灭火，更换故障电容器，最好加装电容器内部元件保护装置。

（4）对发生温升过高现象的，在运行中必须严密监视和控制环境温度，或采取冷却措施以控制温度在允许范围内，当外壳温度高于55℃时，则应停电进行处理。

（5）对存在瓷绝缘表面闪络现象的，应定期对电容器组进行清扫，污秽地区还应采取相应防护措施。

（6）对声响异常现象的，应立即停止运行，查找故障处，进行维修或更换。

五、处理注意事项

1. 停电

电容器故障需停电处理，必须先拉开电容器断路器，5min后再拉开断路器两侧的隔离开关。因为运行电容器在断路器跳闸时，电容器两端的电压等于断开时的电网电压，电容器此时只能通过放电电阻放电，且当经过5min放电时间后，电容器两端的电压才能从额定电压降到50V，此时拉开隔离开关不致造成极间闪络。

2. 放电

电容器组断电后，虽经放电电阻进行了放电，但由于部分残余负荷一时放不尽，因此仍应再进行一次人工放电。放电时，先将接地线的接地端固定好，再用接地棒多次对电容器放电，直至无放电火花及放电声为止。

3. 操作保护

电容器如果有引线接触不良、内部断线或熔丝熔断故障现象，虽经放电但仍有可能还有残余负荷，那么在自动或人工放电时，其残余负荷放不掉，因此运行或检查人员在接触故障电容器前，还应戴上绝缘手套，用短路线短接故障故障电容器的两极，使其放电，此外，串联接线的电容器也应单独放电，然后方可拆卸。

第三节　配电线路故障的分析与处理

一、配电网架空的网络结构综述

配电网架空的网络结构是以架空线路配电为主的网络结构形式。输送、分配电能均依靠架空线路。架空配电线路结构主要是杆塔、绝缘子、导线、线路金具及其他设备设施，如避雷器、断路器、隔离开关、重合器、变压器、低压无功补偿电容器、跌落式熔断器等。

架空配电网结构分为直线杆、耐张杆、转角杆、轻型承力杆、终（始）端杆、跨越杆、分歧杆等。

架空配电线路一般为10kV（个别也有20kV）及以下电压等级的线路。10kV作为配电站进出线路，档距一般控制在80m左右。从配电站经配电变压器由10kV降压至0.4kV后，再经0.4kV线路送到各用电客户。低压架空线路档距一般为40～50m。

架空配电线路导线在农村多采用LJ、LGJ型裸导线，城市一般选用绝缘线。

架空配电线路建设费用低、占地面积大、维护运行工作量大，在城市内与道路、绿化常发生矛盾。因为架空配电线路投资小，所以应用范围广。

二、配电架空线路过负荷处理

1. 配电线路过负荷原因

（1）导线截面选择的较小，而负荷大，满足不了要求。

（2）线路施工质量不符合要求。

（3）线路中有“卡脖子”导线存在。

（4）整体配电线路电压降大，电能损耗大。

（5）线路架设运行多年，导线截面积固定，但此线路负荷逐年增加，形成线路过负荷。

（6）线路布局不合理，迂回倒送，近电远送。

（7）配电线路无功功率大。

2. 配电架空线路过负荷处理

（1）改造配电线路布局。解决了迂回倒送、近电远送造成电压损失，线路损耗大，也就是解决了线路过负荷问题。

（2）更换导线。已架成运行多年的配电线路，逐年增加负荷，造成线路过负荷，这就必须更换大截面积的导线来解决配电线路过负荷问题。但是，如果原线路的导线截面积已达到150mm^{2}时，企图通过增大导线截面积的途径解决电压降是不容易的，要保证输送必须的负荷，最好的办法是采用另架一回线路或者另敷设一条电缆线路，也可采用一杆两个回路供电。这样每相通过的电流由两根导线各承担一半，无论是电压降还是功率损耗都会大大降低。如果原线路导线截面小于150mm^{2}时，应该更换导线，这样会起到明显效果。

（3）更换“卡脖子”线路导线。“卡脖子”线路通常不长，更换导线容易，解决线路过负荷效果非常显著。

（4）积极降低线路无功功率，增装无功补偿电容器，提高线路功率因数，提高线路过负荷能力。

（5）提高线路施工质量，特别是导线接头连接处，这是线路发生事故的主要问题所在。所以，各施工单位在线路施工时要力求提高施工质量，提高线路抗过负荷能力。

（6）控制配电线路供电半径。应尽量缩短供电半径，以保证供电质量和避免过负荷。

三、配电架空线路倒杆断线处理

输电线路发生倒杆（塔）和断线事故，不但检修费用高，而且检修时间长、停电损失大，给系统安全造成威胁。因此，倒杆（塔）和断线被定为恶性事故，是供电部门“反措”的重点。

倒杆（塔）往往伴随断线，而断线则可能拉倒或拉歪杆塔。

（一）倒杆的原因及防止措施

1. 倒杆的主要原因

（1）地形、地貌发生变化。如山体滑坡、采空区地面陷落。

（2）气象条件恶劣。如导线严重覆冰使杆塔过负载倾倒、风力过大刮倒电杆、洪水冲刷基础、气温过低使钢筋混凝土杆内的积水结冰膨胀冻裂电杆。

（3）外力破坏。如构件被盗、杆塔被机动车撞倒、根基土被取等。

2. 防止倒杆的措施及防止外力破坏

（1）加强护线宣传，提高群众对保护输电线路重要性的认识。

（2）在必要场所设立警告牌。

（3）在杆塔构件上采取有效的防盗措施。如使用防盗螺母、电焊螺栓、枪打射钉等方法，使螺母不能拧卸。

3. 防止因其他原因引起倒杆的措施

（1）对有矿地区采空区等地形、地貌易发生变化的地区，可采用整体式基础。

（2）当气象条件恶劣时，对易覆冰地区或洪水有可能冲刷杆塔基础的危险地段加强巡视，及时采取消冰或防洪措施。对有可能冻裂的钢筋混凝土电杆，在冰冻前打眼开孔放水。

（二）断线的主要原因及防止措施

1. 微风振动引起的断股、断线及防止措施

微风振动引起导线疲劳断股、断线，一般发生在悬垂线夹的出口端部上下，内层可能比外层多。发生微风振动的条件：

（1）地形及地物。如地形平坦或临近大型水面。

（2）风速及风向。

1）风速：0.5～10m/s；

2）风向：风向与导线轴线之间的夹角在45°以上持续稳定，小于20°时不会振动。

（3）档距长度：100m以上。

2. 影响因素

（1）导线张力。张力越大，导线本身的阻尼作用越小，振动越烈。

（2）悬垂线夹。与线夹型式、性能及质量有关。

（3）消振装置。安装一般防振锤、扭式防振锤、撞击式防振锤、阻尼线、防振跳线、护线条等。运行中的输电线路要注意导线疲劳断股的情况，为此可以定期打开线夹检查。若多次发现断股，则应考虑防振锤的频率是否合适。

3. 导线覆冰舞动及防止措施

在高纬度地区，当气温在0～10℃，风速在2～25m/s、风向与线路走向夹角在45°～90°时，覆冰不均匀的导线可能产生舞动，频率为0.1～1Hz，振幅在几厘米到几米，甚至更高。

长时间的导线舞动使悬垂绝缘子的球头、球窝及弹簧销磨损，严重时可能脱开，使悬垂线夹处的导线断股。

为消除或减弱舞动的后果，可采取改垂直排列的导线为水平排列、在线夹内加护线条保护导线、加风阻尼器或失谐摆等措施。为消除或减少导线舞动的产生，可以在导线下方装防舞动片或在被保护的导线表面复绕非金属气流干扰线。

4. 导线脱冰跳跃及防止措施

覆冰的导线在脱冰时会向上弹起，其频率为 0.1～1Hz、振幅为几米至十几米。这一现象可能引起导线与架空地线或导线相间闪络放电，烧断导线。其防止的办法是加大线间垂直和水平距离。

5. 设备部件不良

（1）制造不良。导线制造不良，造成导线股间松动，加速老化，导致导线断股、断线；杆搭、钢筋混凝土杆强度不够；铁塔几何尺寸公差大；构件以大代小、以次充好，金具公差大或铸造不良、强度不够。

（2）施工质量差。

四、配电线路雷击事故处理

（一）常见的雷害事故

雷电的高电压和冲击电流可能引起配电设备绝缘闪络或击穿，形成短路，甚至酿成火灾或爆炸事故；雷电还可能造成电气设备设施的破坏，如配电变压器绝缘击穿，导线断股、断线，线路的电杆和横担被劈裂等。

对于城市中压配电网，由于额定电压相对较低，设备的绝缘水平亦较低，加之点多面广，遭受雷击的几率大，绝对次数也多。虽然近年来城市高层建筑的拔起和增多稍有缓和趋势，但雷害事故仍时有发生，对雷害事故必须采取有效措施。

（二）雷害事故的预防

1. 装设避雷器和保护间隙

运行经验表明，由于保护间隙距离较小有误动记录，有主张取消的意见。

装设避雷器和保护间隙用来限制雷电过电压水平，使之低于保护设备的冲击耐受强度，防止设备损坏，此类防雷设备与被保护设备并接于带电体与大地之间。在泄放雷电流后，阀型避雷器、管型避雷器能自动切断工频续流或短路电流。保护间隙一般不能切断放电后的短路电流，常与自动装置配合使用。

阀型避雷器主要用于保护变电所内的主变压器、母线上的配电装置和计量装置、架空线路上的配电变压器、柱上断路器设备、电容器组、电缆终端等。

对雷电季节运行在开路状态的断路器和负荷开关，应在其一侧装设一组避雷器或保护间隙；对于在雷电季节经常开路运行，且两侧带电压的柱上断路器、负荷开关或隔离开关，应在其两侧分别装设避雷器，以防雷电波在开路处发生全反射，电压升高 1 倍，使支座绝缘子闪路或击穿，造成线路跳闸或设备烧毁。

线路上安装的阀型避雷器每年雷雨季节后不必退出运行，但应在每年雷雨季节前利用绝缘电阻表进行一次绝缘电阻的摇测和外部检查。

在多雷区 Yyn0（Y—Y0—12）接线的变压器低压侧，应安装一组低压避雷器，不但可防止来自高压侧的传递过电压，还可以防止低压侧遭雷击后反变换到高压侧，引起高压绝缘烧毁的绝缘事故。但最好选用 Dyn11 接线组别的配电变压器。

关于避雷器的选型，目前 ZnO 避雷器以其优异的保护特性正在逐步取代 SiC 普阀避雷器，鉴于中性点不直接接地系统中弧光接地和断线等过电压持续时间较长（往往达几十分钟），倍数也较高，这无疑对无间隙 ZnO 避雷器造成较大的威胁，所以近年来 10kV 带间隙的 ZnO 避雷器已通过鉴定，并逐步被采用。

2. 提高线路的冲击绝缘水平

配电线路采用木横担可以提高冲击抗电强度，利用其木质绝缘性能，提高相间冲击闪络电压；同时，还可借助于瓷、木绝缘的综合效果，使得沿闪络途径的电位梯度低于维持电弧所需的最低电位梯度，以防止线路断路器跳闸；采用瓷横担可以增加外绝缘的有效爬距，从而提高了冲击绝缘水平（10kV 瓷横担的冲击电压为 255kV，而 10kV 针式绝缘子为 105kV）。DL/T 620—1997《交流电气装置的过电压保护和绝缘配合》中规定，3～10kV 钢筋混凝土杆配电线路，宜采用瓷或其他绝缘材料的横担；如果用铁横担，对供电可靠性要求高的线路，宜采用高一个电压等级的绝缘子。

3. 采用自动重合闸装置提高供电可靠性

雷击架空线路发生闪络引起跳闸时，故障点绝缘强度能很快恢复，即雷击跳闸多数是瞬间故障，重合的成功率在 50%～80%，可见采用自动重合闸装置可以大幅度降低线路跳闸率。

五、配电线路交叉跨越弧垂过大处理

夏季气温高、雨水多、植物生产茂盛，这给架空线路运行带来不利影响。特别是配电线路交叉跨越弧垂过大，与被跨越物的距离小于规定值，严重威胁线路安全运行。

1. 检查交叉跨越

夏季气温高，导线弧垂增大，会使交叉跨越距离变小，甚至导线弧垂与被跨越物的距离小于规定值，易发生事故。因此，应认真检查交叉跨越距离。

（1）运行中的架空线路，导线弧垂增大，主要是由于气温升高和导线上的垂直负载所致。当导线温度高或导线结冰时，都可能使弧垂变大。所以在检查跨越距离不够时，应积极调整弧垂，调整的弧垂到设计标准时，牢固固定导线。如果有覆冰，应清除导线上的冰。

（2）档距中导线弧垂的变化是不一样的，靠近档距中心的弧垂变化大，靠近导线固定处变化小。所以在检查交叉跨越时，一定要注意交叉跨越点的距离。在同样的交叉距离下，交叉点越靠近档距中心，危险越大。

（3）检查交叉跨越距离时，应记录当时的气温及气象条件，以便对照。

2. 检查导线弧垂与树木的距离

在夏季，树木生长速度快，线路导线下面的树可碰触导线。遇大风天气，树木摇摆，有时会发生断枝、树倒的现象，当触及架空线路时，会造成接地或烧伤导线等故障，还可能引起火灾。所以，在弧垂增大的区域里，应与林业管理部门协商，修剪树头或砍伐树木。

六、配电线路接地故障处理

一般 10kV 配电线路是中性点不接地或经消弧圈接地的网络，如果发生永久性接地故障时，网络对地电压一相下降、两相升高。故障相对地电压将下降至零。其他两相对地电压升高约$\sqrt{3}$倍，也就是线电压的数值。这时网络内各处的接地保护动作绝缘监视仪表指示出对地电压不平衡。网络内长时间永久性接地或频繁出现上述现象，易将其他相绝缘击穿而发展为多相短路，所以应尽快找出故障点。寻找故障点位置的方法如下：

(1) 线路接地保护的指示。

(2) 测定线路零序电流。

(3) 分割电网。

(4) 短时间的切断电路。

由单相接地的零序理论可知，中性点绝缘网络发生单相接地时，故障点加有零序电流，零序电流按阻抗分配，因此，可按零序电流分布的规律判断故障线路。对于简单辐射网络，故障线路 $3I_0$ 是最大的。

查找单相接地线路通常用短时间切断线路的方法：将线路暂时停电，观察接地现象是否消失（接地信号、对地电压、接地声响等）来判断故障线路，然后再迅速将线路投入运行。一般手动操作切断线路，然后自动重合闸自动恢复。采用此方法的原则是，先拉不重要客户线路，再拉经常有接地故障线路，最后拉重要客户线路。查找出故障线路后，对此线路停电查找故障点，对于重要客户，线路可暂时再运行 2h，若 2h 内不能处理接地故障，则必须对此线路停电，然后查找故障点。

第四节　电气设备的检修项目

一、电力变压器的检修项目

1. 大修项目

(1) 吊开钟罩检修器身，或吊出器身检修。

(2) 绕组、引线及磁（电）屏蔽装置的检修。

(3) 铁心、铁心紧固件（穿心螺栓、夹件、拉带、绑带等）、压钉、压板及接地片的检修。

(4) 油箱及附件的检修，包括套管、吸湿器等。

(5) 冷却器、油泵、水泵、风扇、阀门及管道等附属设备的检修。

(6) 安全保护装置的检修。

(7) 油保护装置的检修。

(8) 测温装置的校验。

(9) 操作控制箱的检修和试验。

(10) 无励磁分接开关和有载分接开关的检修。

(11) 全部密封胶垫的更换和组件试漏。

(12) 必要时对器身绝缘进行干燥处理。

(13) 变压器油的处理或换油。

(14) 清扫油箱并喷涂油漆。

(15) 大修的试验和试运行。

2. 小修项目

(1) 处理已发现的缺陷。

(2) 放出储油柜积污器中的污油。

(3) 检修油位计，调整油位。

(4) 检修冷却装置。包括油泵、风扇、油流继电器、差压继电器等，必要时吹扫冷却器管束。

(5) 检修安全保护装置。包括储油柜、压力释放阀（安全气道）、气体继电器、速动油压继电器等。

(6) 检修油保护装置。

(7) 检修测温装置。包括压力式温度计、电阻温度计（绕组温度计）、棒形温度计等。

(8) 检修调压装置、测量装置及控制箱，并进行调试。

(9) 检查接地系统。

(10) 检修全部阀门和塞子，检查全部密封状态，处理渗漏油。

(11) 清扫油箱和附件，必要时进行补漆。

(12) 清扫外绝缘和检查导电接头（包括套管将军帽）。

(13) 按有关规程规定进行测量和试验。

二、电流互感器的检修项目

电流互感器的定期检修周期为 1～3 年。其检修项目如下：

(1) 检查电流互感器接线端子是否过热，一次接线柱（桩头）有无松动，有无异常声响及焦臭味。

(2) 检查油位是否正常，器身外壳和膨胀器有无渗漏油现象；瓷质部分是否清洁完整，有无破裂和放电现象。

(3) 定期检查绝缘情况。对充油电流互感器应定期取油样，试验油质情况。

(4) 检查电流表的三相指示值是否在允许的范围内，不允许过负荷运行。

(5) 检查二次侧接地线是否良好，是否有松动及断裂现象。运行中电流互感器二次侧不得开路。

(6) 具有呼吸器的电流互感器，应检查呼吸器内干燥剂是否受潮变色。

三、电压互感器的检修项目

电压互感器的定期检修周期为 5～10 年。其检修项目如下：

(1) 检查绝缘子是否清洁、完整，有无损坏及裂纹，有无放电痕迹及电晕声响。

(2) 检查油位是否保持正常，油色是否透明，器身外壳和储油柜等处有无渗、漏油现象。

(3) 定期检查电压互感器的绝缘情况，对充油的电压互感器要定期取油样，试验油质情况。检查电压互感器在运行中是否发出异常响声，有无焦臭味。

(4) 检查高压接线柱有无松动、接触不良等缺陷，二次回路有无短路现象。外壳及二次绕组的接地应牢固。

(5) 有呼吸器的电压互感器，应检查呼吸器内干燥剂是否受潮变色。

四、断路器的检修项目

1. SF_6 断路器的检修项目

(1) 大修项目。根据需要进行修前试验；SF_6 气体回收和处理；灭弧装置的分解检修；并联电容器的检查和试验；并联电阻的分解检查或检修；瓷柱式 SF_6 断路器支柱装配的分解检修；瓷柱式 SF_6 断路器传动机构箱检查或检修；落地罐 SF_6 断路器罐体及附件的检查或检修；操作机构的分解检修；密度继电器、压力开关、压力表的校验；进行检修后的电气试验及机械特性试验；金属箱体或罐体的除锈和喷漆。

(2) 小修项目。清扫和检查断路器外观，瓷瓶无裂痕、罐体焊缝良好等；检查断路器

SF_6 气体压力值；密度继电器、油压开关、压力表的校验；操动机构检查，低电压动作试验；测量液压机构氮气预充压力，测量油泵打压时间及分、合闸后油压降检查；结合预防性试验，测量主回路电阻值、测量二次回路绝缘电阻值，测量并联电阻的电阻值、测量并联电容器的电差值和介质损耗因数；检查联锁、防慢分及防止非全相操作等装置的动作性能；必要时对断路器各密封面进行检漏试验和补充 SF_6 气体。

（3）临时性检修项目。

2. 真空断路器检修项目

真空断路器安装投运后 3～6 个月进行一次真空度检查，以后可每隔一年检查一次。其本体不需要检修，只需进行维护检查，有关检修项目如下：

（1）清扫绝缘子、绝缘拉杆、绝缘支撑件和真空灭弧室绝缘外壳表面的灰尘，保持真空断路器的清洁。

（2）检查接触行程。接触行程的变化反映触头的磨损程度，需及时调整，触头累计磨损量超过标准时应更换灭弧室。

（3）检查连接件和紧固件的状况，防止松脱。

（4）传动部件的转动部位应添加润滑油。

（5）检查易磨损部件的磨损情况，严重者应更换。

五、隔离开关、负荷开关及高压熔断器的检修项目

1. 隔离开关检查项目

（1）大修项目。触头系统装配的分解检修，包括动、静触头装配，上、下导电杆装配和中间装配；导电系统分解检修；传动系统分解检修；绝缘支柱、转动瓷套及底座的检查及检修；操动机构分解检修；接地刀闸及其操动机构的检查或检修；机械闭锁及联锁部分的检查或检修；整体给装和调试；电气调试；本体清扫、金属件除锈和喷漆。

（2）小修项目。外观检查并清扫瓷柱；检查动、静触头接触情况及接触面状况；检查软连接、导电带的连接和接触情况；检查各连接销、轴及其传动部件并加润滑油；测量主刀闸及接地刀闸的主回路电阻；检查操动机构，清扫并在各转动部位加润滑油；检查闭锁、联锁及辅助开关的动作状况；检查机构箱内端子排、操作回路连线的连接情况，测量二次回路的绝缘电阻；检查接地装置及基础固定螺栓的紧固情况。

（3）临时性检查项目。

2. 负荷开关的检修项目

（1）大修内容。更换“疲劳”和弹力不足的分闸加速弹簧；更换固体产气元件；更换压气橡胶活塞；更换操作机构磨损件；油浸式负荷开关应落箱修光或更换动静触头；检查分闸时刀片张开角度达到安装要求；用 2500V 绝缘电阻表测量相间及对地绝缘电阻，油温在 20℃时不应低于 300MΩ；过滤或更换绝缘灭弧变压器油，其击穿电压不低于 25kV；外壳及支架刷防锈漆。

（2）小修内容。清扫尘埃和油污；检查动静触头和消弧触头应接触良好，修光麻痕，非油浸式的加涂凡士林油；检查导电接头，特别是铜铝连接处要注意电腐蚀。修光蚀痕，压紧螺母。检查锁母、销钉、开口销有无松动脱落；检查压气活塞和气缸配合是否适宜，气量气压是否充足；清擦固体产气元件内壁的碳化物；紧固、更换油浸式负荷开关的密封胶垫，擦亮油位指示器的玻璃管，调整油位达到油标线；修理或更换磨损件、弹力不足的弹簧件；检查修理操动机构各元件，动作灵活可靠；各转动部位加润滑油；检查接地线无断裂，螺母紧固，焊点无开裂。

3. 高压熔断器的检修项目

（1）定期用 0 号细砂布擦去瓷管两端和闸嘴处的铜锈和氧化物，触头间保持足够压力。

（2）更换瓷管时，要轻拿轻放，并挂好防脱保护环。

（3）清擦尘埃和污物。

（4）户外跌开式熔断器每半年要检查一次绝缘套管，外壁无机械损伤和剥开，内壁无严重碳化。修光触头麻痕。

（5）检查各接线头无松动锈蚀。检查绝缘瓷体无裂纹损伤，对地绝缘电阻 10kV 级不低于 300MΩ。

（6）修理或更换不合格零件。

（7）检查固定支架接地线良好无断损。

六、电力电缆的检修项目

1. 直埋电缆线路

线路标桩是否完整无缺；路径附近地面有无挖掘；沿路径地面上有无堆放重物、建筑材料及临时建筑，有无腐蚀性物质；室外露出地面电缆的保护设施有无移位、锈蚀，其固定是否可靠；电缆进入建筑物处有无渗漏水现象。

2. 敷设在沟道、隧道及混凝土管中的电缆线路

沟道的盖板是否完整无缺；入孔井内积水坑有无积水，墙壁有无裂缝或渗、漏水，井盖是否完好；沟内支架是否牢固，有无锈蚀；沟道、隧道中是否有积水或杂物；在管口和挂钩处的电缆铅包有无损坏，衬铅是否失落；电缆沟进出建筑物处有无渗、漏水现象；电缆外皮及铠装有无锈蚀、腐蚀、鼠咬现象。

3. 室内、外电缆终端头

绝缘套管是否完整、清洁，有无闪络放电痕迹，附近有无鸟巢；连接点接触是否良好，有无发热现象；绝缘胶有无塌陷、软化和积水；终端头是否漏油、铅（铝）包有无龟裂；芯线、引线的相间及对地距离是否符合规定，接地线是否完好；相位颜色是否明显，是否与电力系统的相位相符。

七、电容器的检修项目

电容器在正常运行时，应检修以下项目：

（1）电容器是否有膨胀，喷油，渗、漏油现象。

（2）瓷质部分是否清洁，有无放电痕迹。

（3）接地线是否牢固。

（4）放电变压器是否完好。

（5）电容器室内温度、冬季最低温度和夏季最高温度应符合厂家的规定。

电容器发生下列故障时应退出运行：

（1）套管闪络或严重放电。

（2）接头过热或熔化。

（3）外壳膨胀变形。

（4）内部有放电声及放电设备有声响。

八、接地装置的检修项目

(1) 检查接地线与电气设备的金属外壳、接地网等连接情况是否良好，有无松动脱落等现象。

(2) 检查接地线有无砸伤、碰断及腐蚀现象。

(3) 有严重腐蚀可能时，挖开接地引下线的土层，检查地面下 50cm 以上部分接地线的腐朽程度。

(4) 检查接地装置明敷设的接地线或接零线表面涂漆有无脱落。

(5) 人工接地体周围不应埋放有强烈腐蚀性的物质。

(6) 对移动式电气设备，每次使用前需检查接地线是否接触良好，有无断股现象。

(7) 对含有重酸、碱、盐或金属矿岩等化学成分土壤地带及白灰焦渣地带的接地装置，每 5 年左右应挖开局部地面进行检查，观察接地体腐蚀情况。

(8) 运行中的接地装置，如发现有下列情况之一时应进行维修：接地线连接处焊接有接触不良和脱焊的；接地线与电力设备的连接处的螺栓有松动的；接地线有机械损伤、断股或化学锈蚀的；接地体被洪水冲刷露出地面的；接地电阻值超过规定值的。

九、状态检修

1. 状态检修的宗旨与策略

为了贯彻电力设备“应修必修，修必修发”的原则，保证设备健康水平，既要杜绝设备失修，更要避免设备的过剩检修。近年来，正在推行打破单纯以时间为周期的检修制度，建立以设备运行状态为依据的状态检修制度。运用科学的监测及诊断技术，全面客观地评估设备健康，合理地制定设备状态检修计划，是状态检修工作的关键所在。

2. 科学地确定设备状态检修时机

能否及时识别设备已有的或潜在的劣化状态，是确定检修时机的关键。

(1) 对在线监测或离线测试数据进行分析。可对历次相应数据纵向比较，以考察设备状态变化的速率；同类设备测试数据进行横向比较，然后做出评估，决定修还是不修。

(2) 开发综合监测系统。为综合分析提供手段，可以合理地确定检修时机。

(3) 逐步实现全面在线监测和诊断技术，才能科学地确定检修时机。

？复习思考题

1. 电气设备巡视检查的方法有哪几种？
2. 变压器巡视检查的主要项目有哪些？
3. 变压器在什么情况下应进行特殊巡视检查？
4. 运行中的 SF_6 断路器应巡视检查哪些项目？
5. 避雷器装置巡视检查的主要项目有哪些？
6. 变压器着火应如何处理？
7. 带负荷误拉、合隔离开关应如何处理？
8. 电容器故障处理的注意事项有哪些？
9. 配电架空线路过负荷处理的方法有哪些？
10. 试述配电线路发生单相接地故障时，查找单相接地线路的方法。
11. 电力电缆的检修项目有哪些？

第四章

营　销　业　务

第一节　业　务　扩　充

业务扩充是电网经营企业受理客户电能需求的具体办理环节，属电力售前服务行为。业务扩充具体可概括为受理客户用电申请；依据客户用电需求组织企业内部相关人员进行现场勘察，结合供电网络状况答复客户供电方案；确定相关费用（指临时接电费和高可靠性供电费用）；组织对客户受电工程设计图纸进行审核，对客户受电工程进行中间检查和竣工验收；协商、签订供用电合同；实施装表、接电工作。

供电营业部门受理客户业务扩充申请用电的范围：

（1）客户单（多）回路新装用电申请。

（2）客户增容用电申请。

（3）客户临时用电申请。

业务扩充的工作内容：

（1）客户新装、增容和增设电源的用电业务受理。

（2）根据客户和电网的情况，提出并确定供电方案。

（3）答复客户并收取业务费用。

（4）受（送）电工程设计的审核、受（送）电工程的中间检查及竣工检验。

（5）签订供用电合同。

（6）装设电能计量装置、办理接电事宜。

（7）资料存档。

一、业务扩充流程

业务扩充报装流程图如图4-1所示。

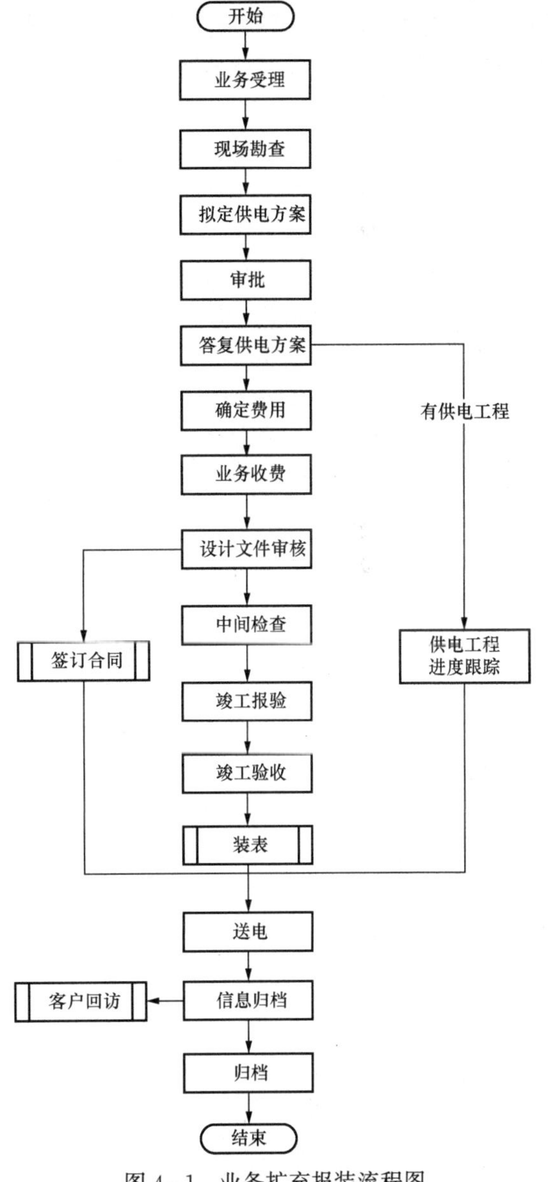

图4-1　业务扩充报装流程图

（一）业务受理

客户申请新装用电时，应向供电企业提供用电工程项目批准的文件及有关的用电资料，包括用电地点、电力用途、用电性质、用电设备清单、用电负荷、保安电力、用电规划等，并依照供电企业规定格式如实填写用电申请表，并办理所需手续。

（二）现场勘查

根据派工结果或事先确定的工作分配原则，接受业务扩充现场勘查工作单后，应在规定的时限内到现场进行勘查。

（三）拟定供电方案

根据现场勘查结果、配网结构及客户用电需求，确定供电方案和计费方案，拟定供电方案批复，包括客户接入系统方案、客户受电系统方案、计量方案、计费方案等。

（四）审批

供电方案拟定后，对接入系统方案、受电系统方案、计量方案、计费方案提交相关级别的部门进行审批，签署审批意见。审批不通过的，重新拟定供电方案，并重新审批。

（五）答复供电方案

自受理之日起，居民客户不超过3个工作日；低压电力客户不超过7个工作日；高压单电源客户不超过15个工作日；高压双电源客户不超过30个工作日。

（六）确定费用

1. 高可靠性供电费和临时接电费

（1）高可靠性供电费。对申请新装及增加用电容量的两路及以上多回路供电（含备用电源、保安电源）用电客户，在国家没有统一出台高可靠性电价政策前，除供电容量最大的供电回路外，对其余供电回路可适当收取高可靠性供电费。

（2）临时接电费。申请基建工地、农田水利、市政建设、紧急抢险、抗旱排涝、庆祝集会、电影电视拍摄等非永久性用电的用电客户，均按临时用电容量收取临时供电费用。

2. 高可靠性供电费和临时接电费收取标准

高可靠性供电费用和临时接电费收费标准，由各省（自治区、直辖市）价格主管部门会同电力行政主管部门，在《国家计委、国家经贸委关于调整供电贴费标准等问题的通知》（计价格［2000］744号）规定的收费标准范围内，根据本地区实际情况确定，并报国家发展改革委备案。临时接电费收费与高可靠性供电费的收取分架空线路区、电缆区。××省电力公司收费标准见表4-1。

表4-1　××省收取高可靠性供电费用和临时接电费用收费标准

用户受电电压等级（kV）	架空线路高可靠性/临时接电费用（元/kVA）	用户受电电压等级（kV）	架空线路高可靠性/临时接电费用（元/kVA）
0.38/0.22	260	63	105
10	210	110	80
35	160	220	60

注　电缆区用电的电力户收费标准按架空线路收费标准的1.5倍执行。

3. 业务费用计算方法

（1）高可靠性供电费用计算方法。

1）新装用电客户

高可靠性供电费＝（多回路总容量）－（最大一路回路容量）×收费标准

2）增加用电容量客户

高可靠性供电费＝（增容后多回路总容量）－（增容后最大一路回路容量）
－（增容前除最大一路回路以外的其余容量）×收费标准

3）双回路（双电源）供电客户

高可靠性供电费＝用电容量×收费标准

（2）临时接电费计算方法

临时接电费＝用电容量×收费标准

（七）业务收费

按确定的收费项目和收费金额收取费用，打印发票或收费凭证，建立客户的实收信息。

（八）供电工程进度跟踪

根据工程进度情况，依次登记工程立项，设计情况，工程的图纸审查情况，工程预算情况，工程费的收取情况，施工单位、设备供应单位，工程施工过程，中间检查，竣工验收情况，登记工程的决算情况。

（九）设计文件审核

客户受电工程设计文件和有关资料审核的期限，受电工程设计的审核时间，自受理之日起，高压电力客户不超过30个工作日。

（十）中间检查

对于有隐蔽工程的项目，应在隐蔽工程完工前去现场检查，合格后方能封闭，再进行下道工序。

（十一）竣工报验

接收客户的竣工验收要求，审核相关报送材料是否齐全有效，通知相关部门准备客户受电工程的竣工验收工作。

（十二）竣工验收

接受客户竣工验收申请，组织相关部门进行现场检查验收，如发现缺陷，应出具《受电工程缺陷整改通知单》，要求工程建设单位予以整改，并记录缺陷及整改情况，整改完成后重新报验，最终出具《受电工程竣工验收单》。

（十三）签订合同

根据相关法律和平等协商原则，正式接电前与客户签订供用电合同。未签订供用电合同的，不得接电。

（十四）装表

电能计量装置的安装应严格按照通过审查的施工设计和确定的供电方案进行，严格遵守电力工程安装规程的有关规定。应及时完成计量装置的安装工作。计量装置完成后应反馈现场安装信息。

（十五）送电

受电装置检验合格并办结相关手续后，接电期限要求：居民客户不超过3个工作日、低压电力客户不超过5个工作日、高压电力客户不超过7个工作日。

（十六）信息归档

建立客户基本档案、电源档案、计费档案、计量档案、用电检查档案和合同档案等，形成正式客户编号。

（十七）客户回访

在规定回访时限内完成客户回访工作，并准确、规范记录回访结果。

（十八）归档

核对客户待归档信息和资料。检查客户档案信息的完整性，根据业务规则审核档案信息的正确性，档案信息主要包括客户申请信息、设备信息、基本信息、供电方案信息、计费信息、计量信息（包括采集装置）等。

上述业扩报装流程中，低压居民客户依次适用于第（一）、（二）、（四）、（五）、（十三）～（十八）项环节；低压电力客户依次适用于第（一）～（八）、（十一）～（十八）项环节；高压电力客户适用于全部环节。

二、业务受理

（一）对客户业扩报装的要求

客户申请新装用电时，应向供电企业提供用电工程项目批准的文件及有关的用电资料，包括用电地点、电力用途、用电性质、用电设备清单、用电负荷、保安电力、用电规划等，并依照供电企业规定格式如实填写用电登记表及办理所需手续。

（二）对业务受理人员的要求

（1）业扩报装受理员对客户提供的所有证照原件、复印件严格审核，核对客户提供的所有证、照名称，必须与客户申请公章一致，以及原件与复印件的内容是否一致，并在证照的复印件上需注明“复印于×××单位，×年×月×日”字样，加盖其单位公章。同时其证照必须在有效期内，如个别证照超期，必须经当地证照主管部门签注证照是否有效，并盖章后，方可办理报装申请，并限期客户补办有效证件。

（2）检查客户资料的完整性。因为供电企业不仅担负着企业经营职能，还担负着社会公益职能，要协助地方对国家明令禁止的高耗能、高污染企业在用电方面得到限制，因此，要求客户提供的资料越来越细。由于各地区地方政策和客户用电性质不同，各地区供电企业要求客户客户提供的资料也有所不同，下面根据国家电网公司的要求，结合山西省某市实际情况，以山西省某供电分公司为例，就客户资料完整性进行分析说明。

1）高压客户资料的完整性。高压客户办理新装增容时，应提供以下资料：

a. 申请报告。内容主要包括报装单位名称、申请报装项目名称、用电地点、项目性质、申请容量、要求供电的时间、联系人和电话等。

b. 有效的营业执照原件及复印件（若属非企业人的单位应提供机构代码证原件及复印件）。

c. 产权证明原件及复印件（若属于租赁，还应提供租赁证明及授权委托书，但户名以委托代理人登记）。

d. 法定代表人（或负责人）身份证原件及复印件。

e. 经办人的身份证原件及复印件，法定代表人出具的授权委托书。

f. 政府职能部门有关本项目立项的批复文件。

g. 建筑总平面图、用电设备明细表、综合管线资料、近期及远期用电容量等，如有其他特别需要说明的需另附书面报告。

h. 高耗能等特殊行业客户，必须提供环境评估报告、生产许可证等。

i. 部分省（区）煤矿开采企业除以上要求外，还应提供以下资料：①电气一次主接线图（限增容客户）；②县（区）及以上政府煤管部门同意办理新装、增容用电的书面证明材料；③“六证”原件（营业执照、安全生产许可证、采矿许可证、煤炭生产许可证、矿长资格证、矿长安全资格证），并留存复印件；④属基建的煤矿提供《采矿许可证》、《矿长资格证》、《矿长安全资格证》，并留存复印件。

2）低压居民客户资料的完整性。低压居民客户办理新装增容时，应提供以下资料：

a. 本人有效居民身份证，并提供复印件。

b. 独立的户籍证明，提供用电地址的房地产权证复印件（如未办好产权证需提供购房合同复印件）；或土地使用证、房屋租赁证。

c. 如委托他人待办，则需代办人的居民身份证原件或其他有效证件及复印件。

d.《用电申请书》。

3）低压非居民客户资料的完整性。低压非居民客户办理新装增容时，应提供以下资料：

a. 申请报告。内容主要包括报装单位名称、申请报装项目名称、用电地点、项目性质、申请容量、要求供电的时间、联系人和电话等。

b. 有效的营业执照复印件（若属非企业人的单位应提供机构代码证复印件）。

c. 产权证明及其复印件（若属于租赁，还应提供租赁证明及授权委托书，但户名以委托代理人登记）。

d. 法定代表人（或负责人）身份证复印件。

e. 经办人的身份证及其复印件，法定代表人出具的授权委托书。如有必要还应提供产权证复印件（如未办好产权证需提供购房合同复印件）、红线图或土地使用许可证、建筑许可证。

（3）客户提供的资料经审核无误后，应出具《客户提供资料明细表》，注明“该客户共提供资料×件，所有证件或证明材料复核无误”并签字，与客户资料一并保存归档。

（4）允许同一城市内高压新装增容业务异地受理，异地受理客户的用电报装需准确记录客户的联系方式。低压客户的新装增容限制在同一支公司内，可以实现不同营业站之间的异地受理。

（5）辖区接到异地受理的高、低压报装申请后，应及时与客户取得联系，办理后续工作。

（6）客户申请的用电项目为政府规定限制类或客户用电范围有欠费、违约用电等未处理问题，以及供电企业没有供电能力时，应向客户说明不能受理的原因，并通知客户暂缓办理。

（7）受理时应详细记录客户的名称、用电地址、客户身份证号码（对于普通客户）、证照名称、证照号码、法人代表、法人代表身份证号、业务联系人、业务联系电话、报装容量、用电设备清单、行业类别、用电类别等信息，并将上述信息实现微机化管理。

（8）对于手续齐全，符合国家及上级的有关规定的客户，予以登记受理，并按客户类型填报《高低压新装增容用电申请表》（见表 4-2）、《低压居民用电申请表》（见表 4-3）、《低压批量新装客户明细表》（见表 4-4）一式两份，并加盖客户名章。

表 4-2　　　　　　　　高低压新装增容用电申请表

				报装号		户　号	
户　名				法定地址			
证件名称	□工商营业执照 □事业单位法人证书 □组织机构代码证 □居民身份证 □部队证明						
证件号码				证件有效期	年　月	邮政编码	
法定代表人		身份证号码				单位电话	
通信地址					E-mail		
经 办 人		身份证号码				移动电话	
行业类别		主用电类别	□大工业 □一般工商业 □农业生产 □居民生活 □趸售				
电力用途	□工业 □农业 □商业 □住宅 □学校 □医院 □机关 □市政 □餐饮 □仓储 □通信 □建筑　其他：　　　　　　　　　　（以上项目可多选）						
主要产品		生产班次	□一班 □二班 □三班		负荷性质	□重要负荷 □一般负荷	
高耗能行业标志	□钢铁 □电解铝 □铁合金 □水泥 □电石 □烧碱 □黄磷 □锌冶炼 □造纸 □铸造 □否						
业务项类别	□高压新装 □高压增容 □低压非居民新装 □低压非居民增容 □小区新装 □临时用电						
用电项目名称				用电地址			
申请供电回路数		电压等级	kV		申请容量	kVA（kW）	
保安负荷容量	kW	自备发电机	kW		季节性负荷	kW	
主要设备 变压器	单台容量（kVA）						
主要设备 变压器	数量（台）						
主要设备 高压电机	单台容量（kW）						
主要设备 高压电机	数量（台）						
主要设备 主要低压用电设备	名称						
主要设备 主要低压用电设备	单台容量（kW）						
主要设备 主要低压用电设备	数量（台）						
客户申请附加说明： 1. 最终用电信息：预计在____年内，最终用电容量达到____ kVA（kW），需要____回路供电电源。				客户申明： 本表及附件中的信息和提供的相关文件资料真实准确，谨此确认。 客户签章： 日　期：　　　　年　月　日			
业务受理人				受理日期	年　月　日		

表 4-3　　　　　　　　　　　　　　　　低压居民用电申请表

<table>
<tr><td colspan="5"></td><td colspan="2">报装号</td><td colspan="3">户　号</td></tr>
<tr><td colspan="5"></td><td colspan="2"></td><td colspan="3"></td></tr>
<tr><td>户　　名</td><td colspan="2"></td><td>用电地址</td><td colspan="4"></td><td>邮政编码</td><td></td></tr>
<tr><td>证件名称</td><td colspan="7">□事业单位法人证书 □组织机构代码证 □居民身份证</td><td>证件有效期</td><td>年　月</td></tr>
<tr><td>证件号码</td><td colspan="3"></td><td>E-mail</td><td colspan="3"></td><td>联系电话</td><td></td></tr>
<tr><td>经办人</td><td colspan="2"></td><td>身份证号码</td><td colspan="4"></td><td>移动电话</td><td></td></tr>
<tr><td>业务项类别</td><td colspan="4">□低压居民新装 □低压居民增容 □过户/更名</td><td>申请容量</td><td>kW</td><td>用电总容量</td><td colspan="2">kW</td></tr>
<tr><td>新装电表容量</td><td colspan="9">□10A □20A □30A □40A □60A □3×5（20A）□3×10（40A）其他：</td></tr>
<tr><td rowspan="4">过户/更名</td><td>原户名</td><td colspan="2"></td><td>身份证号码</td><td colspan="5"></td></tr>
<tr><td>新户名</td><td colspan="2"></td><td>身份证号码</td><td colspan="5"></td></tr>
<tr><td>简要理由</td><td colspan="8"></td></tr>
<tr><td>原户意见</td><td colspan="8">签章：
日期：　　年　月　日</td></tr>
<tr><td>客户填表
注意事项</td><td colspan="9">①新建房地产项目，居民用电由开发商统一办理时，以开发商名称作为用电户名称。开发商应在交房时将本申请表的第二联移交业主，并负责通知、敦促业主办理更名过户手续。②请在对应项目中填写，在□中打勾选择。③过户/更名须双方签章，单位用电户应分别在第一联、第二联加盖印章。④单位用电户以法人单位全称（公章上的名称）作为户名，并在“申请人签名”处加盖法人单位印章。</td></tr>
<tr><td colspan="3">申请客户申明
本人已持有一份本申请表背面所载之《居民生活用电须知》，且已详尽阅读、充分理解。本人承诺遵守“须知”所列的各项条款，并对申请表内填写内容的真实性负责。

申请人签名：
（单位加盖公章）

申请日期：　　　　年　月　日</td><td colspan="7">身份证、电费票据粘贴栏：
①新装时粘贴身份证复印件（仅在第一联粘贴即可）；
②个人用电户之间办理更名、过户时粘贴双方的身份证复印件、近期电费单一张；
③单位用电户加盖印章并另附证件复印件，不需要粘贴身份证；
④粘贴证件、票据时本栏目的文字可以覆盖。</td></tr>
<tr><td>业务受理人</td><td colspan="4"></td><td>受理日期</td><td colspan="4">年　月　日</td></tr>
</table>

居民生活用电须知

为了明确居民电力客户（以下简称用电人）和供电企业（以下简称供电人）在电力供应和使用中的权利和义务，安全、经济、合理、有序地用电和供电，根据《中华人民共和国合同法》、《中华人民共和国电力法》、《电力供应与使用条例》、《供电营业规则》等有关法律法规规定，制定如下条款双方共同遵守：

1. 根据用电人自愿申请，供电人同意向用电人供电。按照国家有关电价政策，供电人向用电人计收电费的电价类别为不满 1kV 居民生活用电。

2. 供电人按照国家规定，在用电人处设计用电计量装置，其记录作为向用电人结算电费的依据。用电人、供电人都有保护用电计量装置的义务。如发现计量装置丢失、损坏、封印脱落等异常情况，用电人应及时通知供电人。因用电人原因造成用电计量装置损坏，由用电人按有关规定赔偿。

3. 用电人如认为供电人装设的计费电能表不准时，有权向供电人提出校验申请，计费电能表的误差在允许范围内，验表费由用电人负担；如计费电能表的误差超出允许范围时，验表费由供电人负担，并按规定退补电费。用电人对检验结果有异议时，可在 15 天内向供电人上级计量检定机构申请检定。用电人在申请验表期间，其电费仍应按期交纳，验表结果确认后，按规定处理。

4. 用电人应做到安全、合理用电。应按照用电人申请并经供电人核定的用电容量用电，需要增加或减少用电容量、暂停用电、迁移用电地址、更改户名或过户、改变用电性质、终止用电等变更用电事宜，须持有关证件到当地供电企业的用电营业部门办理变更用电手续。用电人不得自行变更用电，避免扰乱正常的供用电秩序。

5. 用电人不得私自转供电，不得私自改变用电性质，也不得私自引入其他电源，否则，供电人按违章用电处理，由此发生的人身触电伤亡和电器火灾等事故均由用电人承担法律责任。

6. 电力是商品，严禁窃电行为。用电人私自开启用电计量装置封印、绕表用电和其他致使用电计量装置失准的行为均属窃电行为。供电人对窃电的用电人除当场予以中止供电外，按规定追补电费，用电人同时须承担补交电费三倍的违约使用电费，拒绝接受处理的，报请有关部门给予行政处罚；情节严重，违反治安管理处罚规定的，由公安机关依法予以治安处罚；构成犯罪的，由司法机关依法追究刑事责任。供电人对检举窃电、违约用电的举报者身份予以保密并按规定给予奖励。

7. 供电人按规定日期抄表，按期向用电人收取电费。用电人应按供电人规定的期限和交费方式交清电费，不得拖延或拒交电费。逾期未交清电费的，用电人应承担电费滞纳的违约责任，电费违约金从逾期之日起计算至交纳日止，每日电费违约金按欠费总额的千分之一计算。经催交仍未交纳电费的，供电人将按规定的程序予以中止供电。

8. 由供电人负责运行维护的 220/380V 电源线路供电的，以计费电能表的出线端为双方维护责任分界点。以此点指向供电电源侧的配电设施由供电人负责维护管理，相应设施发生故障时，用电人可拨打“95598”供电服务电话通知供电人进行修理；计费电能表的出线端指向用电侧的设施由用电人负责维护管理，相应设施发生故障时，用电人可自己请电工进行维修、调换。房屋开发公司尚未移交给供电人的小区内的配电设施仍由开发公司负责运行管理，如发生停电或用电设备故障，可直接与房屋开发公司联系进行处理。

9. 在供电系统正常运行情况下，供电人应向用电人连续供电。发生事故时，用电人应及时向供电人报告，供电人应尽速到达现场抢修，尽快恢复供电。供电人因故需停止供电时，按公告方式通知用电人，用电人应予以配合。

10. 供电人工作人员到用电人处进行工作时，应出示有关证件，用电人应予以配合，提供方便。用电人对供电人工作人员的违纪、违章行为，有权向供电人投诉。

11. 在供电人负责运行维护的 220/380V 供电线路或设备上，因发生电力运行事故导致电能质量劣化，引起用电人家用电器损坏时，按《居民客户家用电器损坏处理办法》办理。

12. 用电人应当安装符合国家标准的剩余电流保护器（即漏电保护器），并负责运行维护，以保障用电安全。

13. 本须知未尽事宜按《供电营业规则》有关规定办理。

表 4-4　　低压批量新装客户明细表

报装号	用电地址

客户编号	客户名称	门牌号	用电容量	用电类别	行业类别	联系电话	身份证号
第　页共　页			填表人签名：		填表日期：　年　月　日		

（三）现场勘查

（1）根据派工结果或事先确定的工作分配原则，持《业扩现场勘查工作单》（见表4-5），在规定的时限内组织相关人员现场勘查。

（2）在勘查前应预先了解所要勘查地点的现场供电条件，提前与客户预约现场勘查的时间，携带业扩现场勘查工作单，准备好相应作业资料，组织相关人员准时到达现场进行勘查。

（3）现场勘查的主要内容包括审核客户的用电需求、确定客户新增用电容量、用电性质及负荷特性，初步确定供电电源（单电源或多电源）、上一电压等级的电源位置、供电电压、供电线路、计量方案、计费方案以及经营范围等是否与客户提供的相关资质相符，现场勘查结果应在勘查单上记录。同时，应督促客户填写《客户用电设备清单》（见表4-6），以明确客户的实际负荷。

（4）如发现客户现场情况不具备供电条件时，应列入勘查意见并向客户做好解释、提出合理的整改措施或建议，取得客户的理解。

三、供电方案的确定

（一）低压供电方案的确定

1. 采用低压供电的客户应具备的条件

（1）220V单相供电容量的确定应符合下列规定：

1）客户单相用电设备总容量不足10kW的可采用低压220V供电；在经济发达的省（自治区、直辖市）用电设备总容量可扩大到16kW。

2）但有单台设备容量超过1kW的电焊机、换流设备时，客户必须采取有效的技术措施以消除对电能质量的影响，否则应改为其他方式供电。

3）对仅有单相用电设备的客户，报装容量超过上述规定时，应采用单相变压器供电。

4）零散居民、农民客户每户基本配置用电容量，应根据各地经济发展状况，为4～8kW。

（2）380V供电容量的确定应符合下列规定：

1）客户用电设备总容量在100kW及以下或需用变压器容量在50kVA及以下者，可采用低压三相四线制供电，特殊情况也可采用高压供电。

2）在农村综合变压器台站以下供电的客户，用电设备总容量在30kW以下者采用低压供电。在经济发达的省（自治区、直辖市）用电设备总容量可提高到50kW。

3）在城区用电负荷密度较高的地区，经过技术经济比较，采用低压供电的技术经济性明显优于高压供电时，低压供电的容量可适当提高到250～350kW。

2. 低压客户装接容量的确定

接装容量是指接入计费电能表内（即供电企业低压网络内）的全部设备额定容量之和，其中也包括已接线而未用电的设备。设备的额定容量是指设备铭牌上标定的额定千瓦数。如果设备铭牌上标有分档使用，有不同容量时，应按其中最大容量计算；如果设备上标明的是输入额定电流值而无额定容量值时，可按以下公式计算其额定容量

单相设备：额定容量（kW）＝额定电压（kV）×输入额定电流（A）×功率因数

三相设备：额定容量（kW）＝$\sqrt{3}$×额定电压（kV）×输入额定电流（A）×功率因数

如果设备铭牌上标出的额定容量是马力，应折算成千瓦值，1公制马力＝0.736kW，1英制马力＝0.746kW。

表 4-5　　业扩现场勘查工作单

<table>
<tr><td>报装号</td><td>户　号</td></tr>
<tr><td></td><td></td></tr>
</table>

<table>
<tr><td colspan="2">户　　名</td><td colspan="4"></td><td>经办人</td><td colspan="2"></td><td>联系电话</td><td colspan="2"></td></tr>
<tr><td colspan="2">用电地址</td><td colspan="4"></td><td>原有容量</td><td colspan="2">kVA（kW）</td><td>申请容量</td><td colspan="2">kVA（kW）</td></tr>
<tr><td colspan="2">主用电类别</td><td colspan="2"></td><td>行业类别</td><td colspan="2"></td><td>申请种别</td><td></td><td>受理日期</td><td colspan="2"></td></tr>
<tr><td colspan="2">申请备注</td><td colspan="10"></td></tr>
<tr><td colspan="12">以下由勘查人员现场填写</td></tr>
<tr><td colspan="3">新装或变更后总容量
（kVA）</td><td></td><td>设计最大负荷(kW)</td><td></td><td>功率因数标准</td><td></td><td>无功补偿
(kvar)</td><td></td><td>保安负荷容量(kW)</td><td></td></tr>
<tr><td colspan="3">单台设备最大容量
（kW）</td><td></td><td>有无供电工程</td><td></td><td>有无受电工程</td><td></td><td>是否安装采集装置</td><td></td><td>营业管理单位</td><td></td></tr>
<tr><td rowspan="8">主要设备</td><td colspan="2" rowspan="3">变压器
（kVA）</td><td>单台容量</td><td></td><td></td><td></td><td></td><td></td><td></td><td></td><td></td></tr>
<tr><td>台　　数</td><td></td><td></td><td></td><td></td><td></td><td></td><td></td><td></td></tr>
<tr><td>其中备用</td><td></td><td></td><td></td><td></td><td></td><td></td><td></td><td></td></tr>
<tr><td colspan="2" rowspan="2">高压电机
（kW）</td><td>单台容量</td><td></td><td></td><td></td><td rowspan="2">自备发电机(kW)</td><td>单台容量</td><td></td><td></td><td></td></tr>
<tr><td>台　　数</td><td></td><td></td><td></td><td>台　　数</td><td></td><td></td><td></td></tr>
<tr><td colspan="2" rowspan="3">主要低压用电设备
（kW）</td><td>名　　称</td><td></td><td></td><td></td><td></td><td></td><td></td><td></td><td></td></tr>
<tr><td>单台容量</td><td></td><td></td><td></td><td></td><td></td><td></td><td></td><td></td></tr>
<tr><td>台　　数</td><td></td><td></td><td></td><td></td><td></td><td></td><td></td><td></td></tr>
<tr><td colspan="2">电源性质
（主/备）</td><td colspan="2">变电站（配变）</td><td>供电电压
(kV)</td><td>线路名称及编号</td><td>线路杆号/专线</td><td>产权分界点</td><td>接电点至客户距离</td><td>原有容量
(kVA/kW)</td><td>新增容量
(kVA/kW)</td><td>总容量
(kVA/kW)</td></tr>
<tr><td colspan="2"></td><td colspan="2"></td><td></td><td></td><td></td><td></td><td></td><td></td><td></td><td></td></tr>
<tr><td colspan="2"></td><td colspan="2"></td><td></td><td></td><td></td><td></td><td></td><td></td><td></td><td></td></tr>
<tr><td colspan="2"></td><td colspan="2"></td><td></td><td></td><td></td><td></td><td></td><td></td><td></td><td></td></tr>
<tr><td rowspan="5">计量计费方式</td><td rowspan="2">计量组号</td><td rowspan="2">计量点电压</td><td rowspan="2">电价类别</td><td colspan="4">电　能　表</td><td colspan="2">电流互感器</td><td colspan="2">电压互感器</td></tr>
<tr><td>电表类型</td><td>定量/定比</td><td>电流</td><td>产权</td><td>变比</td><td>产权</td><td>变比</td><td>产权</td></tr>
<tr><td></td><td></td><td></td><td></td><td></td><td></td><td></td><td></td><td></td><td></td><td></td></tr>
<tr><td></td><td></td><td></td><td></td><td></td><td></td><td></td><td></td><td></td><td></td><td></td></tr>
<tr><td></td><td></td><td></td><td></td><td></td><td></td><td></td><td></td><td></td><td></td><td></td></tr>
</table>

<table>
<tr><td colspan="2">供电方案简图：</td><td colspan="2">勘查意见：</td></tr>
<tr><td>勘查人</td><td></td><td>勘查日期</td><td>年　月　日</td></tr>
</table>

表 4-6　　客户用电设备清单

报装号	户　号

户　名				用电地址				
经办人				联系电话				
设备名称	型　　号	相式	电压（kV）	单台容量（kW）	台数	容量小计（kW）	负荷等级	同时使用（kW）
备注： 该清单为　　（新装/增容）用电设备清单，设备容量共　　kW（kVA）。 第　页共　页　　　　填表人签名：　　　　填表日期：　　年　月　日								

3. 低压客户电源进户点的确定

确定低压电力客户电源进户点位置时应注意：

（1）进户点应尽可能接近供电电源线路处。

（2）容量较大的客户应尽量接近负荷中心处。

（3）进户点应错开泄雨水的水沟、墙内烟道，并应与煤气管道、暖气管道保持一定的距离。

（4）便于检查和维护，保证工作的便利和安全。

（5）进户点距地平面的最小距离不得小于 2.5m，当条件确定不能满足要求时，其低于 2.5m 的导线应加硬塑料管保护。

（6）应与附近其他客户的进户点高度尽可能取得一致。

（7）进户点的墙面等应坚固，能牢固地安装接户线支持物。

4. 低压客户供电电压、供电方式的确定

低压客户采用低压供电方式，即以 0.4kV 及以下电压实施的供电。低压供电方式分为单相和三相两类。

单相低压供电方式主要适用于照明和单相小动力，单相低压供电方式的最大容量应以不引起供电质量变劣为准则。一般情况下，客户单相用电设备总容量在 10kW 及以下时可采用低压 220V 供电。在经济发达地区用电设备总容量可扩大到 16kW。

三相低压供电方式主要适用于三相小容量客户。一般情况下，客户用电设备总容量在 100kW 及以下或受电变压器容量在 50kVA 及以下者，可采用低压 380V 供电。在用电负荷密度较高的地区，经过技术经济比较，采用低压供电的技术经济性明显优于高压供电时，低压供电的容量可适当提高。

5. 计量点的确定和计量装置的配置

低压客户计量点应选择在产权分界点，如产权分界点安装计量装置确实有困难时，也可安装在客户受电点合适位置，但应根据实际情况承担产权范围内的线路损耗。

低压客户计量装置应安装在由供电企业加封的低压计量箱（柜）内，计量装置的配置应根据公式求得的额定电流确定，即

$$额定电流=报装容量/(\sqrt{3}额定线电压\times功率因数)$$

大于额定电流的距离电能表规格最接近的那一规格，就可以确定为该客户配置的计量表计，如额定电流较大，无法选择直配表时，可以配置 1.5(6) A 计量用电能表加电流互感器来满足客户计量使用，电流互感器同样选择大于额定电流的距离电流互感器规格最接近的那一规格。

6. 确定低压供电方案时应考虑的其他项目

确定低压供电方案时，应考虑低压线路的负荷、配电变压器的负荷、负荷自然增长因素，以及冲击负荷、谐波负荷、不对称负荷的影响。

新建或改造的居民住宅，配电电气设备的配置应满足居民用电在 30～50 年内增长达到中等电气化水平的目标。住宅用电中等电气化水平是在电视机、洗衣机、电冰箱、电饭煲等家用电器的基础上，考虑冷暖空调和蓄热式电热器进入居民家庭，炊事用能初步电气化，每户住宅日均用电水平达到 7～20kW·h。

另外居民住宅用电容量的配置，还应注意：

(1) 居民住宅及公共服务设施用电容量的确定应综合考虑所在城市的性质、社会经济、气候、民俗及家庭能源使用的种类。

(2) 经济发达地区居民住宅容量可以适当放大，建筑面积在 50m² 及以下的住宅用电每户容量可按 4kW 考虑；大于 50m² 的住宅用电每户容量可按 8kW 考虑。

(3) 配电变压器容量的配置系数，应根据住宅户数和各地区用电水平确定。

7. 确定低压供电方案的注意事项

低压供电的客户必须按配电变压器所带地域来确定供电电源，严禁跨台区提供电源，如所在供电区域配电变压器负荷已满，应由供电企业首先进行配电变压器更换。

低压非居民客户办理新装、增容业务时，必须落实提供电源的配电变压器所带负荷是否还能满足供电要求。

随着家用电器的增加，居民客户计量装置的配置应按实际负荷来确定，应及时更换为符合要求的计量电能表或加装电流互感器等。

低压客户之间避免转供电、套表关系的存在。

8. 供电方案的答复时限和有效期

低压客户供电方案答复期限：居民客户不超过 3 个工作日，低压电力客户不超过 7 个工作日。

低压客户供电方案的有效期为 3 个月，逾期注销。

(二) 高压供电方案的确定

1. 采用高压供电的客户应具备的条件

(1) 客户用电设备总容量在 100～8000kVA 时（含 8000kVA），宜采用 10kV 供电。无 35kV 电压等级的地区，10kV 电压等级的供电容量可扩大到 15 000kVA。

(2) 客户用电设备总容量在 5～40MVA 时，宜采用 35kV 供电。

(3) 有 66kV 电压等级的电网，客户用电设备总容量在 15～40MVA，宜采用 63kV。

(4) 客户用电设备总容量在 20～100MVA 时，宜采用 110kV 及以上电压等级供电。

(5) 客户用电设备总容量在 100MVA 及以上，宜采用 220kV 及以上电压等级供电。

(6) 10kV 及以上电压等级供电的客户，当单回路电源线路容量不满足负荷需求且附近无上一级电压等级供电时，可合理的增加供电回路数，采用多回路供电。

(7) 客户用电设备容量虽然在 100kW 及以下或需用变压器容量在 50kVA 及以下者，但有特殊要求时，也可采用高压供电：①对用电可靠性有特殊要求客户，如通信、医院、广播、电视台、计算中心、机要用电等客户，其用电需用变压器容量虽不足 50kVA，也可以高压方式供电；②基建工地、市政施工用电等临时性用电，其用电容量小于 50kVA 者无低压供电条件，可以高压方式供电；③低压供电的客户如接用 X 光机、电焊机、整流器等用电设备，可以独立安装变压器供电；④对农村电力客户供电，由于负荷密度小，虽容量不足 50kVA，也可以高压方式供电。

(8) 供电半径超过本级电压规定时，可按高一级电压供电。

(9) 具有冲击负荷、波动负荷、非对称负荷的客户，宜采用系统变电所新建线路或提高电压等级供电的供电方式。

各级供电电压与输送容量、输送距离的关系见表 4-7。

表 4-7　　各级供电电压与输送容量、输送距离的关系表

额定电压（kV）	0.4	10	35	110	220
输送容量（MW）	—	0.2～10	10～20	20～70	100～250
输送距离（km）	0.5	6～20	20～50	50～100	200～300

2. 确定客户变电室（配电室）的主变压器台数容量

一般情况下用电容量较大的客户，特别是执行两部制电价的客户用电负荷应考虑由两台或多台变压器分别供电，并且实现办公生活和生产负荷分开，尽量不使用一台变压器供电。因为使用两台或多台变压器供电，可以根据生产需要停、启变压器，可以在不生产或检修情况下，实现既不影响客户正常办公生活，又能节约运行成本降低能耗等效果。安装多台变压器具体台数要根据客户负荷分布情况、用电负荷性质重要程度等因素来确定。当然安装两台或多台变压器也要综合考虑客户经济能力，因为安装两台或多台变压器时，可能带来前期投资增加等问题。

（1）10kV 电压节能型变压器容量等级（kVA）：100，125，160，200，250，315，400，500，630，800，1000，1250，1600，2000。以上主要用于 10kV 配电。35kV 及以上电压除上述容量等级外，其容量为上述容量乘以 10 倍或 100 倍。

（2）采用需用系数确定变压器容量。采用需用系数确定变压器容量，则要根据客户内部用电设备的额定容量及由于行业特点和考虑用电设备在实际负荷下的需要系数所求出的计算负荷，再考虑用电设备使用的不同供电线路及其用电设备损耗等各种因素后，确定变压器最佳容量。

用电设备计算负荷的公式为

$$P_c = K_d P \tag{4-1}$$

式中　P_c——计算负荷，kW；

K_d——需用系数（见表 4-8）；

P——用电设备的容量，kW。

表 4-8　　常见用电设备的需用系数表

用电设备名称	电炉炼钢	机械制造	纺织机械	面粉加工
需用系数	1.0	0.2～0.5	0.55～0.75	0.7～1.0

用电设备计算负荷求出后，可根据国家规定客户应达到的功率因数求出用电负荷的视在功率，并确定变压器的容量。用电负荷的视在功率计算公式为

$$S = P_c/\cos\varphi \tag{4-2}$$

式中　S——用电负荷的视在功率，kVA；

P_c——计算负荷，kW；

$\cos\varphi$——要求客户应达到的功率因数。考虑正常情况下变压器的利用率和自然功率因数等因素，对变压器所带负荷的影响，一般情况下 $\cos\varphi$ 取 0.7～0.75。

依据所求视在功率，参考节能型变压器容量等级，确定取最靠近该视在功率的节能型变压器容量等级上限为所确定的变压器容量，也就是客户应申请安装的变压器容量。如

果客户近期有发展或客户要求留有一定容量余度，选择变压器也可略微放大一点，但不能过大。变压器的容量若选择的过大，不但增加了初投资，而且使变压器长期处于空载或轻载运行，使空载损耗的比重增大。功率因数降低，网络损耗增加，这样运行既不经济，又不合理。当然变压器也不能选择过小，过小会使变压器长期处于过负荷状态，易损坏设备。

在实际工作中，确定变压器容量一定要与客户认真协商，本着实事求是的精神，按照安全、经济、统筹兼顾的要求，确定出最佳的变压器容量和台数。

高压客户用电容量是按正常情况下同级供电电压运行变压器、热备用变压器及站用变压器和未接入变压器内的高压电动机铭牌容量的总和计算。

3. 确定供电电源的数量

根据客户实际用电容量，确定应为客户提供的供电电压等级，然后按照就近供电的原则选择供电电源。

供电距离近，电压质量容易保证。有时，受邻近的区域变电所（或配电变压器）和线路负荷的限制，需要从其他电源接电。在这种情况下，应尽可能采取区域变电所（或配电变压器）增容、增加出线间隔、调整供电线路负荷等方法，来解决电源问题，以保证供电方式既经济，又合理。若区域变电所因受占地面积和出线走廊等条件所限不能再进行扩建，而一些大工业客户又急于用电时，可由客户集资筹建高一级电压的区域性变电所解决电源问题。这就是由于客户申请用电引起新建、扩建区域变电所的过程，也是电网逐渐扩大的过程。

确定供电电源数量，必须根据客户的用电性质及所处地域来确定。根据用电负荷对供电可靠性的要求，以及中断供电将危害人身安全的公共安全，在政治或经济上造成损失或影响的程度等因素，将客户用电负荷分为一级负荷、二级负荷、三级负荷。一级负荷指中断供电将产生下列后果之一的：①引发人身伤亡的；②造成环境严重污染的；③发生中毒、爆炸和火灾的；④造成重大政治影响、经济损失的；⑤造成社会公共秩序严重混乱的。二级负荷是指中断供电将产生下列后果之一的：①造成较大政治影响、经济损失的；②造成社会公共秩序混乱的。三级负荷是指不属于一级负荷和二级负荷的负荷。其中具有一级负荷兼或二级负荷的客户称为重要客户。

一级负荷的供电电源应符合下列规定：

（1）一级负荷的供电除由双电源供电外，应增设保安电源，并严禁将其他负荷接入应急供电系统。

（2）一级负荷的设备的供电电源应在设备的控制箱内实现自动切换，切换时间应满足设备允许中断供电的要求。

二级负荷的供电电源应符合下列规定：

（1）二级负荷的供电应由双电源供电，当一路电源发生故障时，另一路电源不应同时受到损坏。

（2）二级负荷的设备供电应根据条件及负荷重要程度采用下列供电方式之一：①双电源供电，在最末一级配电装置内切换；②双电源供电到适当的配电点互投装置后，采用专线送到用电设备或其控制装置上；③小容量负荷可以用一路电源加不间断电源装置，或一路电源加设备自带的蓄电池组在末端实现切换。

根据客户用电容量、需用供电电压和供电电源数，确定电网供电电源点。电网供电电源点确定的一般原则：①电源点应具备足够的供电能力，能提供合格的电能质量，以满足客户的用电需求；在选择电源点时应充分考虑各种相关因素，确保电网和客户端变电所的安全运行；②对多个可选电源点，应进行技术经济比较后确定；③根据客户的负荷性质和用电需求，确定电源点的回路数和种类；④根据城市地形、地貌和城市道路规划要求，就近选择电源点，路径应短捷顺直，减少与道路交叉，避免近电远供、迂回供电。

架设专线供电，可以根据所处地区、城市、农村等因素不同而限定不同的容量，客户架设专线的最小用电容量一般选定在2000～3000kVA之间为宜。如果客户用电容量小于上述限定，但就近公用线路又无法满足客户用电需要，可以考虑更换截面积较大规格的导线（或电缆）来满足要求，也可采用从电网变电所架设专线来实现供电要求。如果电网变电所容量或变电所进线无法满足客户供电要求，也应进行必要的改造，改造费用无论由哪方投资均必须移交供电方管理维护。

确定的电力线路（包括开闭所）的路径（占地）需与政府规划部门联系，由政府规划部门批准在正式地形图上划出电力线路许可施工安装位置，方可进行设计和施工。

4. 确定客户变电室位置进线方式、一次主接线及出线方式

变电室位置选择应考虑进、出线方便和检修、维护方便及建设施工的可能性，如果变电室内安装变压器，必须考虑选择在负荷中心。

变电室的进线可以根据周围环境选择架空线或电缆作为进线方式。变电室四周没有建筑物阻挡，可以采用架空线路经穿墙套管进入，也可采用电缆进入变电室，采用电缆进入变电室时，在变电室外应安装保护相应断路器来保护电缆；变电室四周有妨碍架空线路的建筑物时，应采用电缆进入。

电气主接线的主要型式有桥型接线、单母线、单母线分段、双母线、线路变压器组。

客户具有两回线路供电的一级负荷时，其电气主接线一般确定为35kV及以上电压等级应采用单母线分段接线或双母线接线，装设两台及以上主变压器，6～10kV侧应采用单母线分段接线；10kV电压等级应采用单母线分段接线，装设两台及以上变压器，0.4kV侧应采用单母线分段接线。

客户具有两回线路供电的二级负荷时，其电气主接线一般确定为35kV及以上电压等级宜采用桥形、单母线分段、线路变压器组接线，装设两台及以上变压器，中压侧应采用单母线分段接线；10kV电压等级宜采用单母线分段、线路变压器组接线。装设两台及以上变压器，0.4kV侧应采用单母线分段接线。

单回线路供电的三级负荷客户，其电气主接线采用单母线或线路变压器组接线。

变电室出线方式宜采用电缆。因为厂区内建筑物比较集中，再加上厂区内进行的绿化，均对架空线路的安全运行造成威胁，所以变电室出线方式不适宜采用架空线路，当然如客户有特殊要求，需要采用架空线路出线时，必须消除安全隐患。

5. 确定客户电气装置的继电保护方式

继电保护的设置是保证电气设备和人身安全的需要，是减小客户和电力企业经济损失，缩小停电范围的重要保障，继电保护的设置也是保护电气设备的重要手段之一。

继电保护设置的基本原则：客户变电所中的电力设备和线路，应装设反应短路故障和异常运行的继电保护和安全自动装置，满足可靠性、选择性、灵活性和速度性的要求；客户变电所中的电力设施和线路的继电保护应有主保护、后备保护和异常运行保护，必要时可增设辅助保护；10kV及以上变电所宜采用数字式继电保护装置。

合理配置各类保护方式也是电气设备设计、施工、安装必不可少的重要部分，这样既实现了保护电气设备，又降低投入成本的作用。具体保护方式配置的要求如下：

（1）继电保护和自动装置的设置应符合GB50062《电力装置的继电保护和自动装置设计规范》、GB14285《继电保护和安全自动装置技术规程》的规定。

（2）进线保护的配置应符合下列规定：

1）110kV及以上电压等级进线保护的配置，应根据经评审后的二次接入系统设计确定。

2）35kV进线应装设延时速断及过电流保护，对于有自备电源的客户也可采用阻抗保护。

3）10kV进线装设速断或延时速断、过电流保护，对小电阻接地系统，宜装设零序保护。

（3）主变压器保护的配置应符合下列规定：

1）容量在0.4MVA及以上车间内油浸变压器和0.8MVA及以上油浸变压器，均应装设瓦斯保护，其余非电量保护按照变压器厂家要求配置。

2）电压在10kV及以下、容量在10MVA及以下的变压器，采用电流速断保护和过电流保护分别作为变压器的主保护和后备保护。

3）电压在10kV及以上、10MVA及以上的变压器，采用纵差保护和过电流保护（或复压过电流）分别作为变压器主保护和后备保护。对于电压为10kV的重要变压器，当电流速断保护灵敏度不符合要求时也可采用纵差保护作为变压器主保护。

4）220kV主变压器除非电量保护外，应采用两套完整、独立的主保护和后备保护。

（4）220kV母线及110kV双母线以采用两套专用母线保护。

6. 确定客户计量方式、计量点和计量装置选型配置

高压供电客户的计量方式宜采用高供高计方式，但对10kV供电且容量在315kVA及以下、35kV供电且容量在500kVA及以下的，高压侧计量确有困难时，可在低压侧计量，即采用高供低计方式。

电能计量点应设定在供电设施与受电设施的产权分界处。如产权分界处不适宜装表的，对专线供电的高压客户，可在供电变电所的出线侧出口装表计量；对公用线路供电的高压客户，可在客户受电装置的低压侧计量。另外选择计量点的位置，必须便于供电企业抄录计量电能表的示数和现场校验。

在配置计量装置时还应注意以下要求：

（1）电能计量装置实行专用。属高压供电客户，应当给电力部门提供方便，按照计费的要求，提供或移交计量专用柜（包括计量用互感器）并应妥善地运行、维护和保管。自行投资建设、专用变电室的客户，应当在供用电合同中予以明确，并作为变电室设计的内容之一。

（2）根据不同时期执行电价的分类，对执行不同电价的各类用电负荷分别装表计费，并

在客户报装时，明确规定分线分表或装设套表，计量收费。

（3）对于农村客户，要以村（或法定自然人）为单位，对排灌、动力和照明用电，实行分线分表计量收费，并在送电前加以检查落实。

（4）对执行两部制电价，依功率因数调整电费的客户，必须装设有功与无功电能表，并加装无功电能表的防倒装置。

7. 确定客户电气设备运行方式

根据客户用电性质、用电负荷及重要程度来确定客户运行方式，运行方式决定着客户电气设备运行是否可靠。具体要求如下：

（1）一级负荷客户可采用以下运行方式：

1）两回及以上进线同时运行互为备用。

2）一回进线主供，另一回路热备用。

（2）二级负荷客户可采用以下运行方式：

1）两回及以上进线同时运行。

2）一回进线主供，另一回路冷备用。

不允许出现高压侧合环运行的方式。

8. 确定客户调度通信等内容

为了保证电力调度部门对所调度的客户之间通信畅通，及时准确地下达各类调度命令，如限电、倒负荷、操作开关、切除故障设备等，在确定供电方案时，对通信和自动化也有具体要求：

（1）35kV及以下供电、用电容量不足8000kVA且有调度关系的客户，可利用电能量采集系统采集客户端的电流、电压及负荷等相关信息，配置专用通信市话与调度部门进行联络。

（2）35kV供电、用电容量在8000kVA及以上或110kV及以上的客户宜采用专用光纤通道或其他通信方式，通过远动设备上传客户端的遥测、遥信信息，同时应配置专用通信市话或系统调度电话与调度部门进行联络。

（3）其他客户应配置专用通信市话与当地供电企业进行联络。

9. 客户受电方式的确定

客户受电方式分为变压器台站、简易箱式变电所、组合箱式变电所、简易变电所（配电室）、标准变电所（配电室）。其中，变压器台站又分为落地变压器台站、单杆式变压器台站、二杆式变压器台站、三杆式变压器台站。落地式变压器台站的变压器容量较大，电杆上承受不了变压器重量，变压器台站建在人口密度小的区域，周围用高于1.7m的角钢并焊接拉板网，网孔应小于2×2cm。单杆变台的变压器容量特别小，所带负荷特别小，只有在个别地区应用。二杆式变台一般适用于乡村，造价低，安全性比三杆式台架差。三杆式变台一般在城镇街道旁安装，其中主杆安装控制变压器高压侧的跌落式熔断器，副杆台架上安装变压器，容量一般控制在315kVA以下。简易箱式变电所箱内装变压器，变压器容量一般控制在500kVA以下，不装高压开关柜，低压侧不装低压开关柜，而是在低压面板上装设低压断路器、刀闸、仪表及计量装置，进出线均采用电力电缆。简易箱式变电所投资小，设备保护功能不全，安全可靠性较差。组合箱式变电所箱内装设高压开关柜、低压开关柜、变压器等设备，进出线采用电力电缆。组合箱式变电所保护功能齐全，安全可靠，但造价高，变压器容量一般控制在500kVA以上。简易变电所（配电室）的电气设备和简易箱式变电所设备基本一致，但低压侧一般安装低压柜，房屋结构为混凝土结构形式。标准变电所（配电室）的房屋结构为混凝土砖结构形式，屋内安装高压开关柜、配电变压器、低压开关柜，一般高压进线可采用架空或电缆进线，低压采用电缆出线，保护齐全，安全可靠，造价高。

具体采用哪一种受电方式，根据地域、社会经济发展程度以及各地的习惯有关，下面仅以山西省大同地区选择受电方式的原则作为参考。

（1）客户用电容量在315kVA及以下者，一般新建工业变压器台站，但变压器安装在下列位置时，原则上应新建简易箱式变电所或箱式变电所：

1）在城区供电的城市范围内。

2）在县区供电的城镇范围内，同时影响城镇美观的（如城镇街道两边）。

3）四周距建筑物太近，严重影响人身安全和安全用电的。

（2）客户用电容量在315～500kVA的，一般新建简易箱式变电所或简易变电室（配电室），如客户有特殊要求也可新建组合箱式变电所或变电室（配电室）。

（3）客户用电容量在500～800kVA的，一般新建组合箱式变电所，如客户有特殊要求也可新建变电室（配电室）。容量达到630kVA时，客户侧应安装过电流保护和速断保护装置；容量达到800kVA时，客户侧应安装过电流保护、速断保护、温控保护和瓦斯保护装置等。

（4）客户用电容量在800kVA以上者，应新建变电室（配电室），如确因客户地方特变小，无法新建变电室（配电室）时，可考虑新建组合箱式变电所，但设置的各种保护装置不能减少。

（5）临时用电的客户在保证运行安全、计量合理准确、电价执行正确的基础上，选择最经济的方式，可以不受正式供电方案的限制。

10. 确定高压供电方案应注意事项

确定高压供电方案时，应严格按照各供电营业管理单位划分的营业区域进行供电方案确定，如确实所在营业区域的供电营业管理单位无法提供供电电源，应经对方供电营业管理单位的主管部门同意，再确定跨营业区的供电电源进入，严禁客户随意变更营业管理单位；重要客户供电电源必须实现双电源（双回路），其中一路供电电源最好采用专线，同时客户应安装自备电源；专线、双电源（双回路）以及其他有特殊要求的供电客户必须与供电企业调度部门签订调度协议。

11. 高压供电方案的答复时限和有效期

高压单电源客户供电方案答复期限不超过15个工作日，高压双电源客户供电方案答复期限不超过30个工作日。

供电方案的有效期是指从供电方案正式通知书发出之日起至受电工程开工日为止。

高压客户的供电方案的有效期为1年，逾期注销。

四、受电工程图纸审查

（一）低压受电工程图纸审查

1. 低压客户应提供的设计资料

设计单位完成低压业扩工程的设计后，客户必须向供电企业提供有关设计资料以备审查，供电企业必须依据确定的供电方案和国家及电力行业的有关标准、规程对客户提供的设计资料进行审查。具体有业扩工程的低压客户应提供的设计资料：

（1）受电工程设计及说明书。

（2）用电负荷分布图。

（3）负荷组成、性质及保安负荷。

（4）影响电能质量的用电设备清单。

（5）负荷组成和用电设备清单。

（6）节能篇及主要生产设备。

（7）生产工艺耗电及允许中断供电时间。

（8）用电功率因数计算及无功补偿方式。

（9）电能计量装置的方式。

（10）隐蔽工程设计资料。

（11）配电网络布置图。

（12）自备电源及接线方式。

（13）设计单位资质审查材料。

（14）供电企业认为必须提供的其他资料。

2. 低压图纸审查应注意事项

客户报送审核的低压受电工程设计文件和有关资料时，应填写《受电工程图纸审核申请表》（见表 4-9），作为供电企业和客户的接受、移交资料的依据；供电企业对客户的受电工程设计文件和有关资料的审核意见应以书面形式反馈《客户受电工程图纸审核结果通知单》（见表 4-10），并督促客户按照审核意见对受电工程设计文件进行修改；客户若更改审核后的设计文件时，应将变更后的设计再送供电企业复核；客户受电工程的设计文件，未经供电企业审核同意，客户不得据以施工，否则，供电企业将不予检验和接电。

3. 低压客户送审的受电工程设计资料审核期限

供电企业对客户送审的低压受电工程设计文件和有关资料进行审核时，要求审核的时间最长不超过 10 天。

（二）高压图纸审查

1. 高压客户应提供的设计资料

业扩工程的设计单位必须具备电力行业的相应设计资质，其他行业的资质只能根据业务范围进行客户用电侧内部配电网的设计。具体电力行业设计资质划分如下：

（1）甲级。承担电力行业建设工程项目主体工程及其配套工程的设计业务，其规模不受限制。

（2）乙级。承担电力行业中、小型建设工程项目的主体工程及其配套工程的设计业务。

（3）丙级。承担电力行业小型建设项目的工程设计业务。

表 4-9　　　　受电工程图纸审核申请表

		报装号	户　号
户　　名		用电地址	
客户联系人		联系电话	
设计单位		设计资质	
设计单位联系人		联系电话	
设计内容			

序号	资　料　名　称	份　数

事项说明：设计完成，请进行审核。			
用电单位签章： 年　　月　　日		供电公司签章： 年　　月　　日	
供电公司受理人		供电公司受理日期	年　　月　　日

表 4-10　　客户受电工程图纸审核结果通知单

		报装号	户　号
户　　名		用电地址	
客户联系人		联系电话	
设计单位		设计资质	
设计单位联系人		设计单位联系电话	
审核开始时间		审核完成时间	
审核部门		审核人员	
图纸审核内容和结果（可另附）：			
供电公司意见： 盖章： 年　月　日			
提示：客户在组织进行隐蔽工程施工前需告知供电公司，以便进行中间检查，否则供电公司有权对竣工的隐蔽工程提出返工暴露。			

电力行业建设项目设计规模划分表见表 4-11。

表 4-11　电力行业建设项目设计规模划分表

序号	建设项目	单位	特大型	大型	中型	小型	备注
1	火力发电	MW	≥300	100～200	25～50		单机容量
2	水力发电	MW		≥250	50～250	<50	单机容量
3	风力发电	MW		≥100	50～100	≤50	
4	变电工程	kV		≥330	220	≤110	
5	送电工程	kV		≥330	220	≤110	
6	新能源	MW					

注　新能源发电工程设计包括太阳能、地热、垃圾、秸秆等可再生能源发电工程设计。

设计单位完成业扩工程的设计后，客户必须向供电企业提供有关设计资料以备审查，供电企业必须依据确定的供电方案和国家及电力行业的有关标准、规程对客户提供的设计资料进行审查。高压客户具体应提供的设计资料有：

(1) 受电工程设计及说明书。

(2) 用电负荷分布图。

(3) 负荷组成、性质及保安负荷。

(4) 影响电能质量的用电设备清单。

(5) 主要电气设备一览表。

(6) 节能篇及主要生产设备。

(7) 生产工艺耗电以及允许中断供电时间。

(8) 高压受电装置一、二次接线图与平面布置图。

(9) 用电功率因数计算及无功补偿方式。

(10) 继电保护、过电压保护及电能计量装置的方式。

(11) 隐蔽工程设计资料。

(12) 配电网络布置图。

(13) 自备电源及接线方式。

(14) 设计单位资质审查材料。

(15) 供电企业认为必须提供的其他资料。

2. 高压图纸审查应注意事项

客户报送审核的受电工程设计文件和有关资料时，应填写《受电工程图纸审核申请表》作为供电企业和客户的接受、移交资料的依据。供电企业对客户的受电工程设计文件和有关资料的审核意见应以书面形式反馈《客户受电工程图纸审核结果通知单》，并督促客户按照审核意见对受电工程设计文件进行修改。客户若更改审核后的设计文件时，应将变更后的设计再送供电企业复核。客户受电工程的设计文件，未经供电企业审核同意，客户不得据以施工，否则，供电企业将不予检验和接电。

3. 高压客户送审的受电工程设计资料审核期限

供电企业对高压客户送审的受电工程设计文件和有关资料进行审核时，审核的时间要求最长不超过一个月。

五、客户业扩工程验收

（一）低压客户业扩工程验收

1. 验收低压工程前，客户应提供的资料

（1）设计图纸变更的证明文件。

（2）竣工图纸、电缆走向图、电缆路径协议文件、制造厂提供的产品说明书、合格证件等技术文件。

（3）电气设备相关调试记录、电缆试验报告、接地系统试验报告。

（4）计量装置校验合格证书。

2. 低压客户电气工程验收应具备的条件

（1）线路、电器、计量装置的型号、规格符合设计要求。

（2）所安装设备外观检查完好，安装方式符合产品技术文件的要求。

（3）架空线路杆塔间距、导线弧垂符合要求，绝缘器件无裂纹，金具无锈蚀，对地距离、交叉跨越距离、对建筑物距离符合规定，沿线障碍、树木清理完毕。

（4）电缆线路敷设工艺符合要求，路径标志清楚。

（5）电器安装牢固、平正，电器的连接线排列整齐、美观，符合设计及产品技术文件的要求。

（6）电器设备调试合格，活动部件动作灵活、可靠，联锁传动装置动作正确，绝缘电阻值符合要求。

（7）配电柜、配电箱、计量箱、电器外壳的接零、接地可靠。

（8）各种标志齐全完好、字迹清晰。

3. 低压客户电气工程验收的内容

（1）所提供的试验报告、校验报告、调试记录等项目齐全，结论合格。

（2）计量装置准确度符合规程要求，接线正确、规范，安装工艺符合规定。

（3）采用的设备、器材的型号、规格符合设计要求及运行需要。

（4）所安装设备外观检查完好，安装方式符合产品技术文件的要求。

（5）电缆规格应符合规定；截面积选择满足载流量要求；排列整齐、无机械损伤；标志牌应装设齐全、正确、清晰。

（6）电缆终端、电缆接头应固定牢靠；电缆接线端子与所接设备端子应接触良好；弯曲半径、相序排列等应符合要求。

（7）电缆线路所有应接地的接点应与接地极接触良好，接地电阻值应符合设计要求。

（8）电缆终端的相色应正确，电缆支架等的金属部件防腐层应完好。电缆管口应为喇叭口，光滑无毛刺，管口应封堵密实。

（9）电缆沟内应无杂物，盖板齐全；隧道内应无杂物，照明、通风、排水等设施应符合设计要求。

（10）直埋电缆路径标志，应与实际路径相符。路径标志应清晰、牢固。

（11）架空线路杆号，相序标志正确齐备。

（12）架空线路杆塔间距、导线弧垂符合要求，对地距离、交叉跨越距离及对建筑物距离符合规定，绝缘器件无裂纹，金具无锈蚀。

（13）配电柜、配电箱、计量箱、电器外壳的接零、接地可靠。

（14）整个接地网外露部分的连接可靠，接地线规格正确，防腐层完好，标识齐全明显。

（15）电力接户线的安装，其各部电气距离应满足设计要求。

（16）接户线档距内不应有接头。

（17）接户线两端应设绝缘子固定，绝缘子安装应防止瓷裙积水。

（18）接户线采用绝缘线时，外露部位应进行绝缘处理。

（19）接户线两端遇有铜铝连接时，应设有过渡措施。

（20）接户线进户端支持物应牢固。

（21）接户线在最大摆动时，不应有接触树木和其他建筑物现象。

（22）1kV 及以下的接户线不应从高压引线间穿过，不应跨越铁路。

（23）由两个不同电源引入的接户线不宜同杆架设。

（24）下接户线固定端当采用绑扎固定时，其绑扎长度应符合表 4 - 12 的规定。

表 4 - 12　　绑 扎 长 度 表

导线截面积（mm^2）	绑扎长度（mm）	导线截面积（mm^2）	绑扎长度（mm）
10 及以下	≥50	25～50	≥120
16 及以下	≥80	70～120	≥200

（二）高压客户电气工程验收

1. 高压客户电气工程验收阶段划分

高压客户电气工程验收可分为中间检查验收和竣工检查验收两个阶段：

（1）高压客户电气工程中间检查验收主要是依据设计要求和相关技术标准，在电气工程施工的过程中，对施工质量和工艺进行质量抽检，包括变压器、断路器等电气设备特性试验项目是否齐全，方法是否符合相关技术标准。电缆沟和隧道工程，接地装置工程等隐蔽工程是否按照相关技术标准和规程要求进行施工，以便及时发现不符合技术规程要求的施工工艺及质量问题。

（2）高压客户电气工程竣工检查验收主要是在接到客户电气工程竣工报验申请后，组织相关责任部门对高压客户电气工程的施工质量进行检查、验收。竣工检查验收主要包括供配电设备安装质量是否合格、“五防”功能是否可靠，传动机构是否灵活。设备电气特性试验结论是否齐全合格；电力线路（包括架空线路和电缆线路）施工质量是否符合标准，标志是否完整齐全。继电保护及自动装置调试是否合格，整定值与系统配合是否满足要求。双电源及保安电源闭锁是否可靠，安全工器具及消防器具是否齐备，各种规章制度、运行规程，技术规范，标准是否齐全正确，电气工作人员作业资质是否符合要求等多项内容。

2. 高压客户电气工程竣工检查验收前应提供的资料

（1）设计图纸和设计说明，设计变更的证明文件。

（2）竣工报告、竣工图纸（变电室高压受电装置一、二次接线图与平面布置图，厂区用电负荷分布平面图）电缆走向图、电缆路径协议文件、制造厂提供的产品说明书、合格证件等技术文件。用电负荷明细及重点保安负荷，影响电网电能质量的用电设备清单及相应限定措施，补偿前后功率因数计算及无功补偿方式，自备电源接线方式等。

（3）电气设备相关调试记录（继电保护定值单、传动记录，断路器及操作机构调试报告），变压器、互感器、断路器、负荷开关、避雷器等设备试验报告，电缆试验报告、接地系统试验报告等。

（4）计量装置校验合格证书。

3. 高压客户电气验收（内容具体参见本书第四章第一节中有关验收内容）

六、签订供用电合同

客户电气设备正式接电前，供电企业必须依据相关法律和平等协商原则，与客户签订供用电合同。未签订供用电合同的，不得接电。

七、装表

（1）电能计量装置原则上安装在供电设施与受电设施的产权分界处。电能计量装置的配置与安装应符合 DL/T 448—2000《电能计量装置技术管理规程》及相关技术规定的计量装置。

（2）电能计量装置的安装应严格按通过审查的施工设计和确定的供电方案进行，严格遵守电力工程安装规程的有关规定。应及时完成计量装置的安装工作。计量装置完成后应反馈现场安装信息。

八、送电

客户业扩工程检验合格并办结相关手续后，应及时组织供电企业有关部门对业扩工程电气设备进行送电。根据国家电网公司承诺，送电期限，受电工程验收合格并办理相关手续后，城乡居民客户不超过 3 个工作日，非居民客户不超过 5 个工作日。送电时，应严格按照有关电气操作规程进行，并认真填写《用电工作票》，准确记录计量装置底数和各类参数。

九、归档

（1）核对客户待归档信息和资料。检查客户档案信息的完整性，根据业务规则审核档案信息的正确性，档案信息主要包括客户申请信息、设备信息、基本信息、供电方案信息、计费信息、计量信息（包括采集装置）等。具体归档资料包括内容，应根据客户所在地区而确定。

（2）收集并整理报装资料，完成资料归档。

（3）为客户档案设置物理存放位置，形成并记录档案存放号。

十、客户回访

客户电气设备送电后，供电企业应对客户进行回访。回访内容主要包括：服务态度、服务质量、电气设备运行情况、计量装置运行情况、按时抄表情况、执行电价及对供电企业的其他要求和建议等。回访客户必须在规定时限内完成，并准确、规范记录回访结果。回访可以采用“95598”服务人员电话回访、客户经理按时回访、供电部门主管领导直接回访等多种形式来完成，对回访中发现的问题或不足要及时报有关部门进行完善和改进。

第二节　营销业务变更

一、营销业务变更的作用

营销业务变更在电力营销日常营业管理中起着一个承前启后的作用，是业务扩充与电费管理各环节之间连接的纽带，是沟通电力供需的桥梁，所以这项工作在供电企业的用电营销管理中具有非常重要作用。

二、营销业务变更定义

营销业务变更是指因用电方生产或生活需要引起供用电双方签订的《供用电合同》中约定的有关用电事宜变动的行为，属于电力营销活动工作中的“日常营业”的范畴。所谓“日常营业”，是供电企业日常受理运行中电力客户各种用电业务工作的统称。它与业务扩充和电费抄、核、收管理三位一体，组成了电力营销工作的全过程。具体定义为客户在不增加用电容量和供电回路的情况下，由于自身经营、生产、建设、生活等变化而向供电企业申请，要求改变原《供用电合同》中约定的用电事宜的业务。

三、营销业务变更分类

根据《供电营业规则》第22条，用电业务变更共分12类。

1. 减容

即减少合同约定的用电容量。用户减容，须在5天前向供电企业提出申请。供电企业应按下列规定办理：

(1) 减容必须是整台或整组变压器的停止或更换小容量变压器用电。供电企业在受理之日后，根据用户申请减容的日期对设备进行加封。从加封之日起，按原计费方式减收其相应容量的基本电费。但用户申明为永久性减容的或从加封之日起期满2年又不办理恢复用电手续的，其减容后的容量已达不到实施两部制电价规定容量标准时，应改为单一制电价计费。

(2) 减少用电容量的期限，应根据用户所提出的申请确定，但最短期限不得少于6个月，最长期限不得超过2年。

(3) 在减容期限内，供电企业应保留用户减少容量的使用权。用户要求恢复用电，不再交付供电贴费；超过减容期限要求恢复用电时，应按新装或增容手续办理。

(4) 在减容期限内要求恢复用电时，应在5天前向供电企业办理恢复用电手续，基本电费从启封之日起计收。

(5) 减容期满后的用户及新装、增容用户，2年内不得申办减容或暂停。如确需继续办理减容或暂停的，减少或暂停部分容量的基本电费应按50%计算收取。

2. 暂停

即暂时停止全部或部分受电设备的用电。用户暂停，须在5天前向供电企业提出申请。供电企业应按下列规定办理：

(1) 用户在每一日历年内，可申请全部（含不通过受电变压器的高压电动机）或部分用电容量的暂时停止用电两次，每次不得少于15天，一年累计暂停时间不得超过6个月。季节性用电或国家另有规定的用户，累计暂停时间可以另议。

(2) 按变压器容量计收基本电费的用户，暂停用电必须是整台或整组变压器停止运行。供电企业在受理暂停申请后，根据用户申请暂停的日期对暂停设备加封。从加封之日起，按原计费方式减收其相应容量的基本电费。

(3) 暂停期满或每一日历年内累计暂停用电时间超过6个月者，不论用户是否申请恢复用电，供电企业须从期满之日起，按合同约定的容量计收其基本电费。

(4) 在暂停期限内，用户申请恢复暂停用电容量用电时，须在预定恢复日前5天向供电企业提出申请。暂停时间少于15天者，暂停期间基本电费照收。

(5) 按最大需量计收基本电费的用户，申请暂停用电必须是全部容量（含不通过受电变压器的高压电动机）的暂停，并遵守前（1）～（4）项的有关规定。

3. 暂换

即临时更换大容量变压器。用户暂换（因受电变压器故障而无相同容量变压器替代，需要临时更换大容量变压器），须在更换前向供电企业提出申请。供电企业应按下列规定办理：

（1）必须在原受电地点内整台的暂换受电变压器。

（2）暂换变压器的使用时间，10kV 及以下的不得超过 2 个月，35kV 及以上的不得超过 3 个月。逾期不办理手续的，供电企业可中止供电。

（3）暂换的变压器经检验合格后才能投入运行。

（4）暂换变压器增加的容量不收取供电贴费，但对两部制电价用户须在暂换之日起，按替换后的变压器容量计收基本电费。

4. 迁址

即迁移受电装置用电地址。用户迁址，须在 5 天前向供电企业提出申请。供电企业应按下列规定办理：

（1）原址按终止用电办理，供电企业予以销户，新址用电优先受理。

（2）迁移后的新址不在原供电点供电的，新址用电按新装用电办理。

（3）迁移后的新址在原供电点供电的，且新址用电容量不超过原址容量，新址用电不再收取供电贴费。新址用电引起的工程费用由用户负担。

（4）迁移后的新址仍在原供电点，但新址用电容量超过原址用电容量的，超过部分按增容办理。

（5）私自迁移用电地址而用电者，除按违约用电相关规定处理外，自迁新址不论是否引起供电点变动，一律按新装用电办理。

5. 移表

即移动用电计量装置安装位置。用户移表（因修缮房屋或其他原因需要移动用电计量装置安装位置），须向供电企业提出申请。供电企业应按下列规定办理：

（1）在用电地址、用电容量、用电类别、供电点等不变情况下，可办理移表手续。

（2）移表所需的费用由用户负担。

（3）用户不论何种原因，不得自行移动表位，否则，可按违约用电相关规定处理。

6. 暂拆

即暂时停止用电并拆表。用户暂拆（因修缮房屋等原因需要暂时停止用电并拆表），应持有关证明向供电企业提出申请。供电企业应按下列规定办理：

（1）用户办理暂拆手续后，供电企业应在 5 天内执行暂拆。

（2）暂拆时间最长不得超过 6 个月。暂拆期间，供电企业保留该用户原容量的使用权。

（3）暂拆原因消除，用户要求复装接电时，须向供电企业办理复装接电手续并按规定交付费用。上述手续完成后，供电企业应在 5 天内为该用户复装接电。

（4）超过暂拆规定时间要求复装接电者，按新装手续办理。

7. 过户

即改变客户的名称。用户更名或过户（依法变更用户名称或居民用户变更房主），持有关证明向供电企业提出申请。供电企业应按照下列规定办理：

（1）在用电地址、用电容量、用电类别不变的情况下，允许办理更名或过户。

(2) 原用户应于供电企业结清债务，才能解除原供用电关系。

(3) 不申请办理过户手续而私自过户者，新用户应承担原用户所负债务。经供电企业检查发现用户私自过户时，供电企业应通知该户补办手续，必要时可终止供电。

8. 分户

即一户分列为两户及以上的客户。用户分户，应持有关证明向供电企业提出申请。供电企业应按下列规定办理：

(1) 在用电地址、供电点、用电容量不变，且其受电装置具备分装的条件时，允许办理分户。

(2) 在原用户与供电企业结清债务的情况下，再办理分户手续。

(3) 分立后的新用户应与供电企业重新建立供用电关系。

(4) 原用户的用电容量由分户者自行协商分割，需要增容者，分户后另行向供电企业办理增容手续。

(5) 分户引起的工程费用由分户者负担。

(6) 分户后受电装置应经供电企业检验合格，由供电企业分别装表计费。

9. 并户

即两户及以上客户合并为一户。用户并户，应持有关证明向供电企业提出申请，供电企业应按下列规定办理：

(1) 在同一供电点，同一用电地址的相邻两个及以上用户允许办理并户。

(2) 原用户应在并户前向供电企业结清债务。

(3) 新用户用电容量不得超过并户前各户容量之总和。

(4) 并户引起的工程费用由并户者负担。

(5) 并户的受电装置应经检验合格，由供电企业重新装表计费。

10. 销户

即合同到期终止用电。用户销户，须向供电企业提出申请。供电企业应按下列规定办理：

(1) 销户必须停止全部用电容量的使用。

(2) 用户已向供电企业结清电费。

(3) 查验用电计量装置完好性后，拆除接户线和用电计量装置。

(4) 用户持供电企业出具的凭证，领还电能表保证金与电费保证金。

办完上述事宜，即解决供用电关系。

11. 改压

即改变供电电压等级。

12. 改类

即改变用电类别。

第三节　销　售　电　价

一、现行销售电价制度

(一) 电价制度的定义

电价制度是指一个国家确保本国合理制定与正确执行电价标准的一系列规定和章程的总

称。电价体系是不同条件的电网经营企业计算综合成本的基础上，进行个别成本计算，再按不同的用电种类进行分摊后，以个别成本为基础，形成的不同用电地区、不同用电种类的可执行电价系列。

（二）电价政策的划分

电价政策是国家制定和管理电价的依据，是国家物价政策的组成部分。不同经济制度的国家有不同的电价政策，在同一国家，同一地区，不同时期也有不同的电价政策。不同的用电目的有不同的电价政策，其目的都是协调不同地区，不同利益集团的利益分配关系。

《中华人民共和国电力法》规定销售电价实行分类电价，分类电价是指按照客户用电性质及用电特点而实行的电价制度。电价分类是世界各国都采用的电价制度，也是我国长期以来实行的电价制度。不同的国家分类的方法不同，在我国不同的电网，分类的标准、形式、方法也不统一。

1. 按使用条件制定电价

一般商品，当质量与数量相同时，价格趋于一致。电力作为商品，其质量与数量即使相同，因使用条件不同，价格也不同。只有在同一电网、同一电压等级、同一用电类别时客户才执行相同的电价标准。

目前世界上大致有以下几种分类：

（1）按行业分类。这种分类方法结合了本国行业分类标准，考虑行业用电平均特征，有利于国家对各行业综合情况的总体掌握。

（2）按供电电压等级分类。不同的电力客户采取不同的供电电压，供电使用效率不同，电力部门的供电成本也不同，采取电压等级差价。

（3）按用电设备容量和用电量分类。这种分类方法主要是区分大客户和一般客户，对大客户实行科学电价类别，对一般客户采用简便易行的电价类别。

（4）按用电负荷率分类。电力企业在高峰或低谷运行时成本有差异，负荷率越低，差别就越大，为了合理分摊电力成本，不同负荷特征的客户采取不同的电价。

（5）按电能用途分类。如抢险救灾、临时用电、贫困地区用电、高耗能用电等。

目前我国电价分类的方法是在综合以上几个方面的基础上，综合使用的，但这种电价分类方法种类较多，计算较为复杂。随着我国经济政策与国际经济的逐步接轨，电价制度也在进行研究论证，尽快出台新的电价分类办法，实现简单易行的电价分类方法。

2. 按销售方式制定电价

电力商品与其他商品一样，存在着批发、零售与代销管理的经营方式，在电力的管理上就叫做趸售、直供与转供管理，并形成与之对应的电价。

（1）直供电价。指电网经营企业按照国家批准的电价标准销售给客户电力，并直接和客户进行电费结算的电价。

（2）趸售电价。由财政属于地方的电力经营企业（一般是县级）从电网经营企业那里趸购（批发）电力，再按直供电价销售给本营业范围内的客户，然后按光、力的实际比例和电网经营企业进行结算的一种电价。趸售电价体现了电网经营企业的让利政策，从而促进地方电力工业的发展。

（3）转供电价。在供电企业没有能力满足客户供电的情况下，委托其周围较大的有转供能力的客户进行转供，由转供户在直供电价的基础上加收一定比例的转供费用，从而构成转供电价。

3. 按电力固定成本的分摊情况制定电价

电力的生产、输送、销售是同时完成的，与工业客户有很大的区别。只要客户并网用电，不仅要使用电能（电量），而且要占用电力（容量负荷），直接影响电网进一步扩大新客户并网的能力。电网总的供电容量就叫电力固定成本，也叫容量成本，政策规定容量成本对不同用电类别客户的分摊比例不同，从而形成了单一计量电价（也叫单一制电价）和基本费电价（也叫两部制电价）。

（1）单一制电价。是以客户安装的电能表计每月计算出的实际用电量多少位计费依据的。

（2）两部制电价。就是以客户用电的接用容量或需量计算的基本电费和使用客户计费表所计的电量来计算电费的电量电价。不同国家，两部制电价的执行范围不同。

4. 根据特殊需要制定电价

由于电网运行的特殊性，客户侧的管理除政策规定外，还要相应的技术手段和经济手段才能保证电网安全、稳定、合理的运行，更大限度地满足社会用电需要。

（1）峰谷电价。因电力工业是资金密集型企业，资金回报率相对较低，为使有限地电力对社会能发挥最大的作用，制定峰谷分时电价，拉开负荷高峰与低谷负荷期间的用电价格，从而对提高电网负荷率起到经济调节作用。

（2）丰枯季节电价。在水电比重占绝对多数的电网，水库的储存水量受季节变化的影响较大，丰水期和枯水期发电负荷相差较大，为提高丰水期电力的社会使用率，压低枯水期负荷紧张状况，制定丰枯季节电价，以经济手段迫使客户设备的检修放在枯水季节。

（3）功率因数调整电价。因客户所使用电量只是电网运行中有功分量（电力）所做的功，另外还有无功分量，二者合起来称做视在功率。为降低线路电量损失，提高供电电压质量，需根据电网中无功电源的经济配置及运行上的要求，确定集中补偿无功电力的措施，保证电网无功平衡，并要求广大电力客户分散补偿无功电力，使客户无功补偿就地平衡，制定功率因数调整电价，客户也能相应地减少电费支出。

5. 按其他因素制定电价

调节电价指在国家政策地允许下，由于某种社会经济因素，在原电价地基础上进行的一种加价，如三峡建设基金、地方附加费、差别电价等加价。

二、销售电价的分类和实施范围

（一）销售电价的分类

目前销售电价分类说明仍沿用的是水利电力部（75）水电财字第 67 号文件规定，虽然在 1993 年从照明电价中分离出居民生活电价与非居民照明电价、2000 年又从非普工业和非居民照明中分离出了商业电价，使最初的 6 种销售电价派生到 8 种电价，即大工业电价、非工业电价、普通工业电价、农业生产电价、居民生活电价、非居民照明电价、商业电价、趸售电价。为建立健全合理的销售电价机制 ，充分利用价格杠杆，合理配置电力资源，保护电力企业和用户的合法权益，2005 年国家发展和改革委员会下发的《销售电价管理暂行办法》就销售电价分类改革的目标进行了明确，即销售电价分类改革的最终目标分为居民生活用电、农业生产用电、工商业及其他用电价格三类。目前条件成熟的省市已对销售电价分类进行了改革，即销售电价分类根据客户承受能力逐步调整，先将非居民照明、非工业、普通工业、商业用电四大类合并为一类即一般工商业及其他用电；合并后销售电价分为居民生活用电、大工业用电、农业生产用电、贫困县农业排灌用电、一般工商业及其他用电五大类，大工业用电分类中只保留中小化肥一个子类。

（二）现行销售电价的实施范围

现行销售电价各种类别的实施范围是在水利电力部（75）水电财字第 67 号文件的基础上逐步完善和调整。

1. 大工业电价

凡以电为原动力或以电冶炼、烘焙、熔焊、电解、电化的一切工业生产，受电变压器容量在 315kVA 及以上者，以及符合上述容量规定的下列用电，均执行大工业电价。

（1）机关、学校、部队及学术研究等单位的附属工厂（以学生参加劳动实习为主的校办工厂除外），对外承受生产及修理业务的用电。

（2）铁路、航运、建筑部门及部队等单位所属修理工厂的用电。

（3）自来水厂、工业试验用电。

（4）电气化铁路牵引用电。

（5）大工业客户的生产照明、空调（指井下、车间、厂房内照明和空调）用电。

（6）农村乡镇的农副产品加工和农机、农具修理等各项工业的用电。

（7）农、林、牧、渔业属于加工性质的用电。

2. 一般工商业电价

一般工商业电价就是将非工业、普通工业、非居民照明、商业用电四类合并为一类，合并后的电价实施范围包括：

（1）非工业电价。凡以电为原动力或以电冶炼、烘焙、熔焊、电解、电化的试验和非工业性生产，其总容量在 3kW 及以上者，均执行非工业电价。

1）机关、学校、部队、医院及科研、试验等单位的电动机、电能、电化等用电。

2）铁路、地下铁路（包括照明）、管道输油、航运、电车、码头、飞机场、污水处理、供热厂等动力用电，基建、工地施工用电（包括施工照明）、地下防空设施的通风、照明、抽水用电。

3）农、林、牧、渔业中用工业方法从事生产的用电。

4）有线广播站（不分设备容量大小）、广播电台、电视台的动力用电。

（2）普通工业电价。凡以电为原动力或以电冶炼、烘焙、熔焊、电解、电化的一切工业生产，其受电变压器容量在 315kVA 以下者，以及符合上述容量规定的下列用电均执行普通工业电价。

1）机关、学校、部队及学术研究等单位的附属工厂（以学生参加劳动实习为主的校办工厂除外），对外承受生产及修理业务的用电。

2）铁路、航运、建筑部门及部队等单位所属修理工厂的用电。

3）自来水厂、工业试验用电。

4）电气化铁路牵引用电。

5）农村乡镇的农副产品加工和农机、农具修理等各项工业的用电。

6）农、林、牧、渔业属于加工性质的用电。

（3）非居民照明电价。除居民生活电价用电、商业用电、大工业用电生产车间照明以外的照明用电及空调、电热（不包括基建施工照明、地下铁路照明、地下防空照明、防汛临时照明）等用电或者用电设备总容量不足3kW的动力用电等，应执行非居民照明电价。

1）铁道、公路、航运、桥梁等信号灯用电及单位霓虹灯、荧光灯、市政管理的路灯、公厕、政府还贷公路收费等设施用电。

2）总容量不足3kW的晒图机，医疗用X光机、无影灯、消毒，其他非工业用的电力、电热等用电。

3）工业用单相电动机，其总容量不足1kW，或工业用单相电热，其总容量不足2kW，而又无其他工业用电者。

4）普通工业和非工业客户中生产照明用电，以及非工业、工业客户中的办公照明、厂区路灯等用电。

5）机关、部队、医院等照明用电等。

3. 商业电价

凡从事商品交换或提供商业性、金融性、服务性的有偿服务所需的电力，包括：①商场、商店、物资供销、仓储、服装家具店、洗染店、宾馆、饭店、招待所、旅社、酒家、茶座、咖啡厅、饮食、餐馆等用电；②发廊、发屋、浴室、美容厅、录像放映点、电影院、剧院、游戏机室、彩扩摄像店、歌舞厅、卡拉OK厅等用电；③经营性公路收费、金融、保险、电信、旅游点、房地产经营、咨询服务等用电；④电子计算事业、其他综合技术服务事业等用电。

4. 农业生产电价（包括农业排灌、深井高扬程及贫困县排灌电价）

农村乡、镇、农业经济作物及国营农场、牧场的种植业、养殖业、电力排灌站、垦殖场和学校、机关、部队及其他单位举办的农场或农业基地的农田排涝、灌溉、电犁、打井、打场、脱粒、积肥、育秧、牲畜饲料加工、防汛临时照明和黑光灯捕虫及贫困县社员口粮加工（指非商品性）用电。

5. 居民生活电价

凡城乡居民生活照明和家用电器用电、学校及幼儿园的学生公寓、集体宿舍、学生食堂、澡堂和教学用电，以及经民政部门批准设置的国家、集体和社会力量投资创办的以老年人、残疾人等社会福利机构的照明用电。

6. 趸售电价

电力部门一般不发展趸售，以利于集中管理、减少中间环节。在特殊情况下必须采取趸售方式，按供电隶属关系分别由区域电网公司或省、市、自治区电力公司批准实行趸售电价，并只趸售到县一级，不得层层趸售。趸售单位对其营业区域内客户仍按国家规定的本地区的直供电价销售。趸售供电区内的大型工矿企业或重要客户应作为电力部门的直供客户，直接装表供电，不实行趸售，按直供户执行相应类别的电价。

第四节　电　费　核　算

电费核算是电费管理的中枢环节，是依据抄录的电能表数据，结合计量方式等客户信息计算出电量后，按物价部门批准的电价标准计算客户的电费。目前，在我国电力企业向电力客户收取的电费包括电量电费（高峰电费、低谷电费、平段电费）、基本电费、功率因数调整电费及各项代征费。

一、电量电费计算

(一) 一般客户电量电费计算

电量电费是以客户的实际用电量和国家批准的电量电价计算而来的，其计算公式为

$$电量电费 = 结算电量 \times 电量电价 \tag{4-3}$$

(二) 执行峰谷电价客户电量电费计算

对于执行峰谷电价的客户电量电费计算公式为

$$\begin{gathered}电量电费 = 高峰电量 \times 高峰电价 + 低谷电量 \times 低谷电价 + 平段电量 \times 平段电价 \\ 高峰电价 = 目录电价 \times (1 + 上浮比例) \\ 低谷电价 = 目录电价 \times (1 - 下浮比例) \\ 平段电价 = 目录电价\end{gathered} \tag{4-4}$$

需要注意的是：

(1) 由于我国地理分布的多样性，各个地区不同的客户又具有不同的生产负荷特点，因此峰谷时段的划分不尽相同，对高峰段上浮比例和低谷段下浮比例的确定也不同，具体的比例按所在网省公司确定的执行即可。

(2) 实行两部制电价的大工业用电，基本电费部分暂不实行峰谷电价。

(3) 代征费用暂不实行峰谷分时电价。

(三) 无表客户电费计算

无表客户是指客户侧无法安装计量装置，应按照用电设备容量、使用时间，规定的电价计收电费。

二、基本电费计算

(一) 基本电费概念

基本电费是根据客户变压器容量或最大需量及国家批准的基本电价计算的电费，与客户每月实际用电量无关。

(二) 基本电费执行范围

目前，我国大部分地区只对受电设备总容量在315kVA及以上的工业客户实行。

2005年，国家发展和改革委员会下发《销售电价管理暂行办法》，基本电价改革的趋势是对受电变压器容量在100kVA或用电设备装接容量100kW及以上的工商业，以及其他客户实行两部制电价。受电变压器容量或用电设备装接容量小于100kVA的实行单一电度电价，条件具备的也可实行两部制电价。

1. 计算基本电费的公式

(1) 按变压器容量计算基本电费的公式为

$$容量电费 = 计费容量 \times 容量电价 \tag{4-5}$$

(2) 按最大需量计算基本电费的公式为

$$需量电费 = 需量指针 \times 倍率 \times 需量电价 \tag{4-6}$$

2. 计算基本电费注意事项

(1) 通过专用变压器接用的高压电动机也应计算基本电费。

(2) 对备用变压器（含高压电动机），属于冷备用状态并经供电企业加封的，不收基本电费；属于热备用状态的或未经加封的，不论使用与否都计收基本电费。客户专门为调整用

电功率因数的设备，如电容器、调相机等，不计收基本电费。

（3）在受电装置一次侧装有连锁装置互为备用的变压器（含高压电动机），按可能同时使用的变压器（含高压电动机）容量之和的最大值计算其基本电费。

（4）备用变压器已经供电部门封停或装有闭锁装置，不可能发生变压器同时投运的，则基本电费按变压器之中容量较大的一台变压器的容量计算。

（5）基本电费以月计算，但新装、增容、变更与终止用电当月基本电费，按实用天数（日用电不足 24h，按一天计算）每日按全月基本电费的 1/30 计算。事故停电、检修停电、计划限电不扣减基本电费。

（6）对有两路及以上进线的客户，各路进线应分别计算最大需量。因电力部门有计划的检修或其他原因造成客户倒用线路时，有关人员应抄录倒用前、后的需量值，按较大值计算。

（7）对于两路及以上进线互为备用，各路进线分别装有最大需量表时，按其中较大的需量计算。

（8）对专线供电的执行两部制电价的客户，若计费表未装在产权分界处，且客户基本电费按最大需量计收，在核算基本电费时，应计入漏计电量所折合的千瓦数。最大需量为

$$最大需量 = 需量指针 \times 倍率 + 损耗电量 \div 720 \div 负荷率$$

（9）单台变压器在一个结算周期内同时办理暂停和启封用电时，比较暂停和抄表时的需量值，按较大值计算。

（10）基本电价按最大需量计费的用电户应和电网企业签订合同，按合同确定值计收基本电费，如果用电户实际最大需量超过核定值 5%，超过 5%部分的基本电费加一倍收取。用电户可根据用电需求情况，提前半个月申请变更下一个月的合同最大需量，电网企业不得拒绝变更，但用电户申请变更合同最大需量的时间间隔不得少于 6 个月。

（11）客户申请最大需量，包括不通过变压器的高压电动机容量，低于按变压器容量和高压电动机容量总和的 40%时，应按容量总和的 40%核定最大需量。由于电网负荷紧张，电力部门限制客户的最大需量低于容量的 40%时，可以按低于 40%的数核定最大需量。

三、功率因数调整电费计算

（一）功率因数的基本概念

功率因数一般也称力率，用 $\cos\varphi$ 表示。客户在一定的视在功率和一定的电压及电流情况下用电，功率因数越高，其有功功率就越高，功率因数 $\cos\varphi$ 计算公式为

$$\cos\varphi = \frac{P}{S} = \frac{1}{\sqrt{1+\left(\frac{Q}{P}\right)^2}} = \frac{1}{\sqrt{1+\tan^2\varphi}} = \operatorname{cosarctg}\frac{Q}{P} \tag{4-7}$$

式中 P——有功功率，kW；

S——视在功率，kVA；

Q——无功功率，kvar。

（二）影响功率因数变化的因素

根据式（4-7）看出，在一定的有功功率下，功率因数的高低与无功功率的大小有关，当用电企业需要的无功功率越大，其视在功率也越大，功率因数就越低，反之，就越高。影响企业功率因数变化的主要因素有以下几点：

（1）电感性用电设备配套不合适和使用不合理，造成用电设备长期轻载或空载运行，致使无功功率的消耗量增大。

（2）大量采用电感性用电设备，如异步电动机、交流电焊机、感应电炉等。

（3）变压器的负荷率和年利用小时数过低，造成过多消耗无功功率。

（4）线路中的感抗值比电阻值大好几倍，使无功功率损耗大。

（5）无功补偿设备的容量不足，致使输变电设备的无功功率消耗很大。

综上所述企业功率因数的高低，反映了用电设备的合理使用状况、电能的利用程度和用电的管理水平。

（三）提高功率因数的意义

客户功率因数的高低对发、供、用电的经济性和电能使用的社会效益有着重要影响。提高和稳定用电功率因数，能够改善电压质量，降低供、配电网络的电能损失，提高电气设备的利用率，减少电力设施的投资和节约有色金属，节约用电企业的电费开支。由于电力企业的发供电设备是按一定功率因数标准建设的，所以客户的用电功率因数也必须符合一定标准。因此，提高功率因数，能够使发电、供电和用电等部门均得到明显的效益。

（四）功率因数调整电费的执行范围及标准

为了使客户提高功率因数并保持稳定，必须通过一定的奖罚，考核客户的功率因数。我国在1983年出台了《功率因数调整电费办法》，其考核对象是依据各类客户不同的用电性质、供电方式、电价类别、用电设备容量及功率因数可能达到的程度，分为三个级别分别规定功率因数标准值并进行对应考核。

（1）功率因数标准0.90。适用于160kVA以上的高压供电工业用电客户（包括社队工业用电客户），装有带负荷调整电压装置的高压供电电力用电客户和3200kVA及以上的高压供电电力排灌站。

（2）功率因数标准0.85。适用于100kVA（kW）及以上的其他工业用电客户（包括社队工业用电客户），100kVA（kW）及以上的非工业用电客户，100kVA（kW）及以上的电力排灌站。

（3）功率因数标准0.80。适用于100kVA（kW）及以上的农业用电客户和趸售用电客户，但大工业用电客户未划由供电企业直接管理的趸售用电客户，其功率因数标准应为0.85。

（4）网内互供电不实行功率因数调整电费办法。

（五）功率因数调整电费的计算方法

功率因数调整电费是指客户的实际功率因数高于或低于规定标准时，按照规定的电价计算出客户当月电费的基础后，再按照“功率因数调整电费表”所规定的百分数计算减收或增收的调整电费，俗称力调电费。

（六）功率因数调整电费计算

功率因数调整电费计算式为

$$\text{功率因数调整电费} = (\text{基本电费} + \text{电量电费}) \times \text{功率因数增减百分数} \quad (4-8)$$

式中　功率因数增减百分数——需先计算出实际功率因数，然后查《功率因数及全部电费增减百分数速查表》（见表4-13）即可得调整百分比数。

表 4-13 功率因数及全部电费增减百分数速查表

功率因数（%）	无功/有功	电费增减			功率因数（%）	无功/有功	电费增减			功率因数（%）	无功/有功	电费增减		
		0.8	0.85	0.9			0.8	0.85	0.9			0.8	0.85	0.9
100	0.0000～0.1003	−1.3%	−1.1%	−0.75%	88	0.5261～0.5532	−0.8%	−0.3%	1%	76	0.8419～0.8685	2%	4.5%	7%
99	0.1004～0.1751	−1.3%	−1.1%	−0.75%	87	0.5533～0.5800	−0.7%	−0.2%	1.5%	75	0.8686～0.8953	2.5%	5%	7.5%
98	0.1752～0.2279	−1.3%	−1.1%	−0.75%	86	0.5801～0.6065	−0.6%	−0.1%	2%	74	0.8954～0.9225	3%	5.5%	8%
97	0.2280～0.2717	−1.3%	−1.1%	−0.75%	85	0.6066～0.6328	−0.5%	0%	2.5%	73	0.9226～0.9499	3.5%	6%	8.5%
96	0.2718～0.3105	−1.3%	−1.1%	−0.75%	84	0.6329～0.6589	−0.4%	0.5%	3%	72	0.9500～0.9777	4%	6.5%	9%
95	0.3106～0.3461	−1.3%	−1.1%	−0.75%	83	0.6590～0.6850	−0.3%	2%	3.5%	71	0.9778～1.0059	4.5%	7%	9.5%
94	0.3462～0.3793	−1.3%	−1.1%	−0.6%	82	0.6851～0.7109	−0.2%	1.5%	4.0%	70	1.0060～1.0365	5%	7.5%	10%
93	0.3794～0.4107	−1.3%	−0.95%	−0.45%	81	0.7110～0.7370	−0.1%	2%	4.5%	69	1.0366～1.0635	5.5%	8%	11%
92	0.4108～0.4409	−1.3%	−0.8%	−0.3%	80	0.7371～0.7630	0%	2.5%	5%	68	1.0636～1.0930	6%	8.5%	12%
91	0.4410～0.4700	−1.15%	−0.65%	−0.15%	79	0.7631～0.7891	0.5%	3%	5%	67	1.0931～1.1230	6.5%	9%	13%
90	0.4701～0.4983	−1.1%	−0.5%	0.00%	78	0.7892～0.8154	1%	3.5%	6%	66	1.1231～1.1636	7%	9.5%	14%
89	0.4984～0.5260	−0.9%	−0.4%	0.5%	77	0.8155～0.8418	1.5%	4%	6.5%	65	1.1637～1.1847	7.5%	10%	15%

续表

功率因数（%）	无功/有功	电费增减			功率因数（%）	无功/有功	电费增减			功率因数（%）	无功/有功	电费增减		
		0.8	0.85	0.9			0.8	0.85	0.9			0.8	0.85	0.9
64	1.1848～1.2165	8%	11%	17%	51	1.6645～1.7091	23%	33%	43%	38	2.3972～2.4720	49%	59%	69%
63	1.2166～1.2490	8.5%	12%	19%	50	1.7092～1.7553	25%	35%	45%	37	2.4721～2.5507	51%	61%	71%
62	1.2491～1.2821	9%	13%	21%	49	1.7554～1.8031	27%	37%	47%	36	2.5508～2.6334	53%	63%	73%
61	1.2822～1.3160	9.5%	14%	23%	48	1.8032～1.8526	29%	39%	49%	35	2.6335～2.7205	55%	65%	75%
60	1.3161～1.3507	10%	15%	25%	47	1.8527～1.9038	31%	41%	51%	34	2.7206～2.8125	57%	67%	77%
59	1.3508～1.3863	11%	17%	27%	46	1.9039～1.9571	33%	43%	53%	33	2.8126～2.9098	59%	69%	79%
58	1.3864～1.4228	12%	19%	29%	45	1.9572～2.0124	35%	45%	55%	32	2.9099～3.0129	61%	71%	81%
57	1.4229～1.4603	13%	21%	31%	44	2.0125～2.0699	37%	47%	57%	31	3.0120～3.1224	63%	73%	83%
56	1.4604～1.4988	14%	23%	33%	43	2.0700～2.1298	39%	49%	59%	30	3.1225～3.2389	65%	75%	85%
55	1.4989～1.5384	15%	25%	35%	42	2.1299～2.1923	41%	51%	61%	29	3.2390～3.3632	67%	77%	87%
54	1.5385～1.5791	17%	27%	37%	41	2.1924～2.2575	43%	53%	63%	28	3.3633～3.4961	69%	79%	89%
53	1.5792～1.6211	19%	29%	39%	40	2.2576～2.3257	45%	55%	65%	27	3.4962～3.6386	71%	81%	91%
52	1.6212～1.6644	21%	31%	41%	39	2.3258～2.3971	47%	57%	67%	26	3.6387～3.7919	73%	83%	93%

实际功率因数计算公式见式（4-7）。同时为便于计算，功率因数还可用电量计算，表示为

$$\cos\varphi = \cos\mathrm{arctg}\frac{\text{总无功电量}}{\text{总有功电量}} \tag{4-9}$$

总无功电量＝无功表电量＋无功铜损＋无功铁损＋无功线损＋TV 无功损耗（kvar）

总有功电量＝有功表电量＋有功铜损＋有功铁损＋有功线损＋TV 有功损耗（kW·h）

在计算力调电费时，需要注意以下几点：

（1）计算力率电费以一个受电点为计算单位。一套计量装置可能有正向、反向无功表，计算时将两块表的值相加就是无功表的无功电量。同一变压器组下的多套表计，功率因素一起考核。

（2）随目录电价收取的价内、价外代征费用均不参加功率因数调整电费。

（3）电能总表内所含的居民生活、非居民照明电量，参加实际功率因数的计算，但不参加功率因数调整电费。

（4）凡实行功率因数调整电费的客户，应装设带有防倒装置或双向性的无功电能表，按客户每月实用有功电量和无功电量，计算月平均功率因数。

（5）凡装有无功补偿设备且有可能向电网倒送无功电量的客户，应随其负荷和电压变动及时投入或切除部分无功补偿设备，供电企业并应在计费计量点加装带有防倒装置的反向无功电能表，按倒送的无功电量与实用的无功电量两者的绝对值之和，计算月平均功率因数。

（6）根据 1983 年出台的《功率因数调整电费办法》，结合电网的具体情况，对不需增设补偿设备，用电功率因数就能达到规定标准的客户，或离电源点较近，电压质量较好、无须进一步提高用电功率因数的客户，可以降低功率因数标准或不实行功率因数调整电费办法，但须经省、市、自治区电力局批准，并报电网管理局备案。降低功率因数标准的客户的实际功率因数，高于降低后的功率因数标准时，不减收电费，但低于降低后的功率因数标准时，应增收电费。

四、代征费用的计算

代征费用指按照国家有关法律、行政法规规定或经国务院以及国务院授权部门批准，随售电量征收的基金及附加，也称政府性基金。

代征费用是电力企业代为征收的其他费用，原则上不属于电费，其结算金额部分也不参与功率因数调整电费的计算。目前国家批准的代征费用包括三峡工程建设基金、农网还贷资金、城市公用事业附加、水库移民后期扶持资金、可再生能源电价附加等。依据各地的经济发展状况，征收标准不一。代征费计算如下

$$\text{代征费} = \text{结算电量} \times \text{代征电价} \tag{4-10}$$

五、结算电费计算

结算电费计算公式为

$$\text{结算电费} = \text{电量电费} + \text{基本电费} + \text{功率因数调整电费} + \text{代征费} \tag{4-11}$$

第五节　供用电合同的监督

一、供用电合同概述

1. 供用电合同的概念

《合同法》第一百七十六条对供用电合同的概念做了一个非常简单的概括：“供用电合同

是供电人向用电人供电，用电人支付电费的合同。”经广大实际执行者及司法人员充分论证，目前对供用电合同一个较为完整的解释应该是：供用电合同是平等主体的供电方与用电方之间就设立、变更、终止供用电的权利义务关系而达成的民事协议。

2. 供用电合同的特征

(1) 供用电合同中的供电人具有特定性。供电人只能是在国家批准的营业区域内向客户提供电力的企业。在我国，电力的供应是由国家规定的特定供电部门统一提供的，其他部门不负有专项的供电任务，无权与客户签订供用电合同。

(2) 供用电合同是持续供给的合同。所谓持续供给是指双方约定，供应方连续地向买方供应一定的物品，买方按照约定按时支付相应价款的买卖。供用电合同是典型的合同双方都需连续多次履行的合同，因此属于连续供货的合同。

(3) 供用电合同中的电费具有强制性和确定性。供用电合同中的电费只能由国家规定的主管部门统一规定的电费标准确定，而不能由供电人与用电人协商确定。

(4) 供用电合同一般为格式合同或示范合同。所谓格式合同，也有称附合合同或标准合同，是指当事人一方预先拟定合同条款，其中规定的权利和义务等内容普遍适用于与其交易的对象。示范合同是提供一个合同参考文本，在实际签订合同过程中，双方针对不同具体情况，只要对合同文本进行适当的更改或选择性填写即可形成合同文本。

(5) 供用电合同具有较强的计划性。电力是一种极为重要的能源，是进行经济建设、满足人们生活需要的主要能源。由于现阶段我国能源供应不是充足的，需要国家统筹兼顾，统一安排，以计划方式分配电力，来决定是否供给，这就是典型的计划用电。

(6) 供用电合同的当事人的意思自治受到一定程度的限制和特殊要求。如供电人对本营业区内的客户有按照国家规定供电的义务；用电人按照有关规定和约定安全、合理地使用电能的义务，否则要承担相应的法律责任。

3. 供用电合同的种类

依据不同的分类标准，可以将供用电合同分为不同类型的合同。根据不同的供电方式和用电需求，将供用电合同分为以下 6 种：

(1) 高压供用电合同。适用于供电电压为 10kV 及以上的高压电力客户。

(2) 低压供用电合同。适用于供电电压为 220～380V 低压普通电力客户。

(3) 临时供用电合同。适用于《供电营业规则》第十二条规定的短时、非永久性用电的客户，如基建供电、农田水利、市政建设、抢险救灾等。

(4) 趸购电合同。适用于以向供电企业趸购电力，再转售给客户的情况。

(5) 委托转供电协议。适用于公共供电设施未达到的地区，供电方委托有供电能力的客户向第三方供电的情况。

(6) 居民供用电合同。适用于居民的供用电需求。

二、供用电合同订立的监督

1. 订立供用电合同的基本原则

供用电合同的订立，指供电方与用电方就供用电合同的内容经过协商或其他方式达成一致，并使相互之间建立起合同关系的一种行为过程。订立供用电合同时应当遵循《中华人民共和国合同法》确立的平等原则、自由原则、公平原则、诚实信用原则、公序良俗原则和严格遵守原则。订立供用电合同时，在适用这些基本原则的同时应遵循以下原则：

(1) 对合同当事人的限制。并非任何单位和个人都可以签订供用电合同，供给方通常是供电企业，它是经过国家核准登记的企业法人，但是其分支较多，签订合同一般是由其分支机构完成，容易出现主体不合法的情况。供用电合同用电方应符合下列基本条件：

1) 用电方是居民，则必须是具有完全民事行为能力的人，具体满足以下条件：年满18周岁或虽未满18周岁，但其已经通过自己的劳动获取生活主要来源的年满16周岁的人、非精神病人或痴呆人。

2) 用电方是法人或其他组织，则该法人或其他组织必须具有民事权利能力和民事行为能力，即它必须是依法成立的单位。

(2) 合同内容和程序受到一定限制。供用电合同在签订前要履行一定的手续，如报装申请、报装审批等。如果没有履行这些规定的程序，则合同就会因程序不合法而无效。另合同内容中的电价确定权由政府主导制定，如果供电企业擅自与用电方变更电价，就属于违法行为；即使供电企业擅自降价，也因存在不正当竞争的可能造成合同无效。

(3) 合同应当采取书面形式。《中华人民共和国合同法》虽未规定供用电合同必须采取书面形式，但考虑到供用电合同双方权利义务的复杂性和供用电合同履行的长期性，供用电合同也应采用书面形式。包括居民用电合同也要采用书面形式，由供电部门提供合理公正的合同参考文本，与客户签订供用电合同，把双方的权利义务固定下来，以此约束自己的行为和保护自己的合法权益，维护供用电市场秩序。

2. 订立供用电合同的主体和形式

(1) 订立供用电合同的主体。

1) 供电方。订立供用电合同的供电方只能是具有法人资格的供电部门。目前供电方主要包括国家电网公司、南方电网公司、各省（自治区、直辖市）电力公司及独立核算的趸售县级供电企业。国家电网公司、南方电网公司、各省级电力公司虽然具有企业法人资格，但是他们很少对外签订供用电合同。大量的供用电合同集中在公司的分支机构，即由下属供电分公司和支公司签订。但按照公司法的有关规定，各供电分、支公司无权对外签订合同，而具有法人资格的电力网、省公司又不可能独立完成大量的供用电合同签订工作。对这种情况，须采取委托授权的办法，即省公司把签订合同的权限委托给各分公司、支公司的负责人，具体的合同签订人员再由分支机构负责人进行委托。但须注意的是委托授权都必须采取书面形式，否则影响供用电合同的效力。另供电所不具有法人资格，未受供电企业委托不得与客户签订供用电合同。

2) 用电方。我国的供用电合同对用电方资格没有特殊要求，公民、法人、其他组织等所有电力使用者，即工业、农业、商业、基本建设等各部门、各企业、事业单位、社会团体、农村集体经济组织等单位以及公民个人，只要具备民事权利能力和行为能力，都有资格签订供用电合同。

(2) 委托代理人。供用电合同的一方（无论是供电方，还是用电方）委托代理人与对方签订供用电合同，那么该合同的主体仍是供电方和用电方，不因有无代理人而发生合同主体的变更。特别是，委托代理人签订合同，委托代理书一定要作为合同的附件与合同一并存档。

(3) 供用电合同的形式。供用电合同的订立要采用书面形式。同时当事人双方协商同意的有关修改供用电合同的文书、电报、图表及供用电双方另行签订的调度协议、并网协议、电费结算协议等，也是供用电合同书面形式的组成部分。

3. 供用电合同的主要条款

(1) 双方当事人的名称或者姓名和住所。合同必须如实记载供电方和用电方的名称或者姓名，尤其是用电方的确切名称。供用电合同、客户档案和该客户的营业执照的名称应当一致。

(2) 受电电压及频率。在订立合同时应注明供电额定电压和供电频率。

(3) 供电质量。供电质量主要包括频率的质量、电压的质量和供电可靠率三个方面。订立的供电电压和频率必须符合国家的标准，明确电力供应可靠性方面的内容。

(4) 用电时间。指使用电力的起止时间，供用电双方应在合同中具体规定供电开始和终止时间，做好电力供应削峰填谷计划用电工作，避免用电统一集中于高峰时段。

(5) 电费及其付款方式。明确计费容量、电价、电度计量方式、电费结算方式、电费支付方式等项内容。

(6) 供用电设施的产权分界点和维护。属供用电合同中的一个比较重要的条款，关系到电力事故责任的承担。供电方和用电方应该在合同中明确约定供用电设施的产权和维护的界限，在合同中表述清楚，并应附图说明，作为供用电合同的履行地点。

(7) 违约责任。供用电双方应明确规定违约行为的表现形式及应承担的违约责任，特别要约定按合同用电、责任事故停电、电压质量和周波质量中的经济责任。

三、供用电合同效力的监督

1. 供用电合同的生效要件

(1) 合同当事人主体必须合法。在自然人作为合同主体的情况下，合同当事人必须有合同行为能力，其有无合同行为能力要根据其民事行为能力的状态来确定。而非自然人作为合同主体时，一般都具备订立合同的行为能力。

(2) 供用电合同的内容必须合法。供用电合同内容不得违反我国现行法律、行政法规中的强制规定，包括限制性规范和命令性规范两种形式，合同当事人不能以任何方式加变更或违反。如《供电营业规则》中对于供电电压、频率的有关规定。在没有法律规定的情况下，合同内容不得违反社会公共利益。

(3) 供用电合同当事人意思表示真实。意思表示不真实包括两种情况：①意思表示欠缺，是指当事人故意或因不知而导致的意思表示不真实，如虚伪的表示、错误的表示、误传等；②意思表示不自由，是指因表意人的虚伪不实或欲要不法加害等而导致的相对人的错误或不自由的意思表示，如欺诈、胁迫、乘人之危等。

(4) 供用电合同必须符合法定形式和手续。法律规定必须采用书面形式的，只有采用了书面形式合同才生效；法律规定必须采用登记形式的，则必须登记，合同才能生效；法律规定必须采用批准形式的，则必须经过有关部门的批准，合同才能生效。

2. 无效的供用电合同与可撤销的供用电合同

(1) 无效的供用电合同。指虽然经当事人协商订立，但因违反法律、法规的要求，不具备法律效力，国家不予承认和保护的合同。无效的供用电合同从订立时起就没有法律效力。按照供用电合同的有效要件和《中华人民共和国合同法》等相关法律、法规的规定，无效的供用电合同可分为：

1) 主体不具备合法资格，即订立供用电合同的主体不具备合同能力与缔约能力，如无民事行为能力人订立的供用电合同，没有供电营业许可证的企业作为供电方签订的供用电合同等。

2）订立供用电合同的目的不合法。包括恶意串通以损害国家、集体或第三人利益的供用电合同和以合法形式掩盖非法目的的供用电合同。

3）供用电合同的内容不合法。违反法律、行政法规的强制性规定，如供电方与用电方擅自更改电价、供电方规定的免责条款不合法等。

4）供用电合同的形式不合法。如法律、法规要求供用电合同必须采取书面形式，而未采用书面形式。

5）意思表示不真实无效，即一方以欺诈、胁迫的手段或乘人之危，使对方在违背真实意思的情况下订立的合同，损害的对象是国家的利益。

6）损害社会公共利益无效。

7）因代理人违反代理的规定无效。

（2）可撤销的供用电合同。指供用电合同虽已成立，但经一方当事人的请求，人民法院或者仲裁机构确认后予以撤销的合同。可撤销的供用电合同可分为：

1）因重大误解而订立的供用电合同。

2）因显失公平而订立的供用电合同。

（3）供用电合同中的无效条款。

1）免责条款无效。《中华人民共和国合同法》第五十三条规定，下列免责条款无效：造成对方人身伤害的、因故意或者重大过失造成对方财产损失的。

2）格式条款无效。《中华人民共和国合同法》第四十条规定，格式条款免除提供格式条款一方当事人责任、加重对方责任、排除对方主要权利的，该条款无效。由于供用电合同采用的均是合同参考文本形式，上述无效情形一般情况下与供电企业无关。

四、供用电合同履行的监督

1. 供用电合同履行的含义

供用电合同履行是指供用电合同依法生效后，双方当事人按照合同规定的内容，全面完成各自承担的义务，实现合同权利，从而达到订立合同的目的。只有合同的双方当事人都按合同的约定完成了自己在合同中的全部义务，合同才能在真正意义上说履行终止。

2. 合同履行中的监督内容

（1）供电方的主要义务（用电方的主要权利）。

1）按照合同的约定和法律的规定提供质量合格的电力，是供电方的首要义务。

2）在新装、增容与变更用电工作中，密切配合客户根据供电可能性、用电容量、供电条件等尽快按规定时间确定供电方案。超过国家规定的期限而没有确定供电方案的，应该向申请人作出书面解释。客户提出减少用电容量，供电方应根据客户所提的期限，保留其原容量，保留期限为6个月～2年。

3）因供电设施计划检修、临时检修、依法限电或用电方违法用电等原因，需要中断供电时，应当按照国家有关规定事先通知用电人。未事先通知用电人中断供电，造成用电人损失的，应当承担损失赔偿责任。其中计划检修停电的应比临时检修提前更长的时间通知客户，让客户有足够的时间做好停电的准备，以最大限度地减少停电所造成的损失。

4）因自然灾害等原因断电，供电人应当及时抢修。未及时抢修，造成用电人损失的，供电人应当承担损害赔偿责任。

5）在设计、安装、试验与接电工作中，负责审核用电方提供的设计文件和资料，提出书面意见，负责督促和帮助功率因数不能达到规定的客户提高功率因数，协助客户制定运行操作规程，客户自行安装时进行检测、校验。

6）保证供电质量和安全供电。加强供电和用电设备的运行维护管理，切实执行国家有关安全用电的规章制度。定期对客户受电端的电压进行测定和调查，发现问题应积极采取措施予以改善，与客户配合尽量做到统一检修，事故断电应尽快修复，供电方对客户的安全用电工作应督促检查，做好对客户电工的技术培训和管理工作，定期进行安全技术考核，经常开展安全供用电的宣传教育，普及安全用电常识。

7）按国家规定的价格和合同中约定的时间、方式收取电费。供电方应按国家规定的电价分类，根据合同对客户的不同受电点和不同用电类别分别安装计费电表。按规定的周期校验和轮换计费电度计量装置。客户要求校验时，供电方应尽快校验。

（2）用电方的主要义务（供电方的主要权利）。

1）按照供用电合同中约定的期限交纳电费，是用电方最主要的义务。用电方逾期不交纳电费的，要承担违约责任。供电方有权要求用电方支付违约金，经催告在合理的期限内用电方仍不支付违约金和电费的，供电方有权经过国家规定的程序中止供电。

2）保证安全用电。用电方必须严格执行国家和上级主管部门制定的有关安全用电的规程制度和电气规程制度，要对电气设施和保护装置进行定期检查、检修和试验，防止发生电气设备事故，用电方不得擅自移动供电线路及设施。发生人身伤亡、主要电气设备损坏以及客户原因引起电网停电等事故时，应立即向供电部门报告，并在规定的时间内提出事故分析报告。

3）客户自行安装电气设备的，必须经供电方检查合格后，才可投入使用。但是供电方不得无正当理由，拒绝检查或以检查不合格刁难用电方。

4）遵守合同规定合法用电。客户应按供用电合同规定的用电时间、电量和规定的用途计划用电，不得擅自转供电，不准窃电。对出现合同条款约定的违约用电行为或窃电行为的，应承担违约责任。

5）严格按规定向供电方提供有关用电资料。较大的用电户应向供电方提供预计负荷、代表日负荷、日用电量等资料，用电负荷较大的设备的开停时间表的变化应随时与供电方联系，工矿企业用电方应编报企业单位产品耗电定额，并按期向主管部门和供电方报送执行情况。

6）电网高峰负荷时客户用电的功率因数应达到《供电营业规则》规定的标准。

7）用电方需要超负荷用电或者不能按照约定的时间用电的，应当事先通知供电方，无正当理由超负荷用电或者不能按照约定的时间用电的，应当承担违约责任。

五、供用电合同解除的监督

供用电合同解除是指供用电合同有效成立以后，当解除条件具备时，因当事人一方或双方的意思表示，使合同关系自始或仅向将来消灭的行为。或出现情事剧变，导致履行合同确实困难，履行显失公平时，也可因法院判决或仲裁机构裁决解除合同。

按照供用电合同约定解除与法定解除划分原则，将合同解除条件分为约定解除条件与法定解除条件。

1. 约定解除条件

约定解除就是根据当事人双方的约定解除合同，或者合同中约定的解除条件成就，一方提出解除合同，另一方予以同意，通过协商将合同解除。在供用电合同的履行过程中，只要不损害国家利益和扰乱供用电秩序，双方可随时协商解除合同。

2. 法定解除条件

(1) 客观原因造成供用电合同不能履行。客观原因，指不可抗力及其他意外事故。《供电营业规则》规定"由于不可抗力或一方当事人虽无过失，但由于无法防止的外因，致使合同无法履行"时，当事人可解除合同。

(2) 拒绝履行的违约行为。供电方在合同履行过程中单方宣布解除合同的权利须谨慎使用，若用电方明确表示将不支付各项费用，则供电方有权要求其提供履约担保，只有在用电方拒绝提供担保且不收回拒绝履约的声明的时候，供电方才能按照国家规定的程序中止供电，直至解除合同。

(3) 迟延履行主要债务的违约行为。供用电合同履行过程中，当供电方发现用电方有违约行为时，有权要求支付违约金或赔偿损失，并责令用电方限期改正。如果用电方在合理的期限内拒不改正和交付违约金或赔偿损失，则供电方有权中止合同的履行。为保证供电安全，电力法规规定用电方应在提高用电自然功率因数的基础上，设计和安装无功补偿设备，并做到随其负荷和电压变动及时投入或切除，防止无功电力倒送。如果现有客户没有无功补偿设备，供电企业有权要求其在合理期限内达到上述规定。若到期仍无法达到的，供电部门有权停止供电。

(4) 其他违约导致订立合同目的不能实现。在供用电合同中，使用方与供应方签订合同的目的在于使用电力。如果订立合同后，供电的部门经常停止供电，导致使用方不得不改装使用装置，从而使原订的供用电合同已无必要履行时，使用方当然有权单方解除合同。

第六节 配电网线损

一、电能损耗的基本概念

1. 线损电量定义

电能从发电机发出输送到客户，必须经过输、变、配设备，由于这些设备存在着阻抗，因此电能通过时，就会产生电能损耗，并以热能的形式散失在周围介质中，这个电能损失称为线损电量，简称线损。线损电量是用供电量与售电量相减计算得到的，它反映了一个电力网的规划设计，生产技术和运营管理水平，其计算式为

$$\text{线损电量} = \text{供电量} - \text{售电量}$$

(1) 供电量。指供电企业供电生产活动的全部投入量，由以下几部分组成：

1) 发电厂上网电量。该电量的计量点规定在发电厂出线侧（一般情况为发电厂与电网的产权分界处），上网电量为发电厂送入电网的电量。

2) 外购电量。电网向地方电厂、客户自备电厂购入的电量。

3) 电网输入、输出电量。指电网（地区）之间互供电量。供电量的计算公式为

$$\begin{aligned}\text{供电量} =& \text{发电厂上网电量} + \text{外购电量}\\ &+ \text{电网输入电量} - \text{电网输出电量}\end{aligned}$$

（2）售电量。指电力企业卖给客户的电量和电力企业供给本企业非生产、基建和非生产部门所用的电量的总和。

2. 线损电量的组成

线损电量主要由固定损失、可变损失和其他损失三部分组成。

（1）固定损失。也称为空载损耗（铁损）或基本损失，一般情况下不随负荷变化而变化，只要设备带有电压，就要产生电能损耗。但是，固定损失也不是固定不变的，它随着外加电压的高低而发生变化。实际上，由于电网电压正常情况下波动不大，认为电压是恒定的，因此这部分损失基本上是固定的。固定损失主要包括：

1）发电厂、变电所的升、降压变压器及配电变压器的铁损。

2）高压线路的电晕损失。

3）调相机、调压器、电抗器、互感器、消弧线圈等设备的铁损及绝缘子损失。

4）电容器和电缆的介质损失。

5）电能表的电压线圈损失。

（2）变动损失。变动损失也称为可变损失或短路损失，是随着负荷变动而变化的，它与电流的平方成正比，电流越大，损失越大。变动损失主要包括：

1）发电厂、变电所的升、降压变压器及配电变压器的铜损，即电流流经线圈的损失，电流越大，铜损越大。

2）输、配电线路的铜损，即电流通过导线所产生的损失。

3）调相机、调压器、电抗器、互感器、消弧线圈等设备的铜损。

4）接户线的铜损。

5）电能表电流线圈的铜损。

（3）其他损失。也称为管理损失或不明损失，是由于管理不善，在供用电过程中偷、漏、丢、送等原因造成的各种损失。

二、线损产生的原因

线损产生的原因有多种形式，但总体划分可分为技术损耗和管理损耗两类。

（1）技术损耗。指电能在发、送、配过程中，由于潮流分布在电气元件中产生的功率损耗。这些损耗不可避免，只能通过新技术、新设备等技术手段减小。它主要由以下方式形成：

1）与电流平方成正比的电阻发热引起的损耗。

2）与电压平方成正比的泄漏损耗。

3）与电流平方和频率成正比的介质磁化损耗。

4）与电压平方和频率成正比的介质极化损耗。

5）高压导线的电晕损耗。

（2）管理损耗。指在电网运行及营销管理过程中，由于管理原因如造成的电量损失，主要包括：

1）电能计量装置的误差，如表计错误接线、计量装置故障、二次回路电压降、熔断器熔断等引起的电能损耗。

2）用电营销环节中由于抄表不到位，存在估抄、漏抄、错抄等现象引起的电能损耗。

3）在核算电费过程中错算、互感器倍率错误引起的电能损耗。

4）供、售电量抄表时间不一致引起的电能损耗。

5）带电设备绝缘不良引起的泄漏电流所产生的损耗。

6）客户窃电等违章用电引起的电能损耗。

三、线损高的危害

从线损定义及线损产生的原因中可以了解到，线损是电流通过电阻时产生功率损失和电能损失，在电磁能量转换过程中也要产生功率损失和电能损失。电网中的功率损失会消耗发电厂的功率，引起导线发热，这些热量无法利用，却要消耗发电厂的燃料或其他能量，再加上前述的管理损耗，都将使国家和电力企业承担巨大能源浪费和经济损失，所以，总是通过各种技术手段和管理手段尽可能减小电能损耗，为国家节约能源，为企业减少损失。

四、降低线损措施简介

降损管理大致分为管理降损和技术降损两类。管理降损主要是建立健全线损管理责任制，加强指标管理，线损小指标管理，计量管理，固定抄表日期，提高实抄率和正确率，开展用电普查工作、堵塞营业漏洞等。技术降损是在加强管理降损的基础上，采取行之有效的技术措施降低电力网电能损耗，主要包括认真搞好电网规划建设，调整网络布局，电网升压改造、简化电压等级、合理调整运行电压，缩短供电半径、减少迂回供电，更换线径较粗导线，更换高耗能变压器，加强无功管理，实现无功就地平衡等。

1. 降低线损的技术措施

技术降损是指对电网的某些环节、元件经过技术改造或技术改进，推广应用节电新技术和新设备，采用技术手段调整电网布局、优化电网结构、改善电网运行方式等来减少电能损耗的方法。

在降低线损的技术措施上主要包括：

（1）减少输配电层次，提高输电电压等级和输配电设备的健康水平。

（2）合理调整输配电变压器台数、容量，达到经济运行。

（3）准确确定负荷中心，调整线路布局，减少或避免超供电半径的供电现象。

（4）按经济电流密度选择供电线路线径。

（5）提高负荷的功率因数，尽量实现无功就地平衡。

（6）合理调度，及时掌握有功和无功负荷潮流，做到经济运行。

（7）为减少三相负荷不平引起的附加损耗，改三相三线计量为三相四线制计量。

2. 降低线损的管理措施

（1）建立线损管理体系，制定线损管理制度。由于线损管理工作是一项较大的系统工程，它涉及面广，牵涉的部门较多。因此，必须建立全局管理体系，制定线损管理制度，明确各部门的分工和职责，制定工作标准，共同搞好线损管理工作。

（2）加强基础管理，建立健全各项基础资料。通过经常性的开展线损调查工作，可进一步掌握和了解线损管理中存在的具体问题，从而制定切实可行的降损措施。

（3）开展线损理论计算工作，通过开展线损理论计算，全面掌握各供电环节的线损状况及存在的问题，为进一步加强线损管理提供准确可靠的理论依据。

（4）制定线损计划，严格线损考核。各单位应建立线损管理与考核体系，定期编制并下达线损、网损、各条输配电线路、低压台区的线损率计划，并认真考核兑现，努力提高线损管理人员的工作积极性。

(5) 开展线损下指标活动。根据《国家电力公司网电能损耗管理规定》中规定的线损小指标内容，分解落实到有关部门，并认真考核，做到“人人关注线损，人人参与降损”。

(6) 建立各级电网的负荷测录制度。测录的负荷资料可用于理论计算，计量表计的异常处理和电网分析，确保电网安全经济运行。

(7) 加强计量管理，提高计量的准确性，降低线损。要求各级计量装置配置齐全，定期进行轮换和校验，减少计量差错，防止由于计量装置不准引起的线损波动。

(8) 定期开展变电所母线电量平衡工作，各单位应确定专人定期开展母线电量平衡工作，统计中发现母线电量不平衡率超过规定值时，应认真分析，查找原因，及时通知有关部门进行处理，特别是关口点所在母线和10kV母线，其合格率应达到100%。

(9) 合理计量和改进抄表工作，线损率正确计算与合理计量和改进抄表方法有密切关系，因此应做好以下几方面的工作：

1) 固定抄表日期。因为抄表日期的提前和推后会严重影响当月售电量的减少或增加，使线损率发生异常波动，不能真实反映线损率的实际水平。因此，对抄表日期应予固定，不得随意变动，在条件允许时，尽量扩大月末抄表的范围。

2) 提高电表实抄率和正确率。抄表到位，预防和杜绝错抄、漏抄、估抄现象发生。

3) 合理计量。对高压供电低压计量的客户，应逐月加收客户的铜损和铁损，做到计量合理。

4) 建立专责与审核制度。坚持每月的用电分析工作，对客户电量变化较大的，特别是大电力客户，要分析原因，防止表计异常或客户窃电现象发生。

5) 组织用电普查，堵塞营业漏洞。进行用电普查，以营业普查为重点，对“量、价、费、损”及电能计量装置进行全面检查。

6) 开展电网经济运行工作。根据电网的潮流分布情况，合理调度，及时停用轻载或空载变压器，利用自动化管理系统及时投切无功补偿装置，努力提高电网的运行电压，降低网损。

第七节 供 电 质 量

电能在社会的各个领域应用越来越广泛，而供电质量是保证各类电气设备正常运行的先决条件。供电质量的好坏，将直接影响到人民群众的生活和社会生产产品的质量，影响到用电设备的安全、经济运行。供电质量包括电能质量和供电可靠性。电能质量的指标为电压、频率、波形。供电可靠性也是供电质量很重要的一个考核指标。

一、电压质量

1. 额定电压等级

目前电网企业供电的额定电压为：

(1) 低压供电。单相为220V，三相为380V。

(2) 高压供电。10、35 (63)、110、220kV。

2. 供电电压允许偏差

电压偏差按下列公式计算

$$\Delta U\% = \frac{U - U_N}{U_N} \times 100\% \tag{4-12}$$

式中 $\Delta U\%$——电压偏差，%；

U——实测电压，V；

U_N——额定电压，V。

根据《供电营业规则》相关规定，在电力系统正常状况下，供电企业供到客户受电端的供电电压允许偏差为：

(1) 35kV 及以上电压供电的，电压正、负偏差的绝对值之和不超过额定值的 10%。

(2) 10kV 及以下三相供电的，为额定值的±7%。

(3) 220V 单相供电的，为额定值的+7%，−10%。

在电力系统非正常状况下，客户受电端的电压最大允许偏差不应超过额定值的±10%。

客户的用电功率因数在电网高峰负荷时须达到下列规定：

(1) 100kVA 及以上高压供电的客户功率因数为 0.90 以上。

(2) 其他电力客户和大、中型电力排灌站，趸购转售电企业，功率因数为 0.85 以上。

(3) 农业用电功率因数为 0.80。

客户用电功率因数达不到电网高峰负荷规定的，其受电端的电压偏差不受此限制。

3. 电压偏差的影响

(1) 电压低的影响。

1) 异步电动机的起动转矩和最大转矩与电压的平方成正比，如电压降低，会造成电动机无法起动或被制动，且使电动机电流增大，绕组发热。

2) 对电热装置而言，其消耗的功率也与电压的平方成正比，过高的电压将损坏设备，过低的电压则达不到所需要的温度。

3) 造成居民电灯发暗，荧光灯起动困难。

4) 造成线路损耗增加。

(2) 电压高的影响。

1) 对于异步电动机，当电压过高时，铁心磁通密度将增大以至饱和，从而激磁电流和铁损耗都大为增加，致使电动机过热、效率降低、波形畸变，甚至可能发生谐振。

2) 电压过高，将使白炽灯的使用寿命将大为缩短。

提高电压质量的关键就是无功就地平衡。

二、频率

我国采用交流电的额定频率为 50Hz。发电机组和用电设备铭牌上均标有额定频率，这些设备在额定频率下运行，才能保证设备运行的可靠性和经济性。

1. 频率偏差的允许值

根据《供电营业规则》相关规定，在电力系统正常状况下，供电频率的允许偏差为：

(1) 电网装机容量在 300 万 kW 及以上的，为±0.2Hz。

(2) 电网装机容量在 300 万 kW 以下的，为±0.5Hz。

在电力系统非正常状况下，供电频率允许偏差不应超过±1.0Hz。

2. 产生频率偏差的原因

产生频率偏差的原因是发电和用电的功率不平衡，用电负荷升或降将使频率降或升，以使发电功率和用电负荷功率达到平衡。要使频率偏差不超出允许值，必须提高负荷预测准确度和电力系统保持足够的旋转备用容量。

3. 频率偏差过大的影响

对电力客户而言，当频率降低时，客户电动机的转速下降，从而使生产率降低，并影响电动机的使用寿命；反之，频率增高将使电动机的转速上升，增加功率损耗，使经济性降低。特别是某些对转速要求较严格的工业部门（如纺织、造纸等），频率的偏差将严重影响产品的质量，甚至产生大量废品。

三、波形

1. 概述

电力系统的交流电流周期性变化的频率为 50Hz，称为工频，理想的波形为正弦波。但实际电网中存在着大量非线性负荷运行，使波形发生了畸变。

周期性变化的交流非正弦波，可用傅里叶级数将其分解为若干不同频率的正弦波，得到的频率与工频（即 50Hz ）相同的分量为基波分量，得到的频率为基波频率整数倍的分量称为谐波分量。谐波频率与基波频率的比值 n 称为谐波次数。例如频率为 150Hz 的谐波为 3 次谐波，频率为 350Hz 的谐波为 7 次谐波。

目前国际普遍定义谐波为：“谐波是一个周期电气量的正弦分量，其频率为基波频率的整数倍”。

2. 谐波的产生

非线性电气设备接入电网后，将向电网反馈谐波电流，并通过阻抗产生谐波电压，使电网电压、电流波形畸变。向电网注入谐波电流或在公用电网中产生谐波的电气设备，叫谐波源，主要有电弧炉、电力机车、整流器、变频器、逆变器、具有磁饱和现象的带铁心电气设备、气体放电灯、感应炉、相控调速和调压装置、电视机、微波炉等。

3. 谐波的允许限值

（1）谐波电压限值。公用电网谐波电压（相电压）限值见表 4 - 14。

表 4 - 14　　公用电网谐波电压（相电压）限值

电网标称电压（kV）	电压总谐波畸变率（%）	各次谐波电压含有率（%）	
		奇　次	偶　次
0.38	5.0	4.0	2.0
6	4.0	3.2	1.6
10			
35	3.0	2.4	1.2
66			
110	2.0	1.6	0.8

（2）谐波电流允许值。公共连接点的全部客户向该点注入的谐波电流分量（均方根值）不应超过表 4 - 15 中规定的允许值。

表 4 - 15　　　　注入公共连接点的谐波电流允许值

标准电压 (kV)	基准短路容量 (MVA)	谐波次数及谐波电流允许值（A）																						
		2	3	4	5	6	7	8	9	10	11	12	13	14	15	16	17	18	19	20	21	22	23	24	25
0.38	10	78	62	39	62	26	44	19	21	16	28	13	24	11	12	9.7	18	8.6	16	7.8	8.9	7.1	14	6.5	12
6	100	43	34	21	34	14	24	11	11	8.5	16	7.1	13	6.1	6.8	5.3	10	4.7	9.0	4.3	4.9	3.9	7.4	3.6	6.8
10	100	26	20	13	20	8.5	15	6.4	6.8	5.1	9.3	4.3	7.9	3.7	4.1	3.2	6.0	2.8	5.4	2.6	2.9	2.3	4.5	2.1	4.1
35	250	15	12	7.7	12	5.1	8.8	3.8	4.1	3.1	5.6	2.6	4.7	2.2	2.5	1.9	3.6	1.7	3.2	1.5	1.8	1.4	2.7	1.3	2.5
66	500	16	13	8.1	13	5.4	9.3	4.1	4.3	3.3	5.9	2.7	5.0	2.6	2.6	2.0	3.8	1.8	3.4	1.6	1.9	1.5	2.8	1.4	2.6
110	750	12	9.6	6.0	9.6	4.0	6.8	3.0	3.2	2.4	4.3	2.0	3.7	1.9	1.9	1.5	2.8	1.3	2.5	1.2	1.4	1.1	2.1	1.0	1.9

注　220kV 基准短路容量取 2000MVA。

当公共连接点处的最小短路容量不同于基准短路容量时，表 4 - 15 中的谐波电流允许值按以下公式修正为

$$I_n = \frac{S_{k1}}{S_{k2}} I_{np} \tag{4 - 13}$$

式中　I_n——短路容量为 S_{k1} 时的第 n 次谐波电流允许值，A；

S_{k1}——公共连接点的最小短路容量，MVA；

S_{k2}——基准短路容量，MVA；

I_{np}——表 4 - 15 中所列第 n 次谐波电流允许值，A。

同一公共连接点的每个客户向电网注入的谐波电流允许值，按此客户在该点的协议容量与其公共连接点的供电设备容量之比进行分配，即

$$I_{ni} = I_n (S_i / S_t)^{1/\alpha} \tag{4 - 14}$$

式中　I_n——经上式换算的第 n 次谐波电流允许值，A；

S_i——第 i 个客户的用电协议容量，MVA；

S_t——公共连接点的供电设备容量，MVA；

α——相位叠加系数，按表 4 - 16 取值。

表 4 - 16　　　　相 位 叠 加 系 数

h	3	5	7	11	13	9	>13	偶次
α	1.1	1.2	1.4	1.8	1.9	2		

4. 谐波的危害

（1）引起电力系统谐振。

（2）同步电动机或异步电动机过热振动。

（3）继电保护误动作。

（4）引起电能计量装置误差增大。

（5）严重干扰通信质量。

（6）低压谐波电流导致相线和中性线超载。

四、供电可靠性管理

1. 供电可靠性的含义

供电可靠性是指整个供配电网络对客户供电的能力及可靠程度。其指标是供电可靠率，用以衡量供电系统对客户持续供电的能力及可靠程度。

2. 供电可靠率的定义

供电系统对客户供电可靠率是指在统计期间内，对客户有效供电时间总小时数与统计期间小时数的比值。其计算公式为

$$供电可靠率 = \left(1 - \frac{用户户平均停电时}{统计期间时间}\right) \times 100\%$$

《供电营业规则》规定，供电企业应不断改善供电可靠性，减少设备检修和电力系统事故对客户的停电次数及每次停电持续时间。供用电设备计划检修应做到统一安排。供用电设备计划检修时，对35kV及以上电压供电的客户的停电次数，每年不应超过一次；对10kV供电的客户，每年不应超过三次。

3. 对客户供电可靠性指标的影响因素

（1）供电系统自身的完备适度及其设施质量的高低是首要的影响因素。

（2）客户的用电方式及管理水平和电力发供用的同时性特点，使系统可靠性程度受到客户的用电方式及其管理水平的牵制。

（3）不可抗拒的自然灾害，如暴风雨、雪、雷电、洪涝灾害、地震等因素会直接造成供电中断。

（4）环境污秽程度增大、盐密度的提高，对供电系统可靠性是不容忽视的威胁。

（5）系统设施的计划检修对可靠性指标的影响较大，配合协调的状态检修作业与单项计划检修相比，可以大大减少其影响适度。

（6）城市电网结构的影响，表现在有无合理的城网布局、能否灵活地进行负荷转移；联络线的设置、导线截面的正确选择，都对可靠性发生影响。

（7）电源的供给能力涉及电源点的合理布点建设和主网架的实际具备的支撑能力。

？复习思考题

1. 业务扩充的工作内容是什么？

2. 简述高压客户在办理新装或增容业务时，应提供哪些申请资料？

3. 客户经理受理新装或增容业务时，如何根据客户用电设备的需用系数确定报装变压器的容量？

4. 简述高压客户在业扩工程设计完毕后，应向供电企业提供具体哪些设计资料？

5. 营销业务变更的定义是什么？具体分哪几类？

6. 现行销售电价主要分哪几类？供电企业与客户的结算电费主要由哪几部分费用组成？

7. 计算大工业客户基本电费时应注意哪些事项？

8. 影响电力客户功率因数低的主要因素有哪些？

9. 具有独立法人资格的国家电网公司及各省电力公司与客户签订供用电合同时为什么要采取委托授权的方式？

10. 供用电合同的生效要件有哪些？

11. 供用电合同中规定供用双方的权利和义务有哪些？

12. 线损的定义是什么？线损电量主要由哪几部分组成？

13. 衡量供电质量合格与否主要有哪几个指标？

14. 简述什么是谐波？运行当中产生谐波的电气设备主要有哪些？

第五章

电 能 计 量

第一节 电能计量装置的分类及配置

一、电能计量装置的分类

运行中的电能计量装置按其所计量电能量的多少和计量对象的重要程度分五类（Ⅰ、Ⅱ、Ⅲ、Ⅳ、Ⅴ）进行管理。

1. Ⅰ类电能计量装置

月平均用电量 500 万 kW·h 及以上或变压器容量为 10 000kVA 及以上的高压计费用户、200MW 及以上发电机、发电企业上网电量、电网经营企业之间的电量交换点、省级电网经营企业与其供电企业的供电关口计量点的电能计量装置。

2. Ⅱ类电能计量装置

月平均用电量 100 万 kW·h 及以上或变压器容量为 2000kVA 及以上的高压计费客户、100MW 及以上发电机、供电企业之间的电量交换点的电能计量装置。

3. Ⅲ类电能计量装置

月平均用电量 10 万 kW·h 及以上或变压器容量为 315kVA 及以上的计费用户、100MW 以下发电机、发电企业厂（站）用电量、供电企业内部用于承包考核的计量点、考核有功电量平衡的 110kV 及以上的送电线路电能计量装置。

4. Ⅳ类电能计量装置

负荷容量为 315kVA 以下的计费用户、发供电企业内部经济技术指标分析、考核用的电能计量装置。

5. Ⅴ类电能计量装置

单相供电的电力用户计费用电能计量装置。

二、电能计量装置的配置原则

（1）贸易结算用的电能计量装置原则上应设置在供用电设施产权分界处；在发电企业上网线路、电网经营企业间的联络线路和专线供电线路的另一端应设置考核用电能计量装置。

（2）Ⅰ、Ⅱ、Ⅲ类贸易结算用电能计量装置应按计量点配置计量专用电压、电流互感器或者专用二次绕组。电能计量专用电压、电流互感器或专用二次绕组及其二次回路不得接入与电能计量无关的设备。

（3）计量单机容量在 100MW 及以上发电机组上网贸易结算电量的电能计量装置和电网经营企业之间购销电量的电能计量装置，宜配置准确度等级相同的主副两套有功电能表。

（4）35kV 以上贸易结算用电能计量装置中电压互感器二次回路，应不装设隔离开关辅助接点，但可装设熔断器；35kV 及以下贸易结算用电能计量装置中电压互感器二次回路，应不装设隔离开关辅助接点和熔断器。

（5）安装在客户处的贸易结算用电能计量装置，10kV 及以下电压供电的客户，应配置全国统一标准的电能计量柜或电能计量箱；35kV 电压供电的客户，宜配置全国统一标准的电能计量柜或电能计量箱。

(6) 贸易结算用高压电能计量装置应装设断流失压计时器。未配置计量柜（箱）的，其互感器二次回路的所有接线端子、试验端子应能实施铅封。

(7) 互感器二次回路的连接导线应采用铜质单芯绝缘线。对电流二次回路、连接导线截面积，应按电流互感器的额定二次负荷计算确定，至少应不小于 $4mm^2$。对电压二次回路，连接导线截面积应按允许的电压降计算确定，至少应不小于 $2.5mm^2$。

(8) 互感器实际二次负荷应在 25%～100%额定二次负荷范围内；电流互感器额定二次负荷的功率因数应为 0.8～1.0；电压互感器额定二次功率因数应与实际二次负荷的功率因数接近。

(9) 电流互感器额定一次电流的确定，应保证其在正常运行中的实际负荷电流达到额定值的 60%左右，至少应不小于 30%。否则应选用高动热稳定电流互感器以减小变比。

(10) 为提高低负荷计量的准确性，应选用过载 4 倍及以上的电能表。

(11) 经电流互感器接入的电能表，其标定电流宜不超过电流互感器额定二次电流的 30%，其额定最大电流应为电流互感器额定二次电流的 120%左右。直接接入式电能表的标定电流应按正常运行负荷电流的 30%左右进行选择。

(12) 执行功率因数调整电费的用户，应安装能计量有功电量、感性和容性无功电量的电能计量装置；按最大需量计收基本电费的用户，应装设具有最大需量计量功能的电能表；实行分时电价的用户，应装设复费率电能表或多功能电能表。

(13) 带有数据通信接口的电能表，其通信规约应符合 DL/T 645《多功能电能表通信协议》的要求。

(14) 具有正、反向送电的计量点，应装设计量正向和反向有功电量以及四象限无功电量的电能表。

三、电能计量装置准确度的等级配置

(1) 各类电能计量装置应配置的电能表、互感器的准确度等级不应低于表 5-1 所示值。

表 5-1　　电能计量装置准确度等级配置表

电能计量装置类别	准确度等级			
	有功电能表	无功电能表	电压互感器	电流互感器
Ⅰ	0.2S 或 0.5S	2.0	0.2	0.2S 或 0.2*
Ⅱ	0.5S 或 0.5	2.0	0.2	0.2S 或 0.2*
Ⅲ	1.0	2.0	0.5	0.5S
Ⅳ	2.0	3.0	0.5	0.5S
Ⅴ	2.0	—	—	0.5S

* 指 0.2 级电流互感器仅在发电机出口电能计量装置中配用。

(2) Ⅰ、Ⅱ类用于贸易结算的电能计量装置中电压互感器二次回路电压降应不大于其额定二次电压的 0.2%；其他电能计量装置中电压互感器二次回路电压降应不大于其额定二次电压的 0.5%。

第二节　电　能　表

一、电能表的分类

电能表是专门用于计量负荷在某一段时间内所消耗的电能的仪表，它反映的是这段时间内平均功率与时间的乘积，广泛用于发电、供电和用电的各个环节。测量用电能表又可分成以下不同的类别：

（1）按结构和工作原理可分为感应式（机械式）、电子式（静止式）和机电一体式。

（2）按其使用的电路可分为交流电能表和直流电能表。交流电能表按其相线又可分为单相电能表、三相三线电能表和三相四线电能表。

（3）按其准确度等级可分为普通安装式电能表（0.2、0.5、1.0、2.0、3.0 级）和携带式精密级电能表（0.01、0.02、0.05、0.1、0.2 级）。

（4）按其用途可分为有功电能表、无功电能表、最大需量表、标准电能表、复费率分时电能表、预付费电能表、损耗电能表和多功能电能表等。

二、电能表的铭牌标志

1. 型号及含义

电能表型号是用字母和数字的排列来表示的：

类别代号＋组别代号＋设计序号＋派生号

（1）类别代号。D——电能表。

（2）组别代号。表示相线：D—单相有功，S—三相三线有功，T—三相四线有功；表示用途分类：B—标准，D—多功能，J—直流，M—脉冲，S—电子式，X—无功，Z—最大需量，Y—预付费，F—复费率。

2. 电能计量单位

有功电能表为 kW·h；无功电能表为 kvar·h。

3. 字轮式计度器的窗口

整数位和小数位用不同的颜色区分，中间有小数点；若无小数位，窗口各字轮均有被乘系数，如“×100”、“×10”、“×1”等。

4. 准确度等级

以相对误差来表示准确度等级。

5. 参比电流和参比最大电流

参比电流（标定电流）是确定电能表有关特性的电流值，用 I_b 表示；参比最大电流是仪表能满足其制造标准规定的准确度的最大电流值，以 I_{max}表示。如 1.5(6)A 即参比电流为 1.5A，参比最大电流为 6A。对于三相电能表还应在前面乘以相数，如 3×5(20)A。

6. 参比电压

指确定电能表有关特性的电压值，以 U_N 表示。对于三相三线电能表以相数乘以线电压表示，如 3×100V；对于三相四线电能表则以相数乘以相电压/线电压表示，如 3×220/380V；对于单相电能表则以电压线路接线端上的电压表示，如 220V。

7. 电能表常数

指电能表记录的电能和相应的转盘转数或脉冲数之间关系的比例数。有功电能表以

kW·h/r(imp)或 r(imp)/(kW·h) 表示。

8. 参比频率

指确定电能表有关特性的频率值，以 Hz 为单位。

第三节 测量用互感器

一、电压互感器

1. 电压互感器的作用

电压互感器的作用是把高电压变换为低电压，实现高电压与低电压分离，以低压量值反映高压量值的变化，保证测量人员和测量仪表的安全。其电压互感器的结构示意图及图形符号如图 5-1 所示。

2. 电压互感器的参数

(1) 额定电压。电压互感器铭牌上分别标明了一次绕组、二次绕组、零序电压绕组的额定电压数值。一般规定二次额定电压为 100V，接在三相系统相与地间的单相电压互感器二次额定电压为 $100/\sqrt{3}$V，供中性点不直接接地用的电压互感器的零序绕组额定电压为 100/3V。

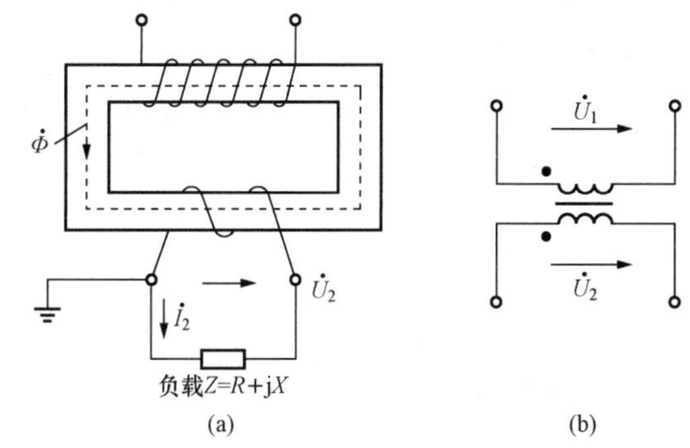

图 5-1 电压互感器的结构示意图及图形符号
(a) 结构；(b) 图形符号

(2) 额定电压比。电压互感器的一次额定电压与二次额定电压之比。

(3) 准确度等级。电压互感器的准确度等级是指在规定的一次电压和二次负荷变化范围内，负荷功率因数为额定值时误差最大限值。通常电力系统用的有 0.1、0.2、0.5、1、3 级。0.1 级主要用于实验室进行功率、电能的精密测量，也可以作为标准电压互感器；0.2、0.5 级主要用于电能表计量电能；1 级主要用于配电盘仪表测量电压、功率；3 级主要用于继电保护装置。

3. 电压互感器的接线方式

电压互感器最常见的几种接线如图 5-2 所示。

(1) 图 5-2 (a) 是一台单相电压互感器的接线，用来测量相间电压。

(2) 图 5-2 (b) 是两台单相电压互感器接成的不完全星形（也叫 V 形）接法，用来接入只测线电压的测量仪表和继电器，但不能测量相对地电压。它广泛适用于中性点不接地或经消弧线圈接地的电网中。

(3) 图 5-2 (c) 是三相三柱式或三台单相电压互感器接成 Y—Y0 形接线。这种接线方式能满足仪表和继电保护装置接线电压和相电压的要求，但不能测量对地电压。

4. 电压互感器在使用时的注意事项

(1) 严禁运行中的电压互感器二次绕组短路。

(2) 电压互感器允许在 1.2 倍的额定电压下连续运行。

(3) 严禁就地用隔离开关或高压熔断器拉开有故障的电压互感器。

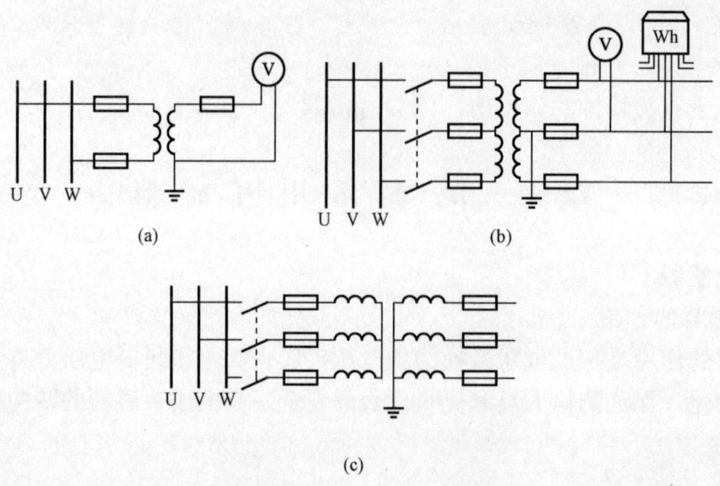

图 5-2　电压互感器接线
(a) 单相电压互感器接线；(b) V 形接线；(c) Y—Y0 形接线

(4) 电压互感器停电前将二次回路主熔断器或自动开关断开，防止电压反送。

(5) 电压互感器二次侧必须有一端接地。

(6) 在接线时必须注意端子极性。

二、电流互感器

1. 电流互感器的作用

用来把大电流改变成小电流，供给测量仪表和继电保护装置，二次测的电流一般为 5A 和 1A。其电流互感器结构示意图及图形符号如图 5-3 所示。

2. 电流互感器的技术参数

(1) 额定电压。电流互感器铭牌所标的额定电压都是指线电压。它要求电流互感器一次绕组能够长期承受的对地最大电压有效值，不低于所接线路的额定相电压。

(2) 额定电流比。指一次额定电流与二次额定电流之比，即

$$K_i = \frac{I_{1N}}{I_{2N}} = \frac{N_2}{N_1} \qquad (5-1)$$

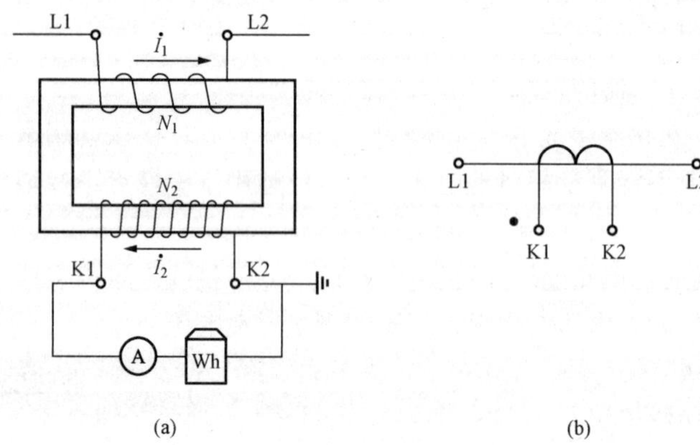

图 5-3　电流互感器结构示意图及图形符号
(a) 结构；(b) 图形符号

式中　I_{1N}——一次额定电流；

I_{2N}——二次额定电流；

N_1——一次绕组匝数；

N_2——二次绕组匝数。

(3) 准确度等级。电流互感器的准确度是指在规定的二次负荷范围内，一次电流为额定值时的最大误差限值。国产电流互感器的准确度等级有 0.01、0.02、0.05、0.1、0.2S、0.2、0.5S、0.5、1、3、10 级。其中 0.1 级及以上的电流互感器主要用于实验

室进行精密测量；0.2S、0.2 级和 0.5S、0.5 级电流互感器常与计算电费用的电能表相连；1 级电流互感器常与作为监视用的指示性仪表相连；3 级和 10 级电流互感器与继电器配合使用。

3. 电流互感器的接线方式

电流互感器二次绕组与测量仪表连接最常见的 6 种接线方式如图 5-4 所示。

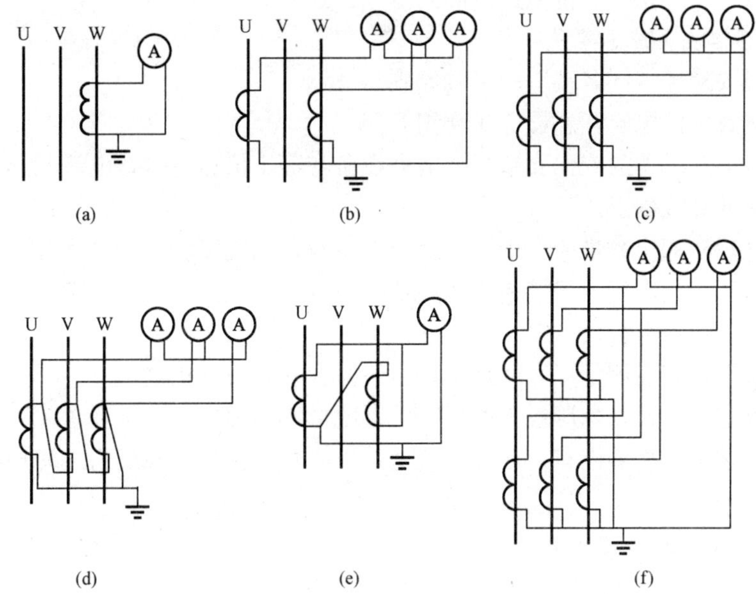

图 5-4　电流互感器常用接线方式

(a) 一个电流互感器的单相式接线；(b) 两个电流互感器的不完全星形接线；(c) 三个电流互感器的完全星形接线；(d) 三个电流互感器的三角形接线；(e) 两个电流互感器的差式接线；(f) 两个电流互感器的和式接线

(1) 一个电流互感器的单相式接线。如图 5-4 (a) 所示，该电流互感器可接在任一相上，这种接线主要用于测量三相对称负荷的一相电流、变压器中性点和电缆线路的零序电流。

(2) 两个电流互感器的不完全星形接线。如图 5-4 (b) 所示，两个电流互感器分别接在 U 相和 W 相。这种接线方式广泛应用于中性点不直接接地系统中的测量和保护回路，可以测量三相电流、有功功率、无功功率、电能等，能反映相间故障电流，不能完全反应接地故障。

(3) 三个电流互感器的完全星形接线。如图 5-4 (c) 所示，三个电流互感器分别接在 U、V、W 相上，二次绕组按星形连接。这种接线可以测量三相电流、有功功率、无功功率、电能等。在保护回路中，常用于 110～500kV 中性点直接接地系统，能反应相间及接地故障电流；在中性点不直接接地的系统中，常用于容量较大的发电机和变压器的保护回路。

(4) 三个电流互感器的三角形接线。如图 5-4 (d) 所示，三个电流互感器分别接在 U、V、W 相上，二次绕组按三角形连接。这种接线很少应用于测量回路，主要应用于保护回路。

(5) 两个电流互感器的差式接线。如图 5-4 (e) 所示，两个电流互感器分别接在 U、W 相上，二次绕组按差式接线，即流入负荷的电流为两相电流之差。这种接线也很少应用于测量回路，主要应用在中性点不直接接地系统的保护回路。

(6) 两个电流互感器的和式接线。如图 5-4 (f) 所示，两个电流互感器分别接在 U、V、W 相上，二次绕组按和式接线，即流入负荷的电流为两电流之和。这种接线主要用于一台半断路器接线、角形接线、桥形接线的测量和保护回路。

4. 电流互感器使用注意事项

(1) 接线时要遵守“同名端”的接线原则。

(2) 严禁运行中的电流互感器二次绕组开路。

(3) 选择电流互感器的变比要适当，电力设备在额定值运行时，电流互感器一次侧电流宜在其额定电流的 2/3 以上。

(4) 电流互感器额定容量要大于二次负荷总容量，以确保测量准确度等级。

(5) 电流互感器一次绕组串接在于线路中，并且匝数很少，所以一次绕组中的电流完全取决于被测电路的负荷电流。

(6) 二次绕组串接在测量仪表回路中，接线时要注意极性正确。

(7) 电流互感器的额定电压应与所运行的系统电压相适应。

(8) 电流互感器二次侧应有一处可靠接地，以防止一次、二次绕组之间绝缘击穿，危及人身和设备的安全。

三、互感器的误差

1. 电流互感器误差分析

(1) 电流互感器的比差（变比误差）。二次电流测量值乘额定互感器比所得到的与实际一次电流之差，用百分数表示为

$$f_i = \frac{K_i I_2 - I_1}{I_1} \times 100\% \tag{5-2}$$

式中 f_i——电流互感器的比差；

K_i——电流互感器的变比；

I_1——电流互感器一次电流；

I_2——电流互感器二次电流。

当励磁损耗很小时，$K_i = \frac{I_1}{I_2}$，所以式 (5-2) 可以写成：

$$f_i = \frac{I_2 N_2 - I_1 N_1}{I_1 N_1} \times 100\%$$

其中，当 $I_1 N_1 > I_2 N_2$ 时，比差为负，反之比差为正。这种比差能引起所有仪表和继电器产生的误差。主要是由励磁损耗和磁饱和等因素引起的，励磁损耗的大小直接影响着误差的大小，而励磁损耗又主要由互感器的结构和参数决定的。

(2) 电流互感器的角误差。二次电流相量旋转 180°与一次电流相量所夹的角用 δ_i 表示，单位用“分”表示，并规定 $-\dot{I}_2$ 超前于 $\dot{I}_1$ 时，角误差为正；反之角误差为负。这种角误差对功率型测量仪表、继电器及反应相位的保护装置都有影响。

(3) 影响电流互感器误差的主要原因：

1）与互感器的一次电流有关，当一次电流增加时，误差也增加。

2）与互感器二次负荷阻抗及功率因数有关，当二次负荷功率因数角增大时，误差减小，反之，误差增大。

3）与互感器二次绕组开路有关，当二次绕组开路时，在铁心中还会产生剩磁使互感器误差增大。

2. 电压互感器误差分析

（1）电压互感器的比差（变比误差）。电压互感器的比差指二次电压的测量值和电压互感器变比的乘积 $K_u U_2$ 与实际一次电压 U_1 之差，再除以实际一次电压 U_1 的百分数，即

$$f_u = \frac{K_u U_2 - U_1}{U_1} \times 100\% \qquad (5-3)$$

式中 f_u——电压互感器的比差；

K_u——电压互感器的变比；

U_1——电压互感器一次电压；

U_2——电压互感器二次电压。

（2）电压互感器的角差（相位差）。二次电压旋转 180°后的相量 $-\dot{U}_2$ 与一次电压相量 $\dot{U}_1$ 之间的夹角用 δ_u 表示。单位是"分"，并规定当 $-\dot{U}_2$ 超前 $\dot{U}_1$ 时为正值，反之为负值。角差的大小和正负，取决于空载电流和负荷电流的大小及性质。

（3）影响电压互感器误差的主要原因：

1）与互感器一、二次绕组的电阻和感抗有关，电阻和感抗加大使误差增大。

2）与互感器励磁电流有关，励磁电流增加误差增大。

3）与互感器二次负荷大小有关，二次负荷增加误差增大。

4）与互感器负荷的功率因数有关，功率因数减小时，角误差明显增大。

5）与一次电压波动有关，只有当一次电压在额定电压的 10%的范围内波动时，才能保证不超过准确度规定的允许值。

第四节　二 次 测 量 回 路

电能计量装置的二次测量回路由电能表的电流回路、电能表的电压回路、电流互感器的二次回路、电压互感器二次回路、导线、接线盒（端子排）等组成，按电源方式可分为电压回路和电流回路。电能计量装置的二次测量回路的注意事项有以下几方面。

1. 电流互感器（TA）二次回路不可开路

电流互感器一次绕组匝数少，使用时一次绕组串联在被测线路里，二次绕组匝数多，与电能表电流线圈串联使用，电能表电流线圈阻抗很小，所以正常运行时 TA 是接近短路状态的。TA 二次电流的大小由一次电流决定，二次电流产生的磁通势，是平衡一次电流的磁通势的。若二次开路，其阻抗无限大，二次电流等于零，其磁通势也等于零，就不能去平衡一次电流产生的磁通势，那么一次电流将全部作用于励磁，使铁心严重饱和。磁饱和使铁损增大，TA 发热，TA 线圈的绝缘也会因过热而被烧坏。还会在铁心上产生剩磁，增大互感器

误差。最严重的是由于磁饱和，交变磁通的正弦波变为梯形波，在磁通迅速变化的瞬间，二次绕组上将感应出很高的电压，其峰值可达几千伏，如此高的电压作用在二次绕组和二次回路上，对人身和设备都存在着严重的威胁。所以，TA 在任何时候都是不允许二次回路开路运行的。

2. 电压互感器二次回路不可短路

电压互感器二次电压与一次电压相比低得多，故二次绕组匝数很少，内阻很小。正常运行中电压互感器二次绕组负荷阻抗较大，相当于开路运行，其中流过的电流很小。如果电压互感器二次回路短路，由于其内阻很小，将在二次绕组中产生很大的短路电流，极易烧坏电压互感器，所以电压互感器二次回路不允许短路。

3. 运行中的电压互感器二次回路电压降应定期进行检验

对 35kV 及以上电压互感器二次回路电压降，至少每两年检验一次。当二次回路负荷超过互感器额定二次负荷或二次回路电压降超差时应查明原因及时处理。

第五节　计量装置的正确接线

一、电能计量装置的接线原则

（1）接入中性点绝缘系统的电能计量装置，应采用三相三线有功、无功电能表。接入非中性点绝缘系统的电能计量装置，应采用三相四线有功、无功电能表或 3 只感应式无止逆单相电能表。

（2）接入中性点绝缘系统的 3 台电压互感器，35kV 及以上的宜采用 Y—Y 接线；35kV 以下的宜采用 V—V 接线。接入非中性点绝缘系统的 3 台电压互感器，宜采用 Y0—Y0 接线，其一次侧接地方式和系统接地方式相一致。

（3）低压供电，负荷电流为 50A 及以下时，宜采用直接接入式电能表；负荷电流为 50A 以上时，宜采用经电流互感器接入式的接线方式。

（4）对三相三线制接线的电能计量装置，其 2 台电流互感器二次绕组与电能表之间宜采用四线连接。对三相四线制连接的电能计量装置，其 3 台电流互感器二次绕组与电能表之间宜采用六线连接。

二、有功电能计量装置的正确接线

1. 单相电能计量装置正确接线

单相有功电能表正确接线分为两种：①不经电流互感器正确接线；②经电流互感器正确接线，这两种接线方法均适用单相低压电源。

（1）不经电流互感器电能表正确接线如图5 -5 所示。单相电能表有功功率为

$$P = UI\cos\varphi \tag{5-4}$$

式中　P——单相电能表有功功率；

U——负荷两端相电压，V；

I——负荷电流，A；

φ——电流与电压之间夹角。

（2）经电流互感器单相电能表正确接线如图 5 - 6 所示。

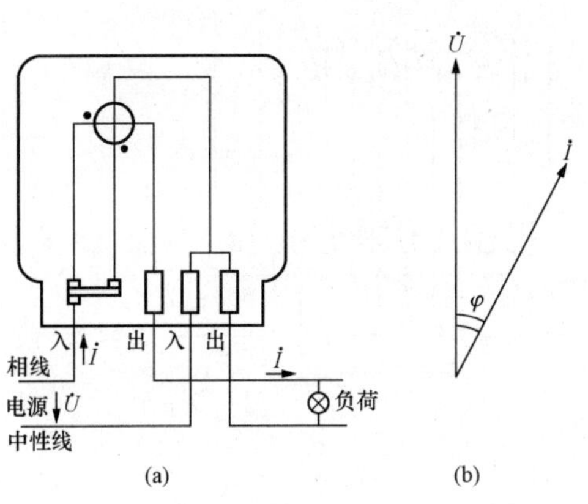

图 5-5　单相有功电能表接线图、相量图

（a）接线图；（b）相量图

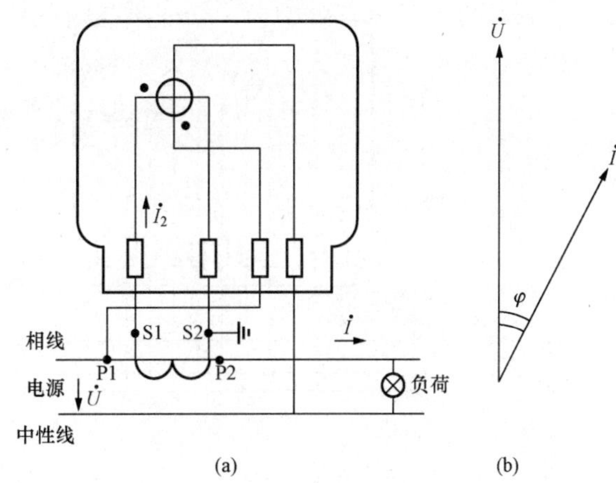

图 5-6　单相有功电能表经电流互感器接入式接线图、相量图

（a）电流、电压分别进表方式接线；（b）相量图

2. 三相四线有功电能表正确接线

三相四线电路，实际上可以看成由三个单相电路构成的，其三相有功功率为

$$\begin{aligned} P &= P_U + P_V + P_W \\ &= U_U I_U \cos\varphi + U_V I_V \cos\varphi + U_W I_W \cos\varphi \\ &= \sqrt{3} UI \cos\varphi \end{aligned} \qquad (5-5)$$

式中　U_U、U_V、U_W——三相相电压，V；

I_U、I_V、I_W——三相相电流，A；

U——线电压；

I——线电流；

$\cos\varphi$——三相功率因数。

三相四线有功电能表正确接线如图 5-7 所示。

3. 三相三线电能计量装置正确接线

三相三线有功电能计量装置正确接线如图 5-8 所示。

图 5-8 中三相有功电能表，第一元件接入的电压为线电压 U_{UV}，而通入的电流为 I_U，第二元件接入的电压为线电压 U_{WV}，接入的电流为 I_W。三相三线有功电能表的第一元件计量功率为

$$P_1 = U_{UV} I_U \cos(30° + \varphi) \qquad (5-6)$$

式中　U_{UV}——U 相和 V 相之间线电压，V；

I_U——U 相相电流，A。

第二元件的计量功率为

$$P_2 = U_{WV} I_W \cos(30° - \varphi) \qquad (5-7)$$

式中　U_{WV}——W 相和 V 相之间线电压，V；

I_W——W 相相电流，A。

当三相电路对称时 $U_{UV}=U_{WV}=U$，$I_U=I_W=I$，则三相三线有功电能表的总有功功率为

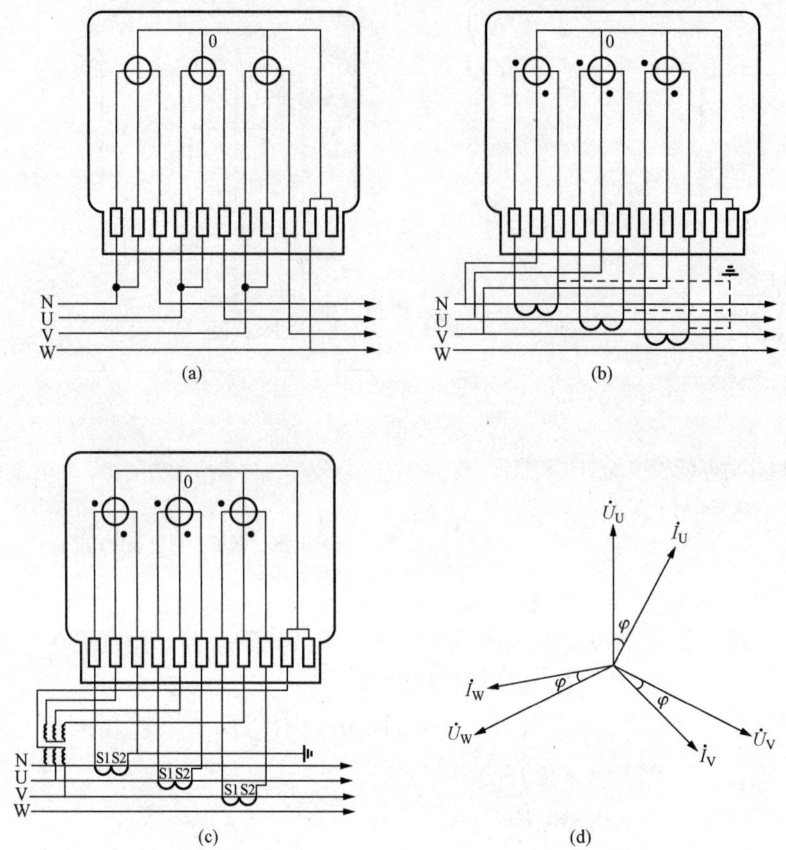

图 5-7　三相四线电能计量装置正确接线图

(a) 直接接入式；(b) 经电流互感器接入式；(c) 经电流、电压互感器接入式；(d) 相量图

$$
\begin{aligned}
P &= P_1 + P_2 \\
&= U_{UV} I_U \cos(30^\circ + \varphi) + U_{WV} I_W \cos(30^\circ - \varphi) \\
&= \sqrt{3} UI \cos\varphi
\end{aligned}
\tag{5-8}
$$

通过以上推导知这种计量方式能够正确计量三相三线电路的有功电能。如果采用额定电压与线路电压相同的两只单相电能表按照三相三线表两个元件的接线方式接线，也可以计量三相三线电路的有功电能，是这两只单相电能表读数的代数和，不过这种方法已经很少采用，只有校验室里用单相标准表校验三相三线有功电能表时才会用到。三相三线有功电能表经互感器接入三相电路时，接线方式也可以分为电压、电流共用方式和分别接入方式。采用电流电压共用方式虽然接线方便、电缆芯数少，但容易造成接线错误。因电流互感器二次绕组接入电压，很容易发生接地和短路，这种接线方式已不被采用，采用电压、电流分别接入方式虽然增加了电缆的数量，但不容易造成短路故障，而且有利于电能表的现场校验，所以采用后一种方式比较合适。

在高压三相三线系统中，电压互感器一般是采用 V 形接线，而且在二次侧 V 相接地，电流互感器二次侧必须接地。

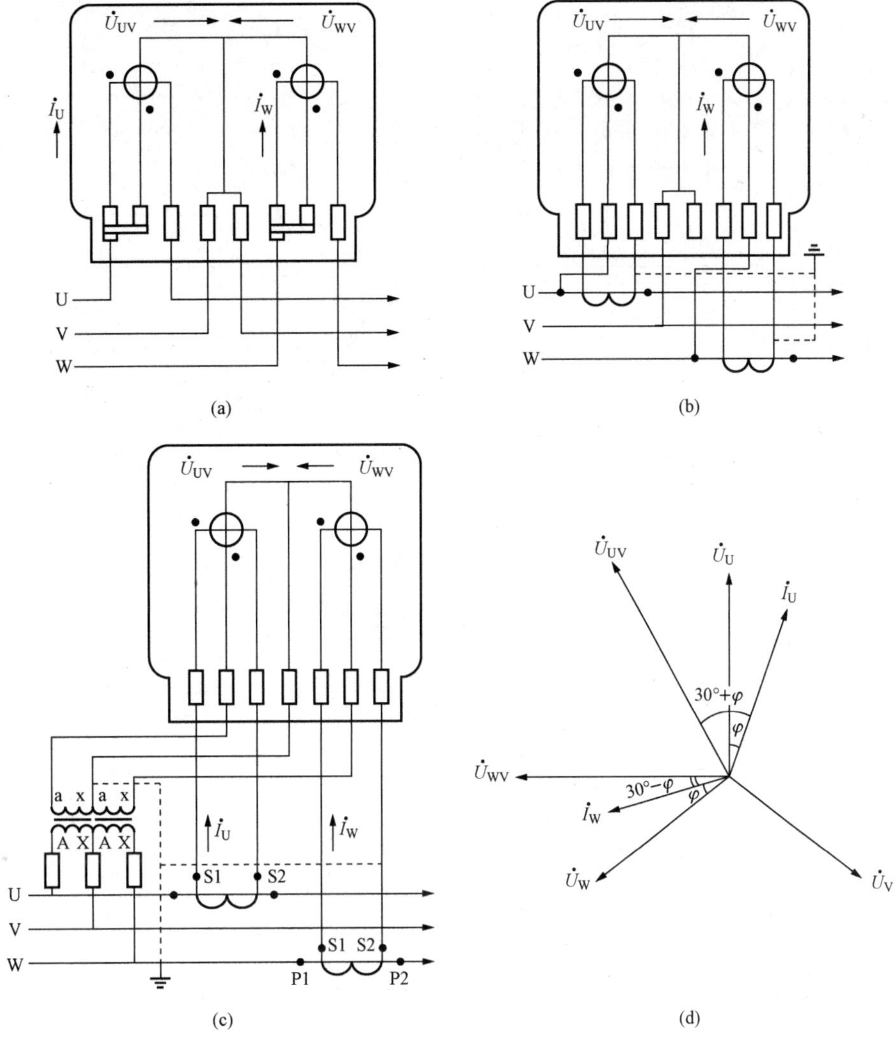

图 5-8　三相三线有功电能计量装置正确接线图

（a）直接接入式；（b）经电流互感器接入式；（c）经电流、电压互感器接入式；（d）相量图

三、无功电能表的正确接线

1. DX865-4 型无功电能表正确接线

DX865-4 型三相三线电能表正确接线（经电流互感器）如图 5-9 所示。

DX865-4 型无功电能表，元件 PJR1 接入 V、W 相电压和 U 相电流，元件 PIR2 接入 U、W 相电压 W 相电流，两元件电压线圈均串入电阻 R，电压线圈铁心非工作磁通的磁路空隙比较大而适当减少了电压线圈电抗，因而使电压工作磁通滞后电压 60°角。所以叫 60°角的三相无功电能表。元件和产生转矩的结果，就相当于各元件电压超前 30°。第一元件的无功功率为

$$Q_1 = U_{VW} I_U \cos(90° - 30° - \varphi) = UI\cos(60° - \varphi) \quad (5-9)$$

第二元件的无功功率为

$$Q_2 = U_{UW} I_W \cos(150° - 30° - \varphi) = UI\cos(120° - \varphi) \quad (5-10)$$

DX865-4 型无功电能表总无功功率为

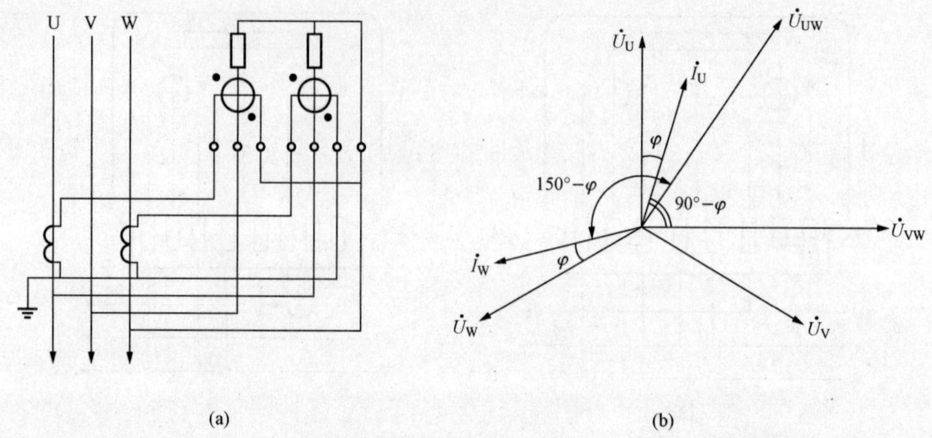

图 5-9　三相三线无功电能表经电流互感器正确接线图及相量图

(a) 接线图；(b) 相量图

$$Q = Q_1 + Q_2 = UI\cos(60° - \varphi) + UI\cos(120° - \varphi) = \sqrt{3}UI\sin\varphi \tag{5-11}$$

上述结果表明，DX865-2 型或 DX863-4 型无功电能表完全可以计量三相无功电能。

2. DX864-4 型无功电能表正确接线

DX864-4 型无功电能表采用的是线电压，正确接线如图 5-10 所示。

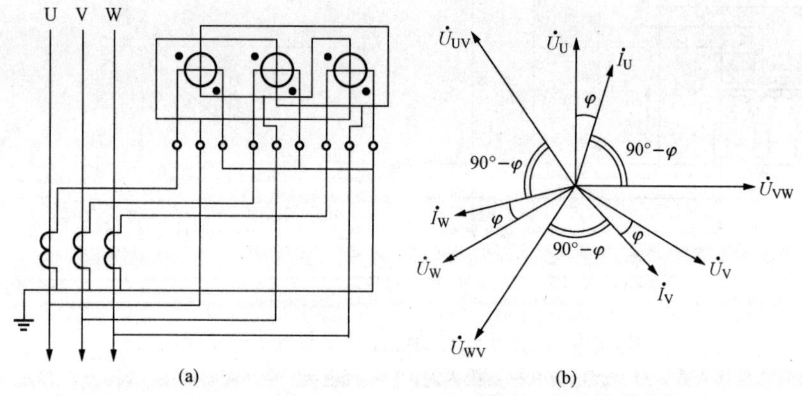

图 5-10　DX864-4 型无功电能表经电流互感器正确接线图及相量图

(a) 接线图；(b) 相量图

第一元件的无功功率为

$$Q_1 = U_{VW} I_U \cos(90° - \varphi) = UI\cos(90° - \varphi) \tag{5-12}$$

第二元件的无功功率为

$$Q_2 = U_{WU} I_V \cos(90° - \varphi) = UI\cos(90° - \varphi) \tag{5-13}$$

第三元件的无功功率为

$$Q_3 = U_{UV} I_W \cos(90° - \varphi) = UI\cos(90° - \varphi) \tag{5-14}$$

DX864-4 无功电能表总无功功率为

$$\begin{aligned} Q &= Q_1 + Q_2 + Q_3 \\ &= UI\cos(90° - \varphi) + UI\cos(90° - \varphi) + UI\cos(90° - \varphi) \end{aligned}$$

$$= 3UI\sin\varphi \quad (5-15)$$

上述结果表明，理论上三相无功功率是$\sqrt{3}UI\sin\varphi$，而计算结果是：$3UI\sin\varphi$，相差$\frac{\sqrt{3}}{3}$倍。所以实际制造电能表时，预先将每个电磁元件的电流线圈实际匝数相对额定匝数缩小$\sqrt{3}$倍，使之能准确测量无功电能。

第六节　错接线退补电量的计算

电能计量装置错误接线给电能计量带来很大的计量误差，它所计量的电能是不准确的，所以必须对错误接线进行分析，在电费结算时更正电量，确保供、用电双方的公平交易。

一、单相电能表错误接线

单相电能表错误接线种类较多，此处仅举几例供读者参考。

1. 相线与中性线互换

相线与中性线互换，给一些窃电者造成窃电机会。故规定单相电能表中性线与相线不能互换，互换接线如图 5-11 所示。

2. 进线相线反接

单相电能表进线反接，电能表反转，接线如图 5-12 所示。

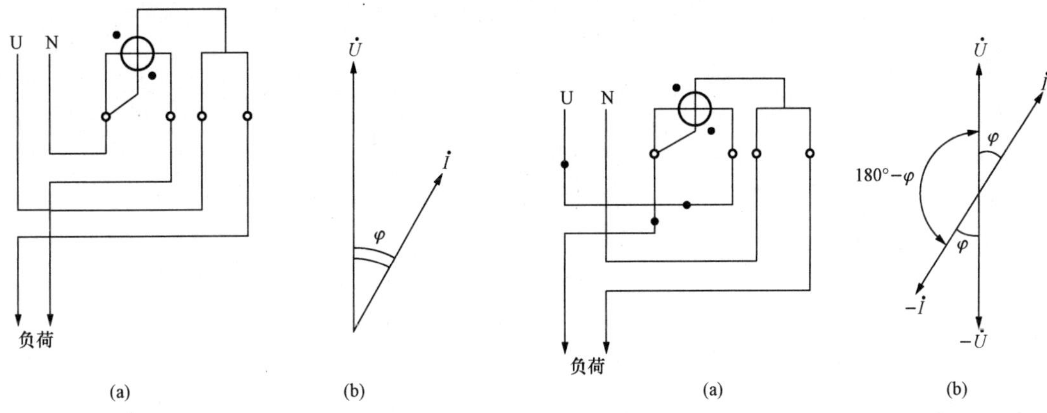

图 5-11　单相电能表相线与中性线互换接线图
(a) 接线图；(b) 相量图

图 5-12　单相电能表相线反接图
(a) 接线图；(b) 相量图

从图 5-12 看出，由于进表相线反接，所以电流 I 是负值。因此，功率 $P=UI\cos(180°-\varphi)=-UI\cos\varphi$，经计算，功率为负值，表反转；其更正系数为

$$K=\frac{W_{O}}{W_{X}}=\frac{UI\cos\varphi}{-UI\cos\varphi}=-1 \quad (5-16)$$

式中　K——错接线更正系数；

W_{O}——单相电能表正确功率；

W_{X}——单相电能表错误功率。

其更正率为

$$k=K-1=1-(-1)=-2 \quad (5-17)$$

式中　k——错接线更正系数更正率；

K——错接线更正系数。

其追补电量为

$$\Delta A = k(-A') = -2(-A') = 2A' \tag{5-18}$$

式中　ΔA——追补电量，kW·h；

k——更正率；

A'——电能表所计电量，kW·h。

规定：当电能表正转时，A'为正值；若电能表反转，A'为负值即$-A'$。

二、三相四线电能表错误接线

（1）一相电流开路，如图5-13所示。

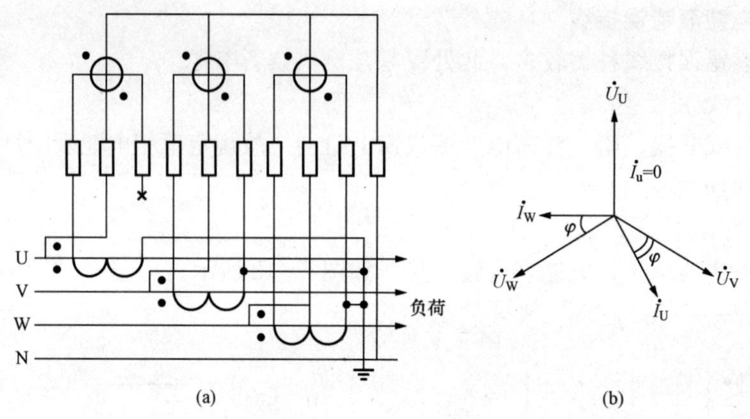

图5-13　一相电流开路图

（a）接线图；（b）相量图

第一元件功率为

$$P_1 = U_U I_U \cos\varphi = 0 \tag{5-19}$$

第二、三元件功率为

$$P_2 = U_V I_V \cos\varphi \tag{5-20}$$

$$P_3 = U_W I_W \cos\varphi \tag{5-21}$$

当三相负荷平衡时，有$U_U = U_V = U_W = U$，$I_U = I_V = I_W = I$，其总有功功率为

$$P = P_1 + P_2 + P_3 = 0 + UI\cos\varphi + UI\cos\varphi = 2UI\cos\varphi \tag{5-22}$$

电能表只计两相电量。

（2）一相电压断线，如图5-14所示。

第一元件功率为

$$P_1 = U_U I_U \cos\varphi = 0 \tag{5-23}$$

第二、三元件功率为

$$P_2 = U_V I_V \cos\varphi \tag{5-24}$$

$$P_3 = U_W I_W \cos\varphi \tag{5-25}$$

当三相负荷平衡时，有$U_U = U_V = U_W = U$，$I_U = I_V = I_W = I$，其总有功功率为

$$P = P_1 + P_2 + P_3 = 0 + UI\cos\varphi + UI\cos\varphi = 2UI\cos\varphi \tag{5-26}$$

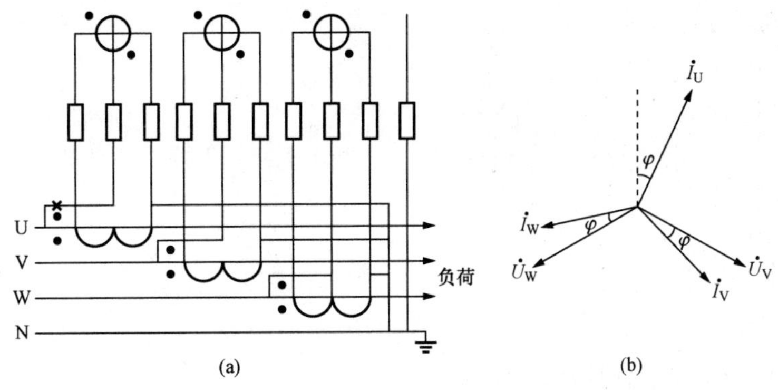

图 5-14　一相电压断线图（U 相）
（a）接线图；（b）相量图

所以当三相电压任意一相断线，其功率 $P=2UI\cos\varphi$，电能表仅计两相电量。

（3）一相电流反接，如图 5-15 所示。

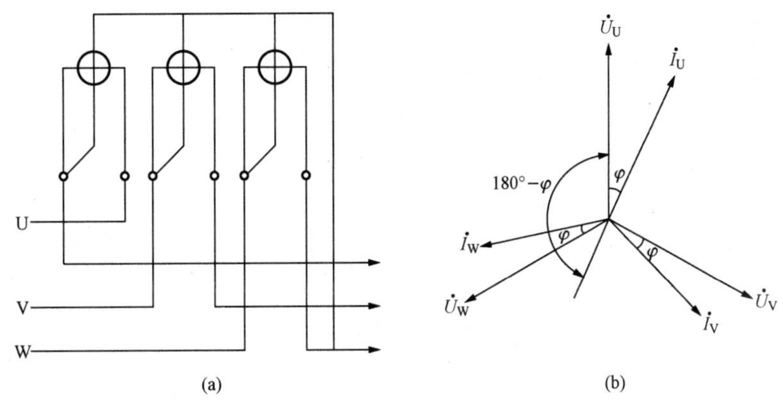

图 5-15　一相电流反接图（U 相）
（a）接线图；（b）相量图

第一元件功率为

$$P_1=U_UI_U\cos(180°-\varphi)=-U_UI_U\cos\varphi \tag{5-27}$$

第二、三元件功率为

$$P_2=U_VI_V\cos\varphi \tag{5-28}$$

$$P_3=U_WI_W\cos\varphi \tag{5-29}$$

当三相负荷平衡时，有 $U_U=U_V=U_W=U$，$I_U=I_V=I_W=I$，其总有功功率为

$$P=P_1+P_2+P_3=-UI\cos\varphi+UI\cos\varphi+UI\cos\varphi=UI\cos\varphi \tag{5-30}$$

当一相电流反接，电能表仅计一相电量。

三、三相三线电能表错误接线

三相三线电能表错误接线是多种多样的，在此仅举几种错误接线例子加以说明。假定三相负荷对称，而且是感性负荷为前提进行分析。

（1）电流互感器二次侧 U 相反接，如图 5-16 所示。

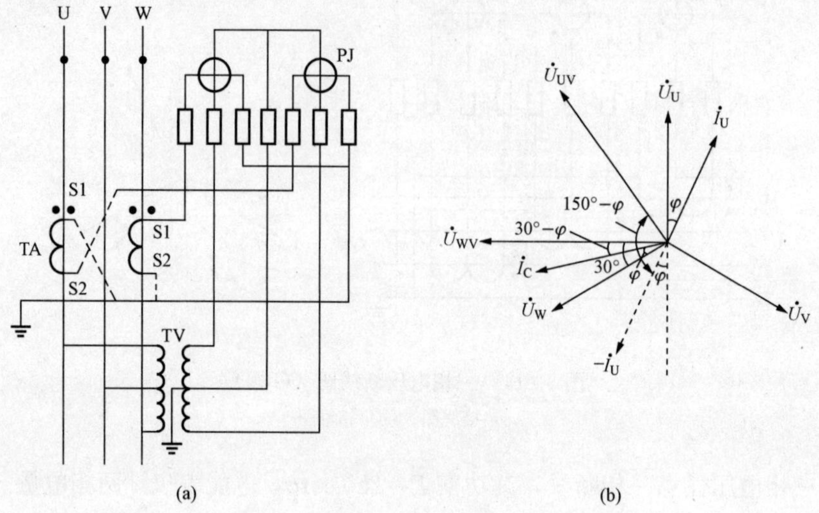

图 5-16　电流互感器二次侧 U 相反接图

(a) 接线图；(b) 相量图

第一元件功率为

$$P_1 = U_{UV} I_U \cos(150° - \varphi) \tag{5-31}$$

第二元件功率为

$$P_2 = U_{WV} I_W \cos(30° - \varphi) \tag{5-32}$$

当三相负荷平衡时，有 $U_{UV}=U_{WV}=U$，$I_U=I_W=I$，其总有功功率为

$$\begin{aligned} P &= P_1 + P_2 = UI\cos(150° - \varphi) + UI\cos(30° - \varphi) \\ &= UI\sin\varphi \end{aligned} \tag{5-33}$$

其更正系数 K 为

$$K = \frac{\sqrt{3}UI\cos\varphi}{UI\sin\varphi} = \sqrt{3}/\tan\varphi \tag{5-34}$$

(2) 电能表接线方式为 $I_W - U_{UV}$ 和 $I_U - U_{WV}$，如图 5-17 所示。

第一元件功率为

$$P_1 = U_{UV} I_W \cos(90° - \varphi) \tag{5-35}$$

第二元件功率为

$$P_2 = U_{WV} I_U \cos(90° + \varphi) \tag{5-36}$$

当三相负荷平衡时，有 $U_{UV}=U_{WV}=U$，$I_U=I_W=I$，其总有功功率为

$$P = P_1 + P_2 = U_{UV} I_W \cos(90° - \varphi) + U_{UV} I_W \cos(90° + \varphi) = 0 \tag{5-37}$$

所以当三相负荷平衡时，此错接线三相三线电能表不转。

四、无功电能表错误接线

以 DX864-4 型无功电能表为例，举一种错误接线情况，供读者分析。三相四线无功电能表反相序接线，电压相序反接线如图 5-18 所示。

第一元件无功功率为

$$Q_1 = U_{UW} I_V \cos(90° + \varphi) = -UI\sin\varphi \tag{5-38}$$

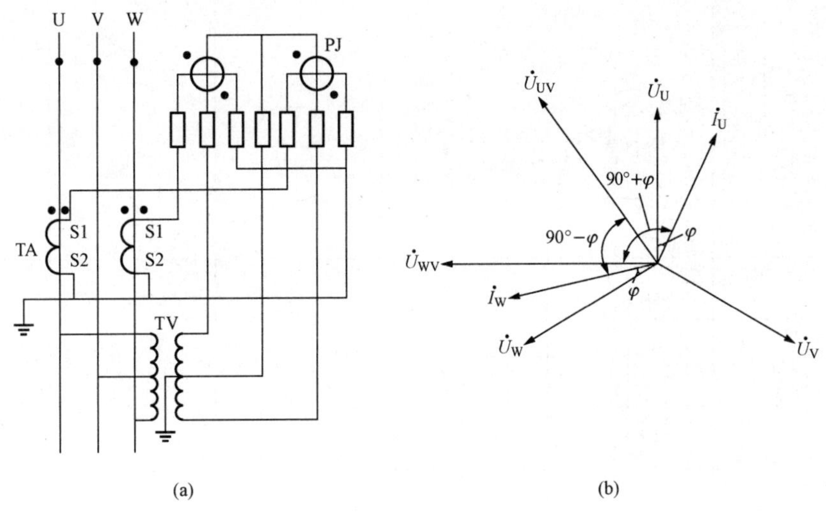

图 5-17　接线方式为 I_W-U_{UV} 和 I_U-U_{WV} 图

（a）接线图；（b）相量图

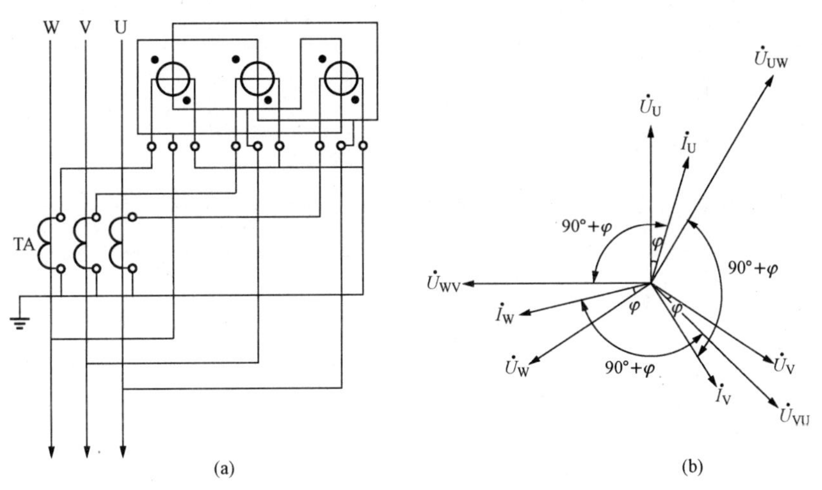

图 5-18　无功电能表反相序接线图（相序为 W-U-V）

（a）接线图；（b）相量图

第二元件功率为

$$Q_2 = U_{WV}I_U\cos(90^\circ + \varphi) = -UI\sin\varphi \tag{5-39}$$

第三元件功率为

$$Q_3 = U_{VU}I_W\cos(90^\circ + \varphi) = -UI\sin\varphi \tag{5-40}$$

当三相负荷平衡时，有 $U_U=U_V=U_W=U$，$I_U=I_V=I_W=I$，其总有功功率为

$$Q = Q_1 + Q_2 + Q_3 = -3UI\sin\varphi \tag{5-41}$$

计算结果表明，DX864-4 型无功电能表逆相序接线，表反转。

五、三相三线有功电能表错接线追补电量速查表

三相三线有功电能表错接线追补电量速查表见表 5-2。

表 5-2　三相三线有功电能表错接线追补电量速查表

序号	错接线形式				两元件电能表力矩系数	更正系数 K	更正率 k	追补电量
1	I_W I_U	U_{WV} U_{VU}	I_W I_U	U_{WV} U_{UV}	$\cos(30°-\varphi)+\cos(150°-\varphi)$	$\frac{\sqrt{3}}{\tan\varphi}$	$\frac{\sqrt{3}}{\tan\varphi}-1$	$\left(\frac{\sqrt{3}}{\tan\varphi}-1\right)A'$
	$-I_W$ I_U	U_{VW} U_{VU}	$-I_W$ $-I_U$	U_{VW} U_{UV}				
2	I_U I_W	U_{VW} U_{UV}	I_U $-I_W$	U_{VW} U_{VU}	$\cos(90°-\varphi)+\cos(90°-\varphi)$	$\frac{\sqrt{3}}{2\tan\varphi}$	$\frac{\sqrt{3}}{2\tan\varphi}-1$	$\left(\frac{\sqrt{3}}{2\tan\varphi}-1\right)A'$
	$-I_U$ I_W	U_{WV} U_{UV}	$-I_U$ $-I_W$	U_{WV} U_{VU}				
3	I_W I_U	U_{VW} U_{UV}	I_W $-I_U$	U_{VU} U_{VU}	$\cos(150°+\varphi)+\cos(30°+\varphi)$	$\frac{-\sqrt{3}}{\tan\varphi}$	$\frac{-\sqrt{3}}{\tan\varphi}-1$	$\left(\frac{\sqrt{3}}{\tan\varphi}-1\right)A'$
	$-I_W$ I_U	U_{WV} U_{UV}	$-I_W$ $-I_U$	U_{WV} U_{VU}				
4	I_U I_W	U_{WV} U_{UV}	I_U $-I_W$	U_{WV} U_{UV}	$\cos(90°+\varphi)+\cos(90°+\varphi)$	$\frac{-\sqrt{3}}{2\tan\varphi}$	$\frac{-\sqrt{3}}{2\tan\varphi}-1$	$\left(\frac{-\sqrt{3}}{2\tan\varphi}-1\right)A'$
	$-I_U$ I_W	U_{VW} U_{VU}	$-I_U$ $-I_W$	U_{VW} U_{UV}				
5	I_U I_W	U_{WU} U_{VU}	I_U $-I_W$	U_{WU} U_{UW}	$\cos(150°+\varphi)+\cos(90°+\varphi)$	$\frac{-2}{1+\sqrt{3}\tan\varphi}$	$\frac{-2}{1+\sqrt{3}\tan\varphi}-1$	$\left(\frac{-2}{1+\sqrt{3}\tan\varphi}-1\right)A'$
	$-I_U$ I_W	U_{UW} U_{VU}	$-I_U$ $-I_W$	U_{UW} U_{UV}				
6	I_U I_W	U_{WU} U_{VW}	I_U $-I_W$	U_{WU} U_{WV}	$\cos(150°+\varphi)+\cos(150°+\varphi)$	$\frac{-\sqrt{3}}{\sqrt{3}+\tan\varphi}$	$\frac{-\sqrt{3}}{\sqrt{3}+\tan\varphi}-1$	$\left(\frac{-\sqrt{3}}{\sqrt{3}+\tan\varphi}-1\right)A'$
	$-I_U$ I_W	U_{UW} U_{VW}	$-I_U$ $-I_W$	U_{UW} U_{WV}				

续表

序号	错接线形式				两元件电能表力矩系数	更正系数 K	更正率 k	追补电量
7	I_W I_U	U_{WU} U_{VW}	I_W $-I_U$	U_{WU} U_{WV}	$\cos(30°+\varphi)+\cos(90°-\varphi)$	$\frac{2\sqrt{3}}{\sqrt{3}+\tan\varphi}$	$\frac{2\sqrt{3}}{\sqrt{3}+\tan\varphi}-1$	$\left(\frac{2\sqrt{3}}{\sqrt{3}+\tan\varphi}-1\right)A'$
	$-I_W$ I_U	U_{VW} U_{VW}	$-I_W$ $-I_U$	U_{UW} U_{WV}				
8	I_U I_W	U_{UV} U_{WU}	I_U $-I_W$	U_{UV} U_{WU}	$\cos(30°+\varphi)+\cos(30°+\varphi)$	$\frac{\sqrt{3}}{\sqrt{3}-\tan\varphi}$	$\frac{\sqrt{3}}{\sqrt{3}-\tan\varphi}-1$	$\left(\frac{\sqrt{3}}{\sqrt{3}-\tan\varphi}-1\right)A'$
	$-I_U$ I_W	U_{VW} U_{WU}	$-I_U$ $-I_W$	U_{VU} U_{UW}				
9	I_U I_W	U_{UW} U_{VU}	I_U $-I_W$	U_{UW} U_{UV}	$\cos(30°-\varphi)+\cos(90°+\varphi)$	$\frac{2\sqrt{3}}{\sqrt{3}-\tan\varphi}$	$\frac{2\sqrt{3}}{\sqrt{3}-\tan\varphi}-1$	$\left(\frac{2\sqrt{3}}{\sqrt{3}-\tan\varphi}-1\right)A'$
	$-I_U$ I_W	U_{WU} U_{VU}	$-I_U$ $-I_W$	U_{WU} U_{UV}				
10	I_U I_W	U_{UW} U_{UV}	I_U $-I_W$	U_{UW} U_{VU}	$\cos(30°-\varphi)+\cos(90°-\varphi)$	$\frac{2}{1+\sqrt{3}\tan\varphi}$	$\frac{2}{1+\sqrt{3}\tan\varphi}-1$	$\left(\frac{2}{1+\sqrt{3}\tan\varphi}-1\right)A'$
	$-I_U$ I_W	U_{WU} U_{UV}	$-I_U$ $-I_W$	U_{UW} U_{VU}				
11	I_W I_U	U_{UW} U_{VW}	I_W $-I_U$	U_{UW} U_{WV}	$\cos(150°-\varphi)+\cos(90°-\varphi)$	$\frac{2}{1-\sqrt{3}\tan\varphi}$	$\frac{2}{1-\sqrt{3}\tan\varphi}-1$	$\left(\frac{2}{1-\sqrt{3}\tan\varphi}-1\right)A'$
	$-I_W$ I_U	U_{WU} U_{VW}	$-I_W$ $-I_U$	U_{WU} U_{WV}				
12	I_U I_W	U_{UW} U_{WV}	I_U $-I_W$	U_{UW} U_{VW}	$\cos(30°-\varphi)+\cos(30°-\varphi)$	$\frac{\sqrt{3}}{\sqrt{3}+\tan\varphi}$	$\frac{\sqrt{3}}{\sqrt{3}+\tan\varphi}-1$	$\left(\frac{\sqrt{3}}{\sqrt{3}+\tan\varphi}-1\right)A'$
	$-I_U$ I_W	U_{WU} U_{WV}	$-I_U$ $-I_W$	U_{WU} U_{VW}				

续表

序号	错接线形式				两元件电能表力矩系数	更正系数 K	更正率 k	追补电量
13	I_W I_U	U_{UW} U_{WV}	I_W $-I_U$	U_{UW} U_{VW}	$\cos(150°-\varphi)+\cos(90°+\varphi)$	$\frac{-2\sqrt{3}}{\sqrt{3}+\tan\varphi}$	$\frac{-2\sqrt{3}}{\sqrt{3}+\tan\varphi}-1$	$\left(\frac{-2\sqrt{3}}{\sqrt{3}+\tan\varphi}-1\right)A'$
	$-I_W$ I_U	U_{WU} U_{WV}	$-I_W$ $-I_U$	U_{WU} U_{VW}				
14	I_U I_W	U_{VU} U_{UW}	I_U $-I_W$	U_{VU} U_{WU}	$\cos(150°-\varphi)+\cos(150°-\varphi)$	$\frac{-\sqrt{3}}{\sqrt{3}-\tan\varphi}$	$\frac{-\sqrt{3}}{\sqrt{3}-\tan\varphi}-1$	$\left(\frac{-\sqrt{3}}{\sqrt{3}-\tan\varphi}-1\right)A'$
	$-I_U$ I_W	U_{UV} U_{UW}	$-I_U$ $-I_W$	U_{UV} U_{WU}				
15	I_U I_W	U_{WU} U_{UV}	I_U $-I_W$	U_{WU} U_{VW}	$\cos(150°+\varphi)+\cos(90°-\varphi)$	$\frac{-2\sqrt{3}}{\sqrt{3}-\tan\varphi}$	$\frac{-2\sqrt{3}}{\sqrt{3}-\tan\varphi}-1$	$\left(\frac{-2\sqrt{3}}{\sqrt{3}-\tan\varphi}-1\right)A'$
	$-I_U$ I_W	U_{UW} U_{UV}	$-I_U$ $-I_W$	U_{UW} U_{VW}				
16	I_W I_U	U_{WU} U_{WV}	I_W $-I_U$	U_{WU} U_{VW}	$\cos(30°+\varphi)+\cos(90°+\varphi)$	$\frac{2}{1-\sqrt{3}\tan\varphi}$	$\frac{2}{1-\sqrt{3}\tan\varphi}-1$	$\left(\frac{2}{1-\sqrt{3}\tan\varphi}-1\right)A'$
	$-I_W$ I_U	U_{UW} U_{WV}	$-I_W$ $-I_U$	U_{UW} U_{VW}				
17	I_U I_W	U_{VU} U_{VW}	I_U $-I_W$	U_{VU} U_{WV}	$\cos(150°-\varphi)+\cos(150°+\varphi)$	-1	$-1-1=-2$	$-2A'$
	$-I_U$ I_W	U_{UV} U_{VW}	$-I_U$ $-I_W$	U_{UV} U_{WV}				
18	I_U I_W	U_{UV} U_{UW}	$-I_U$ I_W	U_{UV} U_{WU}	$\cos(150°-\varphi)+\cos(30°+\varphi)$	0		估算
	$-I_W$ I_U	U_{WU} U_{UV}	I_W I_U	U_{UW} U_{UV}				

续表

序号	错接线形式				两元件电能表力矩系数	更正系数 K	更正率 k	追补电量
19	I_U	U_{UW}	I_W	U_{WV}	$\cos(30°-\varphi)+\cos(150°+\varphi)$	0		估算
	I_W	U_{VW}	$-I_U$	U_{WU}				
	I_U	U_{UW}	$-I_W$	U_{VW}				
	$-I_W$	U_{WV}	$-I_U$	U_{UW}				
20	I_U	U_{WV}	I_U	U_{WV}	$\cos(90°+\varphi)+\cos(90°-\varphi)$	0		估算
	I_W	U_{UV}	$-I_W$	U_{UW}				
	$-I_U$	U_{UW}	$-I_U$	U_{VW}				
	I_W	U_{UV}	$-I_W$	U_{VU}				
21	I_W	U_{VW}	I_W	U_{VU}	$\cos(90°+\varphi)+\cos(90°-\varphi)$	0		估算
	I_U	U_{UV}	$-I_U$	U_{WV}				
	$-I_W$	U_{UV}	$-I_W$	U_{UV}				
	I_U	U_{VW}	$-I_U$	U_{WV}				
22	$(-I_U-I_W)$	U_{UV}	$(-I_U-I_W)$	U_{UV}	$\cos(150°+\varphi)+\cos(30°-\varphi)$	0		估算
	I_W	U_{WV}	$-I_W$	U_{VW}				
	I_W	U_{VW}	$-I_W$	U_{WV}				
	$(-I_U-I_W)$	U_{WV}	$(-I_U-I_W)$	U_{VU}				
23	I_U	U_{UV}	$-I_U$	U_{VU}	$\cos(30°+\varphi)+\cos(150°-\varphi)$	0		估算
	$(-I_U-I_W)$	U_{WV}	$(-I_U-I_W)$	U_{WV}				
	$(-I_U-I_W)$	U_{WV}	$(-I_U-I_W)$	U_{VW}				
	I_U	U_{VU}	$-I_U$	U_{UV}				
24	I_W	U_{VU}	$(-I_U-I_W)$	U_{WV}	$\cos(90°-\varphi)+\cos(150°-\varphi)$	$\frac{-2}{1-(\sqrt{3}+\tan\varphi)}$	$\frac{-2}{1-(\sqrt{3}+\tan\varphi)}-1$	$\left(\frac{-2}{1-(\sqrt{3}+\tan\varphi)}-1\right)A'$
	$-I_W$	U_{VU}	$(-I_U-I_W)$	U_{WV}				
25	$(-I_U-I_W)$	U_{UV}	I_U	$-U_{WV}$	$\cos(150°+\varphi)+\cos(90°+\varphi)$	$\frac{-2}{1+\sqrt{3}\tan\varphi}$	$\frac{-2}{1+\sqrt{3}\tan\varphi}-1$	$\left(\frac{-2}{1+\sqrt{3}\tan\varphi}-1\right)A'$
	$(-I_U-I_W)$	U_{UV}	$-I_U$	$-U_{VW}$				
26	I_U	$-U_{VU}$	(I_W-I_U)	U_{WV}	$\cos(30°+\varphi)+\cos(60°-\varphi)$	$\frac{3}{3+\sqrt{3}+\tan\varphi}$	$\frac{3}{3+\sqrt{3}+\tan\varphi}-1$	$\left(\frac{3}{3+\sqrt{3}+\tan\varphi}-1\right)A'$
27	I_W	$-U_{VU}$	$(-I_U-I_W)$	U_{VW}	$\cos(90°-\varphi)+\cos(30°+\varphi)$	$\frac{2\sqrt{3}}{\sqrt{3}+\tan\varphi}$	$\frac{2\sqrt{3}}{\sqrt{3}+\tan\varphi}-1$	$\left(\frac{2\sqrt{3}}{\sqrt{3}+\tan\varphi}-1\right)A'$

注 当电能表正转时，错误电量 A' 为正（+），当电能表反转时，错误电量 A' 取负（−）。当更正系数为 0 时，根据实际负荷进行估算。

?复 习 思 考 题

1. 电能计量装置按计量电能量的多少和计量对象分为哪几类?

2. 试根据电能计量类别分别叙述配置有功电能表、无功电能表、电流互感器和电压互感器时的配置等级?

3. 试分别叙述电压互感器和电流互感器的作用。

4. 电流互感器在使用过程中应注意哪些事项?

5. 电能计量装置的接线原则有哪些?

6. 试画出经电流互感器、电压互感器接入三相三线电能表和三相四线电能表的正确接线图。

7. 试写出三相四线电能表在U相断流的情况下，其更正系数的表达式。

8. 试写出三相三线电能表在U相反接的情况下，其更正系数的表达式。

第六章

违约用电及窃电查处

第一节　违约用电及窃电的定义

为维护正常供用电秩序，规范不法用电行为，用电检查人员应依据《中华人民共和国电力法》、《电力供应与使用条例》、《用电检查管理办法》等法律、法规开展违约用电、窃电的查处工作。查处违约用电、窃电工作，应当本着加强防范与综合治理相结合的原则进行。

一、违约用电

1. 定义

违约用电是指危害供用电安全，扰乱正常用电秩序的行为。

2. 种类

根据《供电营业规则》第一百条相关规定，违约用电有以下几类：

（1）擅自改变用电类别。

（2）擅自超过合同约定的容量用电。

（3）擅自超过计划分配的用电指标。

（4）擅自使用已在供电企业办理暂停使用手续的电力设备，或者擅自启用已经被供电企业查封的电力设备。

（5）擅自迁移、更动或擅自操作供电企业的用电计量装置、电力负荷控制装置、供电设施及约定由供电企业调度的客户受电设备。

（6）未经供电企业许可，擅自引入、供出电源或者将自备电源擅自并网。

二、窃电

1. 定义

窃电是一种非法侵占、使用电能，盗窃供电企业电费的行为。

2. 种类

根据《供电营业规则》第一百零一条规定，窃电行为有以下几类：

（1）在供电企业的供电设施上，擅自接线用电。

（2）绕越供电企业的用电计量装置用电。

（3）伪造或者开启法定的或者授权的计量检定机构加封的用电计量装置封印用电。

（4）故意损坏供电企业用电计量装置。

（5）故意使供电企业的用电计量装置不准或者失效。

（6）采用其他方法窃电。

除了《电力供应与使用条例》中列举的窃电方法，目前还出现了一些新的窃电手法，有别于传统的窃电手法。常见的有使用IC卡式电能表的客户伪造IC卡、修改IC卡的电量值、破坏读卡装置等，达到不交电费或少交电费的目的；针对多功能全电子型电能表，破解密码后修改其内部参数设置，从而达到少计量的目的；通过安装控制装置，控制计量装置的某些回路，如控制电压互感器变比达到窃电目的；采用专门窃电装置，帮助他人窃电以获利的。

一般意义上的窃电行为是窃电供自己使用，达到少缴费或不缴费的目的。目前在实践中又遇到了一些新的窃电动向，如一些不法分子窃电再转卖电以达到获利的目的。极个别发电厂通过技术手段，改动上网电能计量装置，达到多卖电的目的，其实质也是一种窃电行为。总结目前常见的窃电行为的特点，并归纳一些地方性法规、规定对窃电的定义，可以这样定义窃电行为：窃电行为是指以不缴电费，少缴电费或者多赚取电费，获得非法利益为目的，采用不计量、少计量或者多计量等秘密手段使用，出售电能的行为。

第二节　检　查　方　法

一、检查的要求

（1）用电检查人员在执行检查时，不得少于2人，并主动向被检查的客户出示《用电检查证》。

（2）在查处违约用电、窃电行为过程中，供电企业应取得当地政府有关部门的支持，加大对违约用电、窃电行为的打击力度。对于有重大窃电嫌疑的客户可会同当地公安部门联合查处。

（3）检查人员发现违约、窃电行为时，必须做好诉讼证据的收集保全工作，收集的证据必须尽可能全面具体，取证应当合法有效，取证程序符合法律、法规等有关规定。提取、封存保管、运输、使用物证注意保持原始状态。应保护现场，及时拍照或摄像，收缴与违约、窃电有关的物证（对不易移动的物证应进行拍照）并登记备案，对于违约用电设备、窃电器具、计量表计等需要鉴定的，检查人员应予以封存。鉴定单位或机关进行鉴定后出具的书面鉴定结论应及时登记备案。除收集违约、窃电现场证据外，还应收集该客户的其他相关证据，如历史电量电费资料、生产经营情况、产品单耗、供用电合同等。

（4）检查人员现场检查确认客户有违约用电、窃电行为的，应下达《用电检查结果通知书》，要求客户在规定期限内赴供电企业接受处理。《用电检查结果通知书》一式两份，客户代表签字后，一份由客户留存，另一份作为处理依据。对客户拒绝签字的，可采取留置送达、公证送达等方式。

（5）对于查获的违约用电、窃电客户，用电检查人员应现场制止其违约、窃电行为。按照《供电营业规则》相关规定，检查对窃电客户可以现场实施中止供电；对违约用电客户，在制止其违约用电行为的基础，应要求其承担一定数额的违约使用电费，对限期内拒不承担违约使用电费的违约用电客户，方可按照中止供电程序对其实施中止供电。

二、违约用电的检查方法

根据《中华人民共和国电力法》第三十二条规定，客户用电不得危害供电、用电安全和扰乱供电、用电秩序。对危害供电、用电安全和扰乱供电、用电秩序的，供电企业有权制止。在违约用电的检查过程中应采取灵活机动的检查方式。定期检查和突击检查相结合，定期检查应多做电力法律、法规宣传，突击检查要出其不意，有的放矢；自查与互查相结合，互相学习，交流检查经验，取长补短，提高检查水平。对内要做好组织落实，对外要加强宣传、制造声势。客户违约用电重点检查内容和方法如下：

1. 电价类别检查

客户电价类别的检查首先要了解客户的行业类别、供电电压、供电方式、用电容量、计量方式、负荷组成、现行电价等基本用电情况。然后到客户现场进行认真检查核对。依据《用电检查管理办法》第五条规定，客户有多类电价的检查的范围可延伸到相应目标所在处。常用检查方法如下：

（1）采用检查客户负荷接电位置的线路走向跟踪法，检查客户执行低电价的供电线路上是否接用电价高的用电设备。

（2）采用钳形电流表测算容量法，检查客户未安装电能计量装置执行不同电价类别的定量、定比的电能数量和比例是否与实际相符。

2. 用电容量检查

用电容量是客户受电变压器容量及不经受电变压器直接进入电网用电的电气设备容量的总和，也用于核定客户的用电能力。根据客户执行的电价类别不同其检查内容和检查方法也不同。

（1）单一制电价客户。执行单一制电价的客户的用电容量检查主要的方法有现场查看电流表推算容量法、根据客户月均用电量和用电时间推算容量法、使用钳形电流表测算容量法等方法进行检查，也可根据电能计量装置运行情况进行判断。因为电能计量装置的配置和用电容量有直接关系，现场用电检查时如发现客户电能计量装置非雷击等外部过电压烧坏，基本可以判断客户为过负荷烧坏。

（2）两部制电价客户。两部制电价就是将电价分为两部分，一部分是以客户进入系统的用电容量或需量计算电费的基本电价；另一部分是以客户计费表所计的电量来计算电费的电量电价。两部制电价发挥了价格经济杠杆的作用，促使客户提高设备利用率，减少不必要的设备容量，降低电能损耗。因此客户因计费的用电容量检查主要的方法有：

1）使用变压器容量测试仪，检查变压器容量和损耗参数。

2）不定期检查客户已办理暂停、减容的变压器加封情况，防止客户擅自拆封使用。

3）根据每月客户行业特点和月均用电量推断用电容量。

4）利用“远程抄表系统”每日定时抄客户用电负荷，分析客户日负荷曲线变化情况，确定用电容量。

5）采用生产工序相似用电量相近的比较方法，进行容量的推定检查。

3. 转供电检查

（1）转供电的要求。根据《供电营业规则》第十二条规定，使用临时电源的客户不得向外转供电，也不得转让给其他客户，供电企业不办理其变更用电事宜。如需为正式用电，应按新装用电办理；第十四条规定，客户不得自行转供电。在公用供电设施尚未到达的地区，供电企业征得该地区有供电能力的直供客户同意，可采用委托方式向其附近的客户转供电力，但不得委托重要的国防军工客户转供电。委托转供电应遵守下列规定：

1）供电企业与委托转供户（简称转供户）应就转供范围、转供容量、转供期限、转供费用、转供用电指标、计量方式、电费计算、转供电设施建设、产权划分、运行维护、调度通信、违约责任等事项签订协议。

2）转供区域内的客户（简称被转供户），视同供电企业的直供户，与直供户享有同样的用电权利，其一切用电事宜按直供户的规定办理。

3）向被转供户供电的公用线路与变压器的损耗电量应由供电企业负担，不得摊入被转供户用电量中。

4）在计算转供户用电量、最大需量及功率因数调整电费时，应扣除被转供户、公用线路与变压器消耗的有功、无功电量。最大需量按下列规定折算：①照明及一班制，每月用电量180kW·h，折合为1kW；②二班制，每月用电量360kW·h，折合为1kW；③三班制，每月用电量540kW·h，折合为1kW；④农业用电，每月用电量270kW·h，折合为1kW。

5）委托的费用，按委托的业务项目的多少，由双方协商确定。

（2）转供电检查的内容和方法。

1）采取多部门联合检查的方法，严禁客户向非法煤矿、排污不达标等关停企业转供电。

2）采用电量异常检查法，如居民客户电量异常增加或明显高于同类居民客户用电量来检查居民客户向商业铺面违约转供用电。

3）加大宣传力度，向客户介绍转供电的危害和违约责任，减少转供电行为。

三、窃电的检查方法

窃电的检查方法归纳起来包括直观检查法、电量检查法、仪表检查法、经济分析法。

1. 直观检查法

所谓直观检查法，就是通过人的感官，采用口问、眼看、鼻闻、耳听、手摸等手段，检查电能表、连接线、互感器，从中发现窃电的蛛丝马迹。

（1）检查电能计量装置。

1）装置安装牢固，铅封完好，设备无损坏。

2）计量装置选择符合要求。

3）检查电能计量装置运转情况。

（2）接线检查。

1）电能计量装置接线有无短路、开路或错接线。

2）检查TA、TV接线是否正确，有无改动接线情况。

3）检查TA、TV变比是否正确，与实际是否相符。

4）检查TA、TV运行工作情况，有无过热、过负荷情况等。

2. 电量检查法

（1）对照容量查电量。就是根据客户的用电设备容量及其构成，结合考虑实际使用情况对照检查实际计量的电量数。通常客户的用电设备容量与其用电量有一定比例关系，检查时应注意如下几个方面：

1）客户的用电设备容量。指其实际使用容量，而不是客户的报装容量。例如：①有的客户为了减小支付贴费，申请报装时有意少报用电设备容量，实际用电容量就非常接近报装容量甚至超过报装容量；②有的客户装表时虽然有一定裕度，但过一段时间后由于负荷增长比预计的要快，也可能造成满负荷或超负荷运行；③有的客户报装时由于对用电发展预期值过高，结果造成实际用电容量明显少于报装容量，甚至造成大马拉小车的现象发生；④有的客户因为生产形势变化等原因造成阶段性减容但又未办理减容手续的。

2）用电设备构成情况。主要是指连续性负荷和间断性负荷各占百分之多少，而不是动力负荷和照明负荷各占多少。对于工厂用电，照明和动力往往是同时使用的，如果是三班制生产的则基本是连续姓负荷，否则就是间断性负荷。对于宾馆、酒店、办公楼一类用电，空调的容量往往占了很大比例，因而其季节性变化很大。

3）检查实际使用情况。应注意现场核实，并考虑如下几个因素：①气候的变化；②生产、经营形势变化；③经济支付能力的变化。因为这些情况的变化将影响到设备的实际投用率，最终影响用电量的变化。

（2）对照负荷查电量。就是根据实测客户负荷情况，估算出用电量，然后以电能表的计算电量对照检查。具体做法如下：

1）连续性负荷电量测算法。适用于三班制生产的工厂和天气炎热时的宾馆这一类客户：①选择几个代表日，如选一个白天、一个晚上，或者选两个白天两个晚上，取其平均值为代表负荷；②用钳形电流表到现场实测出一次电流，或测出二次电流再换算成一次电流值；③根据客户负荷构成情况估算出功率因数；④根据实测电流、功率因数估算值计算出平均每天用电量，并将电能表的记录电量换算成日平均电量加以对照，正常情况下两者应接近，否则就有可能是电表少计或者测算有误，应通过进一步检测以查明原因。

2）间断性负荷测算法。这类负荷是指一天 24h 出现间断性用电，例如单班制或两班制的工厂，一般居民用电、办公楼用电等。测算这类负荷的用电量除了要遵循连续性负荷电量测算法的基本步骤外，还应把一天 24h 分成若干个代表时段，分别测出代表时段的负荷电流值，并分别计算出各个代表时段的电量值，然后累计一天的用电量。为了简化手续，通常可选两个代表日，每个代表日选 2～3 个代表时段即可。例如测算一般居民客户（无空调）的用电量，可选晚上 18：00～20：00 高峰用电期为第一时段，测出该时段的代表负荷并估算出该时段的电量；其他低谷期间为第二时段，测出该时段的代表负荷并估算出相应电量，峰期电量和谷期电量相加即为代表日的用电量。

（3）前后对照查电量。即把客户当月的用电量与上月用电量或前几个月的用电量对照检查，如发现突然增加或突然减少都应查明原因。电量突然比上月增加，则重点应查上个月；电量突然减少，则重点应查本月份。

1）用电量增加的原因：①抄表日期是否推后；②抄表过程是否有误，如抄错读数、乘错倍率等；③季节变化、生产经营形势变化等原因引起实际用电量增加；④上月及前几个月窃电较严重而本月窃电较少，或无窃电了。

2）查用电量减少的原因：①抄表日期是否提前；②抄表过程有误，造成本月少抄了；③实际用电量减少了；④原来无窃电而本月有窃电，或本月窃电更严重了。

3）电量无明显变化也不能轻易认为无窃电。例如：①有的客户一开始就有窃电；②用电量多时窃电而用电量少时不窃电，或多用多窃少用少窃的。

3. 仪表检查法

这是一种定量检查方法，通过采用普通的电流表、电压表、相位表（或伏安相位仪）进行现场定量检测，从而对计量设备的正常与否作出判断，必要时还可用标准电能表校验客户电表。

（1）用电流表检查。

1）用钳形电流表检查电流。这种方法主要用于检查电能表不经 TA 接入电路的单相客户和小容量三相客户。检查时将相、零线同时穿过钳口测出相、零线电流之和。单相电能表的相、零线电流不一定为零，但相、零线电流之和则应为零，否则必有窃电或漏电。

2）用钳形电流表或普通电流表检查有关回路的电流。目的主要是：①检查 TA 变比是否正确。对于低压 TA，检测时应分别测量一次和二次电流值，计算电流变比并与 TA 铭牌对照；至于高压 TA 无法直接测量一次电流的，可通过测量其低压侧一次电流然后换算成高压侧的一次电流，或者通过测量其他有关回路的二次电流进而推算到待测回路的一次电流。②检查 TA 有无开路、短路或极性接错。若 TA 二次电流为零或明显小于理论值，则通常是 TA 断线或短路，V—V 接线时若某线电流为其他两相电流的$\sqrt{3}$倍则有一台 TA 极性接反。③通过测量电流值粗略校对电能表。测量期间负荷电流应相对稳定，并根据用电设备的负荷性质估算出功率因数值，然后计算出电能表的实测功率（也可用盘面有功率表读数换算），读取某一时间段内电能表的转数，再与当时负荷下的理论转数对照检查。

（2）用电压表检查。可用普通电压表或万能表的电压挡，检测计量电压回路的电压是否正常。

1）检查有无开路或接触不良造成的失压或电压偏低。通常先检测电能表进出线端子，然后才根据实际需要往 TV 方面检查：①单相客户电能表的检测。正常时电压端子的电压应等于外部电压，无压则为电压小钩开路或电能表的进出零线开路，电压偏低则可能是电压小钩接触不良或者电能表接中性线串有高电阻。②不经 TV 接入的三相四线三元件电能表（或三只单相表）的检测。无压则为电压小钩开路，电压偏低则可能是电压小钩接触不良或者某相电压小钩开路，同时中性线断（这时一个元件电压为零，另两个元件的电压为 1/2 线电压）。③TV 采用 V—V12 接线时三相两元件电表电压回路的检测。正常时三个线电压约为 100V，若三个线电压相差较大，且有某些线电压为零或明显小于 100V，则有断线或接触不良。

2）检查有无 TV 极性接错造成的电压异常。例如当 V—V12 接线的 TV 一相级性接反，则检测时会出现某个线电压升高至$\sqrt{3}$倍正常线电压；当 Y—Y12 接线的 TV 一相或两相极性接反，则检测时会出现某个线电压为正常线电压的 1/3。

3）检查 TV 出线端至电能表的回路压降。正常情况下三相应平衡且压降不大于 2%：①三相平衡但压降较大，则可能是线路太长，线径太小或二次负荷太大；②TV 出线端电压正常但至电能表的某相压降太大，则可能是某相接触不良或负荷不平衡，也可能在某相回路中有串联阻抗。

（3）用相位表检查。可用普通相位表或伏安相位仪，通过测量电能表电压回路和电流回路间的相位关系从而判断电能表接线的正确性。由于不经互感器接入的电能表接线比较简单，通常采用直观检查或必要时测量相序（三相表）就可判断相位关系是否正确，因此，用相位表检查主要适用于经互感器接入电路的电能表。测量前应确认电压正常，相序无误，并注意负荷潮流方向和电表转向，以免造成误判断。

1）三相两元件电表接线的相位检测，通常可采用如下三种测法：①测进表线 $\dot{U}_{UV}$ 与 $\dot{I}_U$、$\dot{I}_V$、$\dot{I}_W$ 的相位差；②测进出线 $\dot{U}_{UV}$ 与 $\dot{I}_U$、$\dot{I}_W$ 的相位差；③分别测 $\dot{U}_{AB}$ 与 $\dot{I}_A$、$\dot{U}_{CB}$ 与 $\dot{I}_C$ 的相位差。

2）三相三元件电能表接线的相位检测。通常可采用如下两种测法：①测进表线 $\dot{U}_{UV}$ 与 $\dot{I}_U$、$\dot{I}_V$、$\dot{I}_W$ 的相位差；②分别测量 $\dot{U}_U$ 与 $\dot{I}_U$、$\dot{U}_V$ 与 $\dot{I}_V$、$\dot{U}_W$ 与 $\dot{I}_W$ 的相位差。测量过程应做好记录，并根据实测数据画出相量图，然后导出功率表达式和判断接线的正确性。

（4）用电能表检查。当互感器及二次接线经检查确认无误而怀疑是电能表不准时，可用准确的电能表现场校对或在校表室校验。

1）在校表室校表。将被校表装上试验台，测出某一时段内标准表写被校表的转盘转数，然后进行换算比较。

2）在现场校表。宜选用与被校表同型号的正常电能表作为参考表串入被校表电路中，校验表盘转数的方法与试验室常规校表的方法相同。若怀疑表内字车有问题，校验的方法：①抄出被校表与参考表的起始码；②装好参考表后宜将表盘封闭，然后投入运行；③几小时后或 1～2 天后读取被校表与参考表的读数，计算出各自电量；④计算被校表误差，判断字车是否正常，若误差较大则说明字车有问题。对于三相平衡负荷，为了简化接线手续，也可用单相电能表作为参考表，但单相电能表应接入相电压和相电流，然后将单相电能表的记录电量乘 3 就是三相电量。用电能表检查时应注意，用电能表转盘转数校验认为正常的电能表，其实际记录电量都未必正常。这是因为电能表计数器是累积式的，在短时区内（例如几分钟内）读数的变化不能代表准确的电量变化，尤其是采用机械计数器的电能表，通常是转盘转动数几十转至几百转才跳字一次，因此，通过校验转盘无误码率的电能表有时还要校字车。

3）装设监测电能表。①对于采用高压专线供电并在线路末端计量（例如有多台配电变压器分别计量）的客户，在馈线出口处还应装设一套监测电能表；②对于普通客户可采用适当分区后在干线或主分支线装设监测电能表，以便发现问题和侦查窃电，同时也有利于供电部门内部抄表考核。例如：公共配电变压器可在低压侧装设总表，并在各条干线及主分支线加装分表，10kV 高压客户也可在干线和支线分片装设内部考核的高压计量箱等。

4. 经济分析法

经济分析法包括两个方面：一方面是对供电部门内部的电网经济运行状况进行调查分析，从线损率指标入手侦查窃电；另一方面是从客户的单位产品耗电量及功率因数考核入手侦查窃电。

（1）线损率分析法。电网的线损率由理论线损和管理线损构成。其中，由电网设备参数和运行工况决定的线损为理论线损，这部分线损电量通常可以采用计算、估算、在线实测得到；由供电部门的管理因素和人为因素造成的线损电量为管理线损，这里面除了供电部门的自身因素，就是窃电造成的电量损失。从线损率指标入手侦查窃电的方法步骤如下：

1）做好统计线损率的计算和分析。每月、每季、每年度的统计线损定期计算统计，并定期召开线损分析会，及时掌握线损动态，不但要做好全局线损的统计分析，同时应逐条回路、逐台公用变压器进行统计、分析、比较。

2）做好理论线损的计算、分析和推广理论线损的在线实测。这项工作开展起来难度较大，一方面要有专人负责，定期进行；另一方面要结合实际灵活应用。110kV 及以上电网可采用计算机辅助计算为主；10kV 电网可采用计算机辅助计算和线损测量仪表在线实测；0.4kV 电网则宜采用估算法为主。

3）通过加强管理，减少用电营业人员人为因素造成的电量损失，并且对由于这方面因素造成的电量损失要做到心中有数，以免对分析判断造成误导。

4）从时间上对线损率变化情况进行纵向对比。例如某线路或某台配电变压器的线损率在某个时间段突然增加或减少（尤其注意突增情况），在理论线损的计算（或实测）、分析、对比统计线损的出差值后，如果差值较大，就应进一步查找管理线损的构成因素和检查有无窃电。

5）从空间上对线损率差异情况进行横向对比。例如某条线路或某个配电变压器的线损率与别的设备参数和运行工况类似的线路或配电变压器对比，若线损率明显偏高，这种情况下就不必进行理论线损的计算分析，而直接查找管理线损因素和检查有无窃电行为。

（2）客户单位产品耗电量分析法。所谓单位产品耗电量，是指以客户用于生产管理的总用电量除以其单位产品总数量所得出的平均单位产品耗电量。其计算公式为

$$W_D = \frac{W}{M}$$

式中 W_D——单位产品耗电量；

W——客户用于生产管理总耗电量；

M——客户所生产单位产品总数。

对于上式所需数据，查电人员一般都可以通过各种方法获得。对于单位产品耗电量，国家对一些常见工业产品都颁布有单位产品耗电量定额，而对于某些不常见单位产品耗电量，查电人员也可以参考本地其他厂家或其他相近产品的单位产品耗电量。查电人员掌握了某客户的实际单位产品耗电量以后，就可以和国家颁布的标准或其他客户单位产品耗电量作为比较，从而对客户的用电情况作出评价。查电人员对客户单位产品耗电量数据的获取途径一般有以下几种方法：

1）计算法。直接计算法是指查电人员从客户的电能计算装置取得总耗电量数据，并从客户的生产报表中取得客户的单位产品总数，再根据公式计算而得其单位产品耗电量。

2）间接推算法。间接推算法是指查电人员在取得与客户单位产品有直接或间接联系的数据后，通过推算其单位产品的总数的方法。与单位产品总数有联系的数据，例如客户每月上缴税款、海关报关产品数字等，都可以推算出该客户的单位产品数量，从而利用当月该客户的用电量计算出其单位产品耗电量。

单位产品耗电量分析法通常只适用于工矿企业，而不适用一般的小客户。由于客户的产品总数比较难以掌握，要求查电人员必须经常了解客户的生产情况和经营状况。

（3）客户功率因数分析法。一般客户的用电设备在吸收有功和无功电能时，其有功和无功电量的比例就反映出了该设备的自然功率因数，而对于某一个固定的生产设备其自然功率因数是比较稳定的。计算功率因数的公式为

$$\cos\varphi = \frac{P}{S} = \frac{P}{\sqrt{P^2 + Q^2}}$$

式中 $\cos\varphi$——功率因数；

P——有功电量；

Q——无功电量；

S——视在电量。

对于某一种类型的企业或生产厂，由于其生产设备大同小异，而且客户的生产设备是相对固定的，所以说一个生产稳定的客户从电能计量所反映出来的有功和无功电量的比例是相对稳定的。一般的偷电者比较难保持从计量装置反映出来的功率因数不变，因此，对客户功率因数的监视也是一种侦查偷电的方法。

功率因数分析法的具体内容比较简单。首先从客户的历史用电量中掌握客户过去的功率

因数变化情况，以及与该客户生产类型和情况相似的厂的功率因数或参考有关资料记载。然后通过本次抄见电量计算客户的功率因数，再与历史功率因数或相关数据比较。一般客户的功率因数变化都在10%以内，若有接近10%或超过者，须查明其原因。

在检查客户功率因数出现异常时，除了要检查该客户的电能计量装置之外，还要重点检查客户有没有安装无功补偿装置及其运行状况。因为在实际操作中，经常遇到由于无功补偿装置故障而引起客户功率因数突变的情况。

5. 装设电力负荷控制终端及网络表

装设电力负荷管理控制终端，是新一代用电监测终端，应用于为客户服务、用电稽查、有序用电、错峰用电、安全用电、缓解用电紧张提供可靠的技术手段。装置内置电压、电流采样和电流回路TA一次侧短路、二次侧短路、开路的防窃电模块起到防窃电功能。

第三节　取证的方法与内容

证据是能够证明案件真实情况的事实，是行为人在一定的时空里，通过一定的行为，遗留在现场的痕迹、印象。违约用电、窃电的查处包括行为的查明和事实的处理两部分内容。查明用电检查人员发现违约用电、窃电行为并获取相关证据，认定违约用电、窃电事实。处理是指供电企业有充分证据对认定的违约用电、窃电者，依法追补其电费及违约使用电费或提请电力部门及公安、司法机关进行处理。由此可见，做好现场违约、违规用电证据收集工作对后续的事实认定和处理至关重要，本节将对相关取证的方法和内容知识进行简单介绍。

一、违约用电、窃电行为应具备的条件

(1) 主体要件。客户，包括个人和单位。

(2) 客体要件。破坏供用电秩序，对正常生产和人民生活造成了影响和危害。

二、违约用电、窃电证据的特点

客户违约用电、窃电证据具有证据的一般的特征，即客观性与关联性，此外，由于电能的特殊属性所决定，违约用电、窃电证据表现出不同于其他证据的独立特性，即不完整性和推理性。

(1) 客观性是指证明违约用电、窃电案件存在和发生的证据是客观存在的事实，而非主观猜测和臆想的虚假的东西。

(2) 关联性是指证据事实与违约用电、窃电案件有客观联系，二者之间不是牵强附会或者毫不相关。

(3) 不完整性是指由于电能的特殊属性所致，只能获得违约用电、窃电行为的证据，有时无法直接获取违约用电、窃电财物—电能的证据，即违约用电、窃电案件无法人赃俱获。

(4) 推定性是指如发生窃电行为，窃电量往往无法通过用电量装置记录，只能依赖间接证据推定窃电时间进行计算。

三、对违约用电、窃电证据的要求

用于定案的违约用电、窃电证据，同其他证据一样，必须同时具备合法性、客观性、关联性，缺一不可。

(1) 依法获取证据。违约用电、窃电证据的取得必须合法，只有通过合法途径取得的证据才能作为处理的依据。

(2) 用电检查人员执行检查任务履行法定手续，而且不能滥用或超越电力法及配套规定所赋予的用电检查权。

(3) 经检查确认，确定有违约用电、窃电的事实存在。

(4) 违约用电、窃电取证保全严格依法执行。

(5) 物证的制作应完整规范。

四、证据的获取

1. 依法收集窃电证据

证据的取得必须合法，只有通过合法途径取得的证据才能作为定案的依据。因此，收集窃电证据时必须注意以下事项：

(1) 用电检查人员具有用电检查资格，而且不能滥用或超越电力法及配套规定所赋予的用电检查权。

(2) 执行检查任务时履行了法定手续。

(3) 经检查确认，确实有盗窃电能的事件发生。

(4) 窃电取证严格依法进行。

用电检查人员应当严格按照法定的程序进行用电检查。程序合法是证据合法有效的前提。用电检查人员依法进行用电检查发现窃电行为时，收缴窃电工具、进行现场勘查、询问窃电行为人、拍摄现场照片等，这些都是合法的行为。但是，在采取录音方式取证时，必须履行法定程序，即征得被录音人同意。最高人民法院司法解释明确规定："未经对方当事人同意私自录制其谈话，系不合法行为，以这种手段取得的录音资料不能作为证据使用"。因此，用电检查人员对这点必须加以注意。

2. 有效取证部门

对违约用电、窃电案件具有法定取证职责的部门包括供电企业、公安机关和人民法院，以供电企业为主。供电企业查获窃电后，在案情重大的情况下，应请公证人员到现场，由公证人员对现场窃电状况进行公证，取得有力证据，人民法院通常将公证证据作为认定事实的依据。

3. 违约用电、窃电取证的方法和内容

违约用电、窃电取证的方法和内容比较多，主要包括以下方面：

(1) 供电企业自行取证。

1) 拍照。

2) 摄像。

3) 录音（需征得当事人同意）。

4) 提取损坏的用电计量装置。

5) 收集伪造或者开启加封的用电计量装置封印。

6) 收缴使用用电计量装置不准或失效的窃电装置、窃电工具。

7) 在用电计量装置上遗留的窃电痕迹的提取及保全。

8) 制作用电检查的现场勘验笔录。

9) 经当事人签字的询问笔录。

10) 经当事人签字的用电检查通知书（告知窃电事实）。

11) 收集客户用电量显著异常变化的电费单据。

12）收集当事人、知情人、举报人的书面陈述材料。

13）收集专业试验、专项技术鉴定结论材料。

14）供电部门的线损资料、值班记录。

15）客户产品、产量、产值统计表。

16）该产品平均耗电量数据表。

（2）公安部门、人民法院取证。对供电企业因客观原因不能自行收集的证据，由公安部门、人民法院进行取证。例如，当事人有关内部生产信息档案，人民法院认为需要鉴定、勘验的证据材料，当事人之间各自提供的证据相互矛盾无法认定的，公安部门、人民法院认为还需收集的其他证据。

（3）针对不同的主体，收集、提取不同的证据。对居民客户发生违约用电、窃电的，只需收集上述第（1）条款中的1)～11）项窃电证据。对企业、事业单位、低压电力户违约用电、窃电的，除要收集上述第（1）条款中的1)～11）项窃电证据外，还应结合实际处理情况收集12)～16）项证据。对制造、销售窃电工具的，要收集该产品的说明书、产品、设计图纸、销售渠道（网点），尽快向公安机关报案。

4. 注意事项

（1）收集、提取证据要主动及时。违约用电、窃电证据是能够证明窃电案件真实情况的事实，是行为人在某一时间段，通过一定的行为，遗留在窃电现场的痕迹、印象。如窃电分子的口供、签字、笔录、现场情况、作案工具、计量检定机构的鉴定及其他特殊证据。一般而言，其表现形式为一定的物品、痕迹或语言文字，而这些与时间具有密切的关系，离案发时间越近，发现和提取这些证据的可能性就越大，知情人的记忆越清晰，其真实性就越强，证据就越充分和有价值。

（2）取证行为要合法。用电检查人员执行检查任务时要严格履行工作程序，填制相关单据并经当事人签字确认，同时取证过程应严格依法进行，不能滥用或超越电力法规赋予的用电检查权。

（3）窃电物证的提取要完整，保存要规范。

第四节　处　理　依　据

用电检查人员对客户用电情况进行检查，发现客户存在违约用电、窃电行为时，可以依据《中华人民共和国电力法》第三十二条“对危害供电、用电安全和扰乱供电、用电秩序的，供电企业有权制止”的相关规定，制止其不法用电行为，并提出处理意见。但处理时，一定依照相关法律、法规规定，本着尊重事实，实事求是的原则，客观、公正地处理问题。

一、违约用电、窃电处理的方式

1. 警告

对有违约用电、窃电迹象的或情节较轻的客户，要及时提出警告，告知其可能出现的后果。

2. 通知改正

对存在违约用电、窃电行为的，应当下达《用电检查结果通知》和《违约用电、窃电通知书》，给予书面通知，明确告知其违法行为及应当承担的法律后果。

3. 追缴差额电费并违约使用电费

按照《供电营业规则》相关规定，客户存在违约用电、窃电现象，对存在电费损失现象的，应追缴差额丢失电费，并要求客户承担一定数额的违约使用电费。

4. 中止供电

按照《供电营业规则》相关规定，对窃电客户可以现场实施中止供电；对违约用电客户，应制止其违约用电行为，并要求其承担一定数额的违约使用电费。对限期内拒不承担违约使用电费的违约、窃电客户，可以按照中止供电程序对其实施中止供电。

5. 请求电力管理部门解决

对于拒绝承担违约用电、窃电责任的，供电企业可以请求上级电力管理部门依法处理。

6. 请求司法机关处理

对于查处违约用电、窃电过程中发生的治安、刑事等事件，由公安机关立案处理或由公安机关提请司法机关介入处理。对于拒不接受窃电处理的，供电企业也可以提起民事诉讼，请求人民法院处理，维护供电企业的合法权益。

二、处理违约用电与窃电的依据

1. 可引用的相关法律、条例、规则

(1)《中华人民共和国刑法》第二十九条、第二百六十四条、第二百七十七条、第二百九十五条。

(2)《中华人民共和国电力法》第三十二条、第六十五条、第七十条、第七十一条。

(3)《电力供应与使用条例》第三十条、第三十一条、第三十八条、第四十条、第四十一条。

(4)《用电检查管理办法》第十九条、第二十条、第二十一条。

(5)《供电营业规则》第六十六条、第六十九条、第一百条、第一百零一条、第一百零二条、第一百零三条、第一百零四条、第一百零五条。

(6)《供用电监督管理办法》第十四条、第十七条、第二十条、第二十四条、第二十五条、第二十八条、第二十九条。

2. 一般处理引用的具体条款

供电企业在引用有关违约用电、窃电处理的法律、法规条款时，较为常见且适用的是引用《供电营业规则》相关处理规定。

(1) 违约用电处理规定。《供电营业规则》第一百条规定：危害供用电安全，扰乱正常供用电秩序的行为，属于违约用电行为。供电企业对查获的违约用电行为应及时予以制止。有下列违约用电行为者，应承担其相应的违约责任：

1) 在电价低的供电线路上，擅自接用电价高的用电设备或私自改变用电类别的，应按实际使用日期补交其差额电费，并承担二倍差额电费的违约使用电费，使用起讫日期难以确定的，实际使用时间按三个月计算。

2) 私自超过合同约定的容量用电的，除应拆除私增容设备外，属于两部制电价的客户，应补交私增设备容量使用月数的基本电费，并承担三倍私增容量基本电费的违约使用电费；其他客户应承担私增容量每千瓦（千伏安）50 元的违约使用电费。如客户要求继续使用者，按新装增容办理手续。

3) 擅自超过计划分配的用电指标的，应承担高峰超用电力每次每千瓦 1 元和超用电量与现行电价电费五倍的违约使用电费。

4）擅自使用已在供电企业办理暂停手续的电力设备或启用供电企业封存的电力设备，应停用违约使用的设备。属于两部制电价的客户，应补交擅自使用或启用封存设备容量和使用月数的基本电费，并承担二倍补交基本电费的违约使用电费；其他客户应承担擅自使用或启用封存设备容量每次每千瓦（千伏安）30 元的违约使用电费。启用属于私增容被封存的设备的，违约使用者还应承担本条第 2 项规定的违约责任。

5）私自迁移、更动和擅自操作供电企业的用电计量装置、电力负荷管理装置、供电设施以及约定由供电企业调度的客户受电设备者，属于居民客户的，应承担每次 500 元的违约使用电费；属于其他客户的，应承担每次 5000 元的违约使用电费。

6）未经供电企业同意，擅自引入（供出）电源或将备用电源和其他电源私自并网的，除当即拆除接线外，应承担其引入（供出）或并网电源容量每千瓦（千伏安）500 元的违约使用电费。

（2）窃电处理规定。《供电营业规则》第一百零二条规定：供电企业对查获的窃电者，应予制止，并可当场中止供电。窃电者应按所窃电量补交电费，并承担补交电费三倍的违约使用电费。拒绝承担窃电责任的，供电企业应报请电力管理部门依法处理。窃电数额较大或情节严重的，供电企业应提请司法机关依法追究刑事责任。

1）窃电量的确定。根据《供电营业规则》第一百零三条的规定，窃电量按下列方法确定：①在供电企业的供电设施上擅自接线用电的，所窃电量按私接设备额定容量（千伏安视同千瓦）乘以实际使用时间计算确定；

②以其他行为窃电的，所窃电量按计费电能表额定电流值（对装有限流器的，按限流器整定电流值）所指的容量（千伏安视同千瓦）乘以实际窃用的时间计算确定。

2）窃电时间的确定。窃电时间无法查明时，窃电日数至少以 180 天计算，每日窃电时间：电力客户按 12h 计算，照明客户按 6h 计算。

？复习思考题

1. 试述违约用电及窃电的定义。
2. 简述违约用电及窃电的种类。
3. 检查违约用电及窃电时有什么要求？
4. 简述违约用电的检查方法有哪些？
5. 简述窃电的检查方法有哪些？
6. 发现违约用电或窃电时，取证的方法和内容有哪些？
7. 《供电营业规则》对违约用电处理是如何规定的？
8. 《供电营业规则》对窃电处理是如何规定的？

第七章

客户用电检查

第一节 周期性检查

周期性检查就是按周期对客户执行有关电力法律法规、履行供用电合同、电气运行管理、设备安全状况及电工作业行为等多方面进行用电检查。

一、用电检查的周期和内容

1. 用电检查的周期

(1) 10kV及以上电压等级客户，每12个月至少检查一次。

(2) 不满10kV低压动力客户，每24个月至少检查一次。

(3) 居民客户的日常检查由各营业所（站）、供电所（站）自行组织检查。

(4) 对于重要客户，各供电分（支）公司视情况适当缩短检查周期，煤矿等高危行业应每3个月检查一次。

2. 周期性检查的内容

(1) 核对客户基本情况。重点核对客户户名、地址、用电类别、用电负责人、停（送）电联系人、调度联系电话、受电电源、设备编号、电气设备主接线、用电设备参数（如用电容量、互感器变比等）；生产班次、生产工艺流程、负荷构成、负荷变化情况；非并网自备电源的连接、容量等情况。

(2) 检查客户执行国家有关电力法规、方针、政策、标准、规章制度情况。

(3) 检查客户进网作业电工资质、进网作业安全状况及作业安全措施。

(4) 检查《供用电合同》及有关协议履行和变更情况。

(5) 检查客户变电所（站）内各种规章制度、运行管理制度的建立及执行情况；检查电气日志台账的记录情况。

(6) 检查客户变电所（站）安全防护措施情况。如防小动物、防雨雪、防火、防触电等措施；安全用具、临时接地线、消防器具是否齐全且试验合格。

(7) 检查客户供电事故应急预案的编制及演练情况，督促客户制定电力故障反事故措施。

(8) 检查操作票、工作票及工作许可制度执行情况。

(9) 检查电能计量装置及运行情况，检查计量配置是否合理。

(10) 检查客户受电端电能质量状况，针对影响电能质量的冲击性、非线性、非对称性负荷，采取相应监测、治理措施。

(11) 检查客户无功补偿设备投用情况和功率因数情况，督促客户达到《供电营业规则》第四十一条规定当电网高峰负荷时客户应达到功率因数值。

(12) 检查多回路电源（含自备发电机）闭锁装置及返送电措施。

(13) 检查客户高压电气设备的周期试验情况、保护整定值是否合理及继电保护和自动装置周期校验情况。

（14）督促客户对国家明令淘汰的用电设备进行更新、改造。

（15）检查客户对前次检查发现设备安全缺陷的处理情况和其他需要采取改进措施的落实情况。

（16）了解客户生产工艺流程，检查客户是否存在可执行错、避峰用电的用电设备，以及相关的节能措施。

（17）检查供电企业是否与客户签订有关错、避峰用电协议，以及客户在电网负荷高峰期错、避峰用电的执行情况。

（18）检查系统及客户电气设备安全运行情况，是否具备防止返送电事故措施。

（19）检查客户是否存在违约用电、窃电行为。

（20）法律规定的其他检查。

3. 周期性检查的范围

用电检查的主要范围是客户受电装置，但被检查客户有下列情况之一者，检查的范围可延伸至相应目标所在处：

（1）有多类电价的。

（2）有自备电源设备（包括自备发电厂）的。

（3）有二次变压配电的。

（4）有违约现象需延伸检查的。

（5）有影响电能质量的用电设备的。

（6）发生影响电力系统事故需作调查的。

（7）客户要求帮助检查的。

（8）法律规定的其他用电检查。

二、检查问题处理

（1）用电检查人员现场检查确认客户的设备状况、电工作业行为、运行管理等方面存在用电安全隐患的，应书面下发《用电检查结果通知》要求客户限期整改，并检查整改落实情况；对限期内未消除缺陷隐患的，应再次予以书面督促；高危及重要客户，还应向政府相关部门作出书面请示、报告。客户应对设备的安全负责，对经督促仍未整改而发生电气事故的，供电企业不承担因被检查设备不安全引起的任何直接损坏或损害的赔偿责任。

（2）客户在限期内未按照《用电检查结果通知》要求整改的，供电企业可根据《供电营业规则》第六十六条对客户中止供电。中止供电须经本单位主管领导批准，提前7天将《停电通知书》送达客户，重要客户还应将《停电通知书》上报同级电力管理部门；停电前30min，应将停电时间再通知客户一次，方可在规定的停电时间内实施停电。

（3）现场用电检查客户存在违约用电、窃电行为的，应书面下发《用电检查结果通知书》，通知客户限期内到供电企业交纳有关补收电费及违约使用电费，并要求客户立即停止违约、窃电行为。客户在限期内未到供电企业交纳由于违约或窃电引起的费用的，供电企业可根据《供电营业规则》第六十六条对客户中止供电，有关中止供电程序同上。

（4）客户在引起中止供电的原因消除后，供电企业应在3个工作日内恢复供电。

第二节 非周期性检查

非周期性检查是在周期性检查的基础上，根据工作需要临时开展的部分用电安全检查，其检查重点主要是针对客户的安全管理和电气设备的安全运行。

非周期性检查是对周期检查的补充，其检查内容主要包括季节性检查、客户事故调查、客户供电工程中间检查和竣工验收检查、专项检查等。

（一）季节性检查

季节性检查是指每年的春季、秋季安全检查及根据工作需要安排的专业性检查。检查重点是客户受电装置的防雷情况、设备电气试验情况、继电保护和安全自动装置等情况。对10kV及以上电压等级的客户，每年必须开展春、夏、秋季安全专项检查。检查内容包括：

（1）防污检查。检查重污区客户反污措施的落实，推广防污新技术，督促客户改善电气设备绝缘质量，防止污闪事故发生。

（2）防雷检查。在雷雨季节到来之前，检查客户设备的接地系统、避雷针、避雷器等设施的安全完好性。

（3）防汛检查。汛期到来之前，检查所辖区域客户防洪电气设备的检修、预试工作是否落实，电源是否可靠，防汛的组织及技术措施是否完善。

（4）防冻检查。冬季到来之前，检查客户电气设备、消防设施防冻等情况。

（二）客户事故调查

客户事故调查是指客户电气设备发生事故后，进行事故调查、分析并汇报有关部门。

（三）客户供电工程中间检查和竣工验收检查

客户供电工程中间检查和竣工验收检查是指客户新装供电工程接入系统电网运行或原供电工程发生变更、改造，供电企业对客户受（送）电装置工程施工是否符合国家和电力行业施工规范要求，是否符合并网所需的安全、计量、调度等管理要求进行检验。检查内容包括：

1. 土建验收

在供电工程土建施工完毕后，对电缆接地装置预埋件、暗敷管线等隐蔽工程应配合土建事先检查验收。

2. 中间检查

中间检查就是按照原批准的设计文件，对客户变（配）电所的电气设备、变压器容量、继电保护、防雷设施、接地装置等方面进行全面的检查。是对整个变（配）电工程的施工质量进行的一次初步而又全面的检查，以确保各种电气的安装工艺符合《电气装置安装工程施工及验收规范》以及其他有关规程的各项规定。中间检查的主要内容：

（1）检查工程是否符合设计要求；检查有关的技术文件是否齐全，如设备的规格及其说明书、产品出厂合格证件等。

（2）检查所有的安全措施是否符合《电气装置安装工程施工及验收规范》及现行的安全技术堆积的规定。对于电气距离小于规定的安全净距的设备，应在其周围采取相应的安全措施，如加强绝缘、加装遮栏等，从而为变（配）电所的运行、检修人员创造安全的工作条件。

(3) 对于全部电气装置进行外观检查，确定工程质量是否符合规定。

(4) 检查隐蔽工程如电缆沟的施工、电缆头的制作、接地装置的埋设等。

(5) 检查所有高压开关的联锁装置，双电源的客户还必须加装防窜电的联锁装置。

(6) 检查通信联络装置是否安装完毕。对于 35kV 及以上的变电所，要求安装专用电话；10kV 及以下供电的小电力客户，应明确联络电话及负责人。

(7) 在中间检查期间应通知客户对负荷监测仪表、继电保护等进行相应的准确度调试，对设备并网运行前应做相关试验，并通知进网电工培训；要求客户着手配备安全工具、消防器材、必要的规程、管理制度，以及各种必要的记录表格。

3. 竣工检查

供电工程竣工后，供电企业根据施工单位提供的竣工报告和资料，组织运行、设计、施工等单位按设计图、设计规程、运行规程、验收规范和各种防范措施等要求，对供电工程的工程质量进行全面检查、验收。高压客户竣工验收的主要内容：

(1) 变压器验收的主要内容。

1) 电力变压器的试验项目，应包括下列内容：

a. 绝缘油试验或 SF_6 气体试验。

b. 测量绕组连同套管的直流电阻。

c. 检查所有分接头的电压比。

d. 检查变压器的三相接线组别和单相变压器引出线的极性。

e. 测量与铁心绝缘的各紧固件（连接片可拆开者）及铁心（有外引接地线的）绝缘电阻。

f. 非纯瓷套管的试验。

g. 有载调压切换装置的检查和试验。

h. 测量绕组连同套管的绝缘电阻、吸收比或极化指数。

i. 测量绕组连同套管的介质损耗角值 $\tan\delta$。

j. 测量绕组连同套管的直流泄漏电流。

k. 变压器绕组变形试验。

l. 绕组连同套管的交流耐压试验。

m. 绕组连同套管的长时感应电压试验带局部放电试验。

n. 额定电压下的冲击合闸试验。

o. 检查相位。

p. 测量噪声。

除以上规定的原因外，各类变压器试验项目应按下列规定进行：容量为 1600kVA 及以下油浸式电力变压器的试验，可按本条的第 a.、b.、c.、d.、e.、f.、g.、h.、l.、n.、o. 款的规定进行；干式变压器的试验，可按本条的第 b.、c.、d.、e.、g.、h.、l.、n.、o. 款的规定进行。

2) 变压器、电抗器检查验收项目如下：

a. 本体、冷却装置及所有附件应无缺陷，且不渗油。

b. 轮子的制动装置应牢固。

c. 油漆应完整，相色标志正确。

d. 变压器顶盖上应无遗留杂物。

e. 事故排油设施应完好，消防设施齐全。

f. 储油柜、冷却装置、净油器等油系统上的油门均应打开，且指示正确。

g. 接地引下线及其与主接地网的连接应满足设计要求，接地应可靠。铁心和夹件的接地引出套管、套管的接地小套管及电压抽取装置不用时其抽出端子均应接地；备用电流互感器二次端子应短接接地；套管顶部结构的接触及密封应良好。

h. 储油柜和充油套管的油位应正常。呼吸器完好，吸潮剂不变色。

i. 分接头的位置应符合运行要求；有载调压切换装置的远方操作应动作可靠，指示位置正确。

j. 变压器的相位及绕组的接线组别应符合并列运行要求。

k. 测温装置指示应正确，整定值符合要求。

l. 冷却装置试运行应正常，联动正确；水冷装置的油压应大于水压；强迫油循环的变压器、电抗器应起动全部冷却装置，进行循环 4h 以上，放完残留空气。

m. 变压器、电抗器的全部电气试验应合格；保护装置整定值符合规定；操作及联动试验正确。

（2）断路器验收的主要内容。

1）油断路器试验项目应包括下列内容：

a. 测量绝缘电阻。

b. 测量 35kV 多油断路器的介质损耗角值 tagδ。

c. 测量 35kV 以上少油断路器的直流泄漏电流。

d. 交流耐压试验。

e. 测量每相导电回路的电阻。

f. 测量油断路器的分、合闸时间。

g. 测量油断路器的分、合闸速度。

h. 测量油断路器主触头分、合闸的同期性。

i. 测量油断路器合闸电阻的投入时间及电阻值。

j. 测量油断路器分、合闸线圈及合闸接触器线圈的绝缘电阻及直流电阻。

k. 油断路器操动机构的试验。

l. 断路器均压电容器试验。

m. 绝缘油试验。

n. 压力表及压力动作阀的检查。

2）六氟化硫（SF_6）断路器试验项目应包括下列内容：

a. 测量绝缘电阻。

b. 测量每相导电回路的电阻。

c. 交流耐压试验。

d. 断路器均压电容器的试验。

e. 测量断路器的分、合闸时间。

f. 测量断路器的分、合闸速度。

g. 测量断路器主、辅触头分、合闸的同期性及配合时间。

h. 测量断路器合闸电阻的投入时间及电阻值。

i. 测量断路器分、合闸线圈绝缘电阻及直流电阻。

j. 断路器操动机构的试验。

k. 套管式电流互感器的试验。

l. 测量断路器内 SF_6 气体的含水量。

m. 密封性试验。

n. 气体密度继电器、压力表和压力动作阀的检查。

3）真空断路器的试验项目，应包括下列内容：

a. 测量绝缘电阻。

b. 测量每相导电回路的电阻。

c. 交流耐压试验。

d. 测量断路器主触头的分、合闸时间，测量分、合闸的同期性，测量合闸时触头的弹跳时间。

e. 测量分、合闸线圈及合闸接触器线圈的绝缘电阻和直流电阻。

f. 断路器操动机构的试验。

4）油断路器的检查验收项目：

a. 断路器应固定牢靠，外表清洁完整。

b. 电气连接应可靠且接触良好。

c. 断路器应无渗油现象，油位正常。

d. 断路器及其操动机构的联动应正常，无卡阻现象；分、合闸指示正确；调试操作时，辅助开关动作应准确可靠，触点无电弧烧损。

e. 瓷套应完整无损，表面清洁。

f. 油漆应完整，相色标志正确，接地良好。

5）SF_6 断路器检查验收项目：

a. 断路器应固定牢靠，外表清洁完整；动作性能符合规定。

b. 电气连接应可靠且接触良好。

c. 断路器及其操动机构的联动应正常，无卡阻现象；分、合闸指示正确；辅助开关动作正确可靠。

d. 密度继电器的报警、闭锁定值应符合规定；电气回路传动正确。

e. SF_6 气体压力、泄漏率和含水量应符合规定。

f. 油漆应完整，相色标志正确，接地良好。

6）真空断路器检查验收项目：

a. 真空断路器应固定牢靠，外表清洁完整。

b. 电气连接应可靠且接触良好。

c. 真空断路器与其操动机构的联动应正常，无卡阻；分、合闸指示正确；辅助开关动作应准确可靠，接点无电弧烧损。

d. 灭弧室的真空度应符合产品的技术规定。

e. 并联电阻、电容值应符合产品的技术规定。

f. 绝缘部件、瓷件应完整无损。

g. 油漆应完整、相色标志正确，接地良好。

7）断路器操作机构验收检查项目：

a. 操动机构应固定牢靠，外表清洁完整。

b. 电气连接应可靠且接触良好。

c. 液压系统应无渗油，油位正常；空气系统应无漏气；安全阀、减压阀等应动作可靠；压力表应指示正确。

d. 操动机构与断路器的联动应正常，无卡阻现象；分、合闸指示正确；压力开关、辅助开关动作应准确可靠，接点无电弧烧损。

e. 操动机构箱的密封垫应完整，电缆管口、洞口应予封闭。

f. 油漆应完整，接地良好。

（3）负荷开关、隔离开关、高压熔断器的验收检查项目：

1）负荷开关、隔离开关及高压熔断器的安装质量检查，应符合下列要求：

a. 接线端子及载流部分应清洁，且接触良好，触头镀银层无脱落。

b. 绝缘子表面应清洁，无裂纹、破损、焊接残留斑点等缺陷，瓷铁黏合应牢固。

c. 隔离开关的底座转动部分应灵活，并应涂以适合当地气候的润滑脂。

d. 操动机构的零部件应齐全，所有固定连接部件应紧固，转动部分应涂以适合当地气候的润滑脂。

e. 合闸时三相不同期值应符合产品的技术规定。

f. 相间距离及分闸时，触头打开角度和距离应符合产品的技术规定。

g. 触头应接触紧密良好。

h. 油漆应完整、相色标志正确，接地良好。

2）隔离开关安装质量，应符合下列要求：

a. 隔离开关的相间距离的误差。110kV 及以下不应大于 10mm，110kV 以上不应大于 20mm。相间连杆应在同一水平线上。

b. 支柱绝缘子应垂直于底座平面（V 形隔离开关除外），且连接牢固；同一绝缘子柱的各绝缘子中心线应在同一垂直线上；同相各绝缘子柱的中心线应在同一垂直平面内。

c. 隔离开关的各支柱绝缘子间应连接牢固；触头相互对准、接触良好；其缝隙应用腻子抹平后涂以油漆。

d. 均压环（罩）和屏蔽环（罩）应安装牢固、平正。

e. 隔离开关的闭锁装置应动作灵活、准确可靠；带有接地刀刃的隔离开关，接地刀刃与主触头间的机械或电气闭锁应准确可靠。

f. 隔离开关及负荷开关的辅助开关应安装牢固，并动作准确，接触良好，其安装位置应便于检查；装于室外时，应有防雨措施。

3）高压熔断器的安装，应符合下列要求：

a. 带钳口的熔断器，其熔丝管应紧密地插入钳口内。

b. 装有动作指示器的熔断器，应便于检查指示器的动作情况。

c. 跌落式熔断器的熔管的有机绝缘物应无裂纹、变形；熔管轴线与铅垂线的夹角应为 150°～300°，其转动部分应灵活；跌落时不应碰及其他物体而损坏熔管。

d. 熔丝的规格应符合设计要求，且无弯曲、压扁或损伤，熔体与尾线应压接紧密牢固。

(4) 电容器的验收检查项目：

1) 套管芯棒应无弯曲或滑扣。

2) 引出线端连接用的螺母、垫圈应齐全。

3) 外壳应无显著变形，外表无锈蚀，所有接缝不应有裂缝或渗油。

4) 电容器组的布置与接线应正确，电容器组的保护回路应完整。

5) 熔断器熔体的额定电流应符合设计规定。

6) 放电回路应完整且操作灵活。

7) 电容器室内的通风装置应良好。

8) 成组安装的电力电容器，三相电容量的差值宜调配到最小，其最大与最小的差值，不应超过三相平均电容值的5%；设计有要求时，应符合设计要求。

9) 成组安装的电力电容器，电容器构架应保持其应有的水平及垂直位置，固定应牢靠，油漆应完整。

10) 电容器的配置应使其铭牌面向通道一侧，并有顺序编号。

11) 电容器端子的连接线应符合设计要求，接线应对称一致，整齐美观，母线及分支线应标以相色。

12) 凡不与地绝缘的每个电容器的外壳及电容器的构架均应接地；凡与地绝缘的电容器的外壳均应接到固定的电位上。

13) 耦合电容器安装时，不应松动其顶盖上的紧固螺栓，接至电容器的引线不应使其端头受到过大的横向拉力。

14) 两节或多节耦合电容器叠装时，应按制造厂的编号安装。

(5) 互感器的验收检查项目。

1) 外观检查。

a. 设备外观应完整无缺损。互感器的变比分接头的位置和极性应符合规定。

b. 油浸式互感器应无渗油，油位指示应正常。互感器安装面应水平；并列安装的应排列整齐，同一组互感器的极性方向应一致。

c. 保护间隙的距离应符合规定。

d. 油漆应完整，相色应正确。

e. 二次接线板应完整，引线端子应连接牢固，绝缘良好，标志清晰。

f. 隔膜式储油柜的隔膜和金属膨胀器应完整无损，顶盖螺栓紧固。

g. 具有等电位弹簧支点的母线贯穿式电流互感器，其所有弹簧支点应牢固，并与母线接触良好，母线应位于互感器中心。

h. 具有吸湿器的互感器，其吸湿剂应干燥，油封油位正常。

i. 互感器的呼吸孔的塞子带有垫片时，应将垫片取下。

j. 电容式电压互感器必须根据产品成套供应的组件编号进行安装，不得互换。各组件连接处的接触面，应除去氧化层，并涂以电力复合脂；阻尼器装于室外时，应有防雨措施。

k. 具有均压环的互感器，均压环应安装牢固、水平，且方向正确。具有保护间隙的，应按制造厂规定调好距离。

l. 零序电流互感器的安装，不应使构架或其他导磁体与互感器铁心直接接触，或与其构成分磁回路。

2）互感器的下列各部应接地良好：

a. 分级绝缘的电压互感器，其一次绕组的接地引出端子，电容式电压互感器应按制造厂的规定执行。

b. 电容型绝缘的电流互感器，其一次绕组末屏的引出端子、铁芯引出接地端子。

c. 互感器的外壳。

d. 备用的电流互感器的二次绕组端子应先短路后接地。

e. 倒装式电流互感器二次绕组的金属导管。

（6）盘、柜的安装质量验收。

1）盘、柜的固定及接地应可靠，盘、柜漆层应完好、清洁整齐。基础型钢顶部宜高出抹平地面10mm；应有明显的可靠接地。主控制盘、继电保护盘和自动装置盘等不宜与基础型钢焊死。

2）盘、柜内所装电器元件应齐全完好，安装位置正确，固定牢固。

3）所有二次回路接线应准确，截面符合要求，连接可靠，标志齐全清晰，绝缘符合要求。

4）手车开关柜防止电气误操作的“五防”装置齐全，机械闭锁可靠；照明装置齐全。手车推拉应灵活轻便，无卡阻、碰撞现象，相同型号的手车应能互换。柜内控制电缆的位置不应妨碍手车的进出，并应牢固。手车推入工作位置后，动触头顶部与静触头底部的间隙应符合产品要求。安全隔离板应开启灵活，随手车的进出而相应动作。

5）抽屉式开关柜在推入或拉出时应灵活轻便，无卡阻、碰撞现象，抽屉应能互换。机械闭锁可靠；照明装置齐全。抽屉与柜体间的接触及柜体、框架的接地应良好。

6）柜内一次设备的安装质量验收要求应符合国家现行有关标准规范的规定。

7）用于热带地区的盘、柜应具有防潮、抗霉和耐热性能，按国家现行标准《热带电工产品通用技术》要求验收。

8）盘、柜及电缆管道安装完后，应作好封堵。可能结冰的地区还应有防止管内积水结冰的措施。

9）操作及联动试验正确，符合设计要求。

10）盘、柜、台、箱的接地应牢固良好。装有电器的可开启的门，应以裸铜软线与接地的金属构架可靠地连接。成套柜应装有供检修用的接地装置。

（7）二次回路工程质量验收内容。

1）端子排的安装应符合下列要求：

a. 端子排应无损坏，固定牢固，绝缘良好。

b. 端子应有序号，端子排应便于更换且接线方便；离地高度宜大于350mm。

c. 回路电压超过400V者，端子板应有足够的绝缘并涂以红色标志。

d. 强、弱电端子宜分开布置；当有困难时，应有明显标志并设空端子隔开或设加强绝缘的隔板。

e. 正、负电源之间及经常带电的正电源与合闸或跳闸回路之间，宜以一个空端子隔开。

f. 电流回路应经过试验端子，其他需断开的回路宜经特殊端子或试验端子。试验端子应接触良好。

g. 潮湿环境宜采用防潮端子。

h. 接线端子应与导线截面匹配，不应使用小端子配大截面导线。

2）二次回路结线应符合下列要求：

a. 按图施工，接线正确。

b. 导线与电气元件间采用螺栓连接、插接、焊接或压接等，均应牢固可靠。

c. 盘、柜内的导线不应有接头，导线芯线应无损伤。

d. 电缆芯线和所配导线的端部均应标明其回路编号，编号应正确，字迹清晰且不易脱色。

e. 配线应整齐、清晰、美观，导线绝缘应良好，无损伤。

f. 每个接线端子的每侧接线宜为 1 根，不得超过 2 根。对于插接式端子，不同截面的两根导线不得接在同一端子上；对于螺栓连接端子，当接两根导线时，中间应加平垫片。

g. 二次回路接地应设专用螺栓。

h. 盘、柜内的配线电流回路应采用电压不低于 500V 的铜芯绝缘导线，其截面积应不小于 2.5mm^2；其他回路截面积应不小于 1.5mm^2（计量电流回路截面积不小于 4mm^2，电压回路不小于 2.5mm^2）；对电子元件回路、弱电回路采用锡焊连接时，在满足载流量和电压降及有足够机械强度的情况下，可采用不小于 0.5mm^2 截面积的绝缘导线。

3）引入盘、柜内的电缆及其芯线应符合下列要求：

a. 引入盘、柜的电缆应排列整齐，编号清晰，避免交叉，并应固定牢固，不得使所接的端子排受到机械应力。

b. 铠装电缆在进入盘、柜后，应将钢带切断，切断处的端部应扎紧，并应将钢带接地。

c. 使用于静态保护、控制等逻辑回路的控制电缆，应采用屏蔽电缆。其屏蔽层应按设计要求的接地方式予接地。

d. 橡胶绝缘的芯线应外套绝缘管保护。

e. 盘、柜内的电缆芯线，应按垂直或水平有规律地配置，不得任意歪斜交叉连接。备用芯长度应留有适当余量。

f. 强、弱电回路不应使用同一根电缆，并应分别成束分开排列。

(8) 35kV 及以下高压架空线路验收检查内容。采用器材的型号、规格是否符合设计和规程要求，线路设备标志应齐全。电杆组立的各项误差符合规定。拉线的制作和安装牢固并装有绝缘子和夜光防撞标制。导线的弧垂、相间距离、对地距离、交叉跨越距离及对建筑物接近距离符合要求，电器设备外观应完整无缺损。线路相位正确明显、接地装置符合规定。沿线的障碍物、应砍伐的树及树枝等杂物应清除完毕。

1）架空线路电杆上电气设备的安装，应符合下列规定：

a. 安装应牢固可靠。

b. 电气连接应接触紧密，不同金属连接，应有过渡措施。

c. 瓷件表面光洁，无裂缝、破损等现象。

2）杆上变压器及变压器台的安装，应符合下列规定：

a. 水平倾斜不大于台架根开的 1/100。

b. 二次引线排列整齐、绑扎牢固。

c. 储油柜油位正常，外壳干净。

d. 接地可靠，接地电阻值符合规定。

e. 套管压线螺栓等部件齐全。

f. 呼吸孔道通畅。

3）跌落式熔断器的安装，应符合下列规定：

a. 各部分零件完整。

b. 转轴光滑灵活，铸件不应有裂纹、砂眼、锈蚀。

c. 瓷件良好，熔丝管不应有吸潮膨胀或弯曲现象。

d. 熔断器安装牢固、排列整齐，熔管轴线与地面的垂线夹角为150°～300°。熔断器水平相间距离不小于500mm。

e. 操作时灵活可靠、接触紧密。合熔丝管时上触头应有一定的压缩行程。

f. 上、下引线压紧，与线路导线的连接紧密可靠。

4）杆上断路器和负荷开关的安装，应符合下列规定：

a. 水平倾斜不大于托架长度的1/100。

b. 引线连接紧密，当采用绑扎连接时，长度不小于150mm。

c. 外壳干净，不应有漏油现象，气压不低于规定值。

d. 操作灵活，分、合位置指示正确可靠。

e. 外壳接地可靠，接地电阻值符合规定。

5）杆上隔离开关安装，应符合下列规定：

a. 瓷件良好。

b. 操作机构动作灵活。

c. 隔离刀刃合闸时接触紧密，分闸后应有不小于200mm的空气间隙。

d. 与引线的连接紧密可靠。

e. 水平安装的隔离刀刃，分闸时，宜使静触头带电。

f. 三相连动隔离开关的三相隔离刀刃应分、合同期。

6）杆上避雷器的安装，应符合下列规定：

a. 瓷套与固定抱箍之间加垫层。

b. 排列整齐、高低一致，相间距离：1～10kV时，不小于350mm；1kV以下时，不小于150mm。

c. 引线短而直、连接紧密，采用绝缘线时，其截面应符合下列规定：①引上线，铜线不小于16mm^2，铝线不小于25mm^2；②引下线，铜线不小于25mm^2，铝线不小于35mm^2。

d. 与电气部分连接，不应使避雷器产生外加应力。

e. 引下线接地可靠，接地电阻值符合规定。

（9）电缆线路检查验收项目。

1）电缆管检查验收。

a. 电缆管不应有穿孔，裂缝和显著的凹凸不平，内壁应光滑；金属电缆管不应有严重锈蚀。硬质塑料管不得用在温度过高或过低的场所。在易受机械损伤的地方和在受力较大处直埋时，应采用足够强度的管材。

b. 管口应无毛刺和尖锐棱角，管口宜做成喇叭形。电缆管在弯制后，不应有裂缝和显著的凹瘪现象，其弯扁程度不宜大于管子外径的10%；电缆管的弯曲半径不应小于所穿入电缆的最小允许弯曲半径。

c. 金属电缆管应在外表涂防腐漆或涂沥青，镀锌管锌层剥落处也应涂以防腐漆。

d. 电缆管的内径与电缆外径之比不得小于1.5；混凝土管、陶土管、石棉水泥管除应满足上述要求外，其内径尚不宜小于100mm。每根电缆管的弯头不应超过3个，直角弯不应超过2个。

e. 电缆管的埋设深度不应小于0.7m；在人行道下面敷设时，不应小于0.5m。

f. 电缆管应有不小于0.1%的排水坡度。电缆管连接时，管孔应对准，接缝应严密，不得有地下水和泥浆渗入电缆支架的配制与安装。

2）电缆支架的检查验收。

a. 钢材应平直，无明显扭曲。切口应无卷边、毛刺。

b. 支架应焊接牢固，无显著变形。各横撑间的垂直净距与设计偏差不应大于5mm。

c. 金属电缆支架必须进行防腐处理。位于湿热、盐雾以及有化学腐蚀地区时，应根据设计作特殊的防腐处理。

d. 电缆支架的层间允许最小距离，当设计无规定时，可采用表7-1的规定。但层间净距不应小于两倍电缆外径加10mm，35kV及以上高压电缆不应小于2倍电缆外径加50mm。

表7-1　　电缆支架的层间允许最小距离值　　mm

<table>
<tr><th colspan="2">电缆类型和敷设特征</th><th>支（吊）架</th><th>桥架</th></tr>
<tr><td colspan="2">控　制　电　缆</td><td>120</td><td>200</td></tr>
<tr><td rowspan="6">电力电缆</td><td>10kV及以下（除6～10kV交联聚乙烯绝缘外）</td><td>150～200</td><td>250</td></tr>
<tr><td>6～10kV交联聚乙烯绝缘</td><td rowspan="2">200～250</td><td rowspan="2">300</td></tr>
<tr><td>35kV单芯</td></tr>
<tr><td>35kV三芯
110kV及以上，每层多于1根</td><td>300</td><td>350</td></tr>
<tr><td>110kV及以上，每层1根</td><td>250</td><td>300</td></tr>
<tr><td colspan="2">电缆敷设于槽盒内</td><td>h+80</td><td>h+100</td></tr>
</table>

注　h表示槽盒外壳高度。

e. 电缆支架应安装牢固，横平竖直；托架支吊架的固定方式应按设计要求进行。各支架的同层横挡应在同一水平面上，其高低偏差不应大于5mm。托架支吊架沿桥架走向左右的偏差不应大于10mm。在有坡度的电缆沟内或建筑物上安装的电缆支架，应有与电缆沟或建筑物相同的坡度。电缆支架最上层及最下层至沟顶、楼板或沟底、地面的距离，当设计无规定时，不宜小于表7-2的数值。

表7-2　　电缆支架最上层及最下层至沟顶、楼板或沟底、地面的距离　　mm

敷设方式	电缆隧道及夹层	电缆沟	吊　架	桥　架
最上层至沟顶或楼板	300～350	150～200	150～200	350～450
最下层至沟底或地面	100～150	50～100	—	100～150

f. 组装后的钢结构竖井，其垂直偏差不应大于其长度的2/1000；支架横撑的水平误差

不应大于其宽度的2/1000；竖井对角线的偏差不应大于其对角线长度的5/1000。

g. 电缆支架全长均应有良好的接地。

3）电缆敷设的一般规定。

a. 电缆通道畅通，排水良好。金属部分的防腐层完整。隧道内照明、通风符合要求。

b. 电缆型号、电压、规格应符合设计。

c. 电缆外观应无损伤、绝缘良好，当对电缆的密封有怀疑时，应进行潮湿判断；直埋电缆与水底电缆应经试验合格。

d. 三相四线制系统中应采用四芯电力电缆，不应采用三芯电缆另加一根单芯电缆或以导线、电缆金属护套作中性线。

e. 并联使用的电力电缆其长度、型号、规格宜相同。

f. 电力电缆在终端头与接头附近宜留有备用长度。

g. 电缆的最小弯曲半径应符合表7-3的规定。

表7-3　电缆最小弯曲半径　mm

<table>
<tr><th colspan="3">电缆型式</th><th>多芯</th><th>单芯</th></tr>
<tr><td colspan="3">控制电缆</td><td>10D</td><td>—</td></tr>
<tr><td rowspan="3">橡皮绝缘电力电缆</td><td colspan="2">无铅包、钢铠护套</td><td colspan="2">10D</td></tr>
<tr><td colspan="2">裸铅包护套</td><td colspan="2">15D</td></tr>
<tr><td colspan="2">钢铠护套</td><td colspan="2">20D</td></tr>
<tr><td colspan="3">聚氯乙烯绝缘电力电缆</td><td colspan="2">10D</td></tr>
<tr><td colspan="3">交联聚乙烯绝缘电力电缆</td><td>15D</td><td>20D</td></tr>
<tr><td rowspan="3">油浸纸绝缘电力电缆</td><td colspan="2">铅包</td><td colspan="2">30D</td></tr>
<tr><td rowspan="2">铅包</td><td>有铠装</td><td>15D</td><td>20D</td></tr>
<tr><td>无铠装</td><td>20D</td><td></td></tr>
<tr><td colspan="3">自容式充油（铅包）电缆</td><td>—</td><td>20D</td></tr>
</table>

注　D为电缆外径。

h. 电缆敷设时应排列整齐，不宜交叉，加以固定，并及时装设标志牌。标志牌上应注明线路编号。当无编号时，应写明电缆型号、规格及起讫地点；并联使用的电缆应有顺序号。标志牌的字迹应清晰不易脱落。

i. 沿电气化铁路或有电气化铁路通过的桥梁上明敷电缆的金属护层或电缆金属管道，应沿其全长与金属支架或桥梁的金属构件绝缘。

j. 电缆进入电缆沟、隧道、竖井、建筑物、盘（柜）及穿入管子时，出入口应封闭，管口应密封。

k. 直埋电缆表面距地面的距离不应小于0.7m。穿越农田时不应小于1m。在引入建筑物、与地下建筑物交叉及绕过地下建筑物处，可浅埋，但应采取保护措施。

l. 电缆之间，电缆与其他管道、道路、建筑物等之间平行和交叉时的最小净距，应符合表7-4的规定。严禁将电缆平行敷设于管道的上方或下方。特殊情况应按表7-4的规定执行。

表 7-4　电缆之间，电缆与管道、道路、建筑物之间平行和交叉时的最小净距　m

项目		平行	交叉
电力电缆间及其与控制电缆间	10kV 及以下	0.10	0.50
	10kV 以上	0.25	0.50
控制电缆间		—	0.50
不同使用部门的电缆间		0.50	0.50
热管道（管沟）及热力设备		2.00	0.50
油管道（管沟）		1.00	0.50
可燃气体及易燃液体管道（沟）		1.00	0.50
其他管道（管沟）		0.50	0.50
铁路路轨		3.00	1.00
电气化铁路路轨	交　流	3.00	1.00
	直　流	10.0	1.00
公　路		1.50	1.00
城市街道路面		1.00	0.70
杆基础（边线）		1.00	—
建筑物基础（边线）		0.60	—
排水沟		1.00	0.50

m. 直埋电缆穿越城市街道、公路、铁路，或穿过有载重车辆通过的大门时，进入建筑物的墙角处，进入隧道、人井，或从地下引出到地面时，应将电缆敷设在满足强度的管道内，并将管口堵好。

n. 高电压等级的电缆宜敷设在低电压等级电缆的下面。

o. 电缆与铁路、公路、城市街道、厂区道路交叉时，应敷设于坚固的保护管或隧道内。电缆管的两端宜伸出道路路基两边各 2m；伸出排水沟 0.5m；在城市街道应伸出车道路面。

p. 直埋电缆的上、下部应铺以不小于 100mm 厚的软土或沙层，并加盖保护板，其覆盖宽度应超过电缆两侧各 50mm，保护板可采用混凝土盖板或砖块。软土或沙子中不应有石块或其他硬质杂物。

q. 直埋电缆在直线段每隔 50～100m 处、电缆接头处、转弯处、进入建筑物等处，应设置明显的方位标志或标桩。直埋电缆回填土前，应经隐蔽工程验收合格。回填土应分层夯实。

r. 电缆进入建筑物、隧道、穿过楼板及墙壁处。电缆从沟道引至电杆、设备、墙外表面或屋内行人容易接近处，距地面高度 2m 以下的一段。可能有载重设备已经电缆上面的区段，以及其他可能受到机械损伤的地方应有一定机械强度的保护管或加装保护罩。

s. 穿入管中电缆的数量应符合设计要求，交流单芯电缆不得单独穿入钢管内。

（10）接地工程的检查与验收。

1）电气装置的下列金属部分，均应接地或接零：

a. 电机、变压器、电器、携带式或移动式用电器具等的金属底座和外壳。

b. 电气设备的传动装置。

c. 屋内外配电装置的金属或钢筋混凝土构架及靠近带电部分的金属遮栏和金属门。

d. 配电、控制、保护用的屏（柜、箱）及操作台等的金属框架和底座。

e. 交、直流电力电缆的接头盒、终端头和膨胀器的金属外壳和可触及的电缆金属护层和穿线的钢管。穿线的钢管之间或钢管和电器设备之间有金属软管过渡的，应保证金属软管段接地畅通。

f. 电缆桥架、支架和井架。

g. 装有避雷线的电力线路杆塔。

h. 装在配电线路杆上的电力设备。

i. 在非沥青地面的居民区内，无避雷线的小接到电流架空电力线路的金属杆塔和钢筋混凝土杆塔。

j. 承载电气设备的构架和金属外壳。

k. 发电机中性点柜外壳、发电机出线柜、封闭母线的外壳及其他裸露的金属部分。

l. 气体绝缘封闭式组合电器（GIS）的外壳接地端子和箱式变电所的金属箱体。

m. 电热设备的金属外壳。

n. 铠装控制电缆的金属护层。

o. 互感器的二次绕组。

2）发电厂、变电所电气装置下列部位应专门敷设接地线直接与接地体或接地母线连接：

a. 发电机机座或外壳、出线柜，中性点柜的金属底座和外壳，封闭母线的外壳。

b. 高压配电装置的金属外壳。

c. 110kV 及以上钢筋混凝土构件支座上电气设备金属外壳。

d. 直接接地或经消弧线圈接地的变压器、旋转电机的中性点。

e. 高压并联电抗器中性点所接消弧线圈、接地电抗器、电阻器等的接地端子。

f. GIS 接地端子。

g. 避雷器、避雷针、避雷线等接地端子。

3）电气装置的接地在交接验收时应按下列要求进行检查：

a. 按设计图纸施工完毕，接地施工质量符合国标规范要求。

b. 整个接地网外露部分的连接可靠，接地线规格正确，防腐层完好，标识齐全明显。

c. 避雷针（带）的安装位置及高度符合设计要求。

d. 供连接临时接地线用的连接板的数量和位置符合设计要求，接地电阻值及设计要求的其他测试参数符合设计规定。

4）电气装置的接地在中间验收时应按下列要求进行检查：

a. 接地体规格、埋设深度应符合设计规定。接地体顶面埋设深度应符合设计规定。当无规定时，不宜小于 0.6m。角钢、钢管、铜棒、铜管等接地体应垂直配置。除接地体外，接地体引出线的垂直部分和接地装置连接（焊接）部位外侧 100mm 范围内应作防腐处理；在作防腐处理前，表面必须除锈并去掉焊接处残留的焊药。

b. 垂直接地体的间距不宜小于其长度的 2 倍。水平接地体的间距应符合设计规定。当无设计规定时不宜小于 5m。

c. 接地线应采取防止发生机械损伤和化学腐蚀。在与公路、铁路或管道等交叉及其他可能使接地线遭受损伤处，均应用管子或角钢等加以保护。接地线在穿过墙壁，楼板和地坪处应加装钢管或其他坚固的保护套，有化学腐蚀的部位还应采取防腐措施。热镀锌钢材焊接时将破坏热镀锌防腐，应在焊痕外 100mm 内做防腐处理。

d. 接地干线应在不同的两点及以上与接地网相连接。自然接地体应在不同的两点及以上与接地干线或接地网相连接。

e. 每个电气装置的接地应以单独的接地线与接地汇流排或接地干线相连接，严禁在一个接地线中串接几个需要接地的电气装置。重要设备和设备构架应有两根与主接地网不同地点连接的接地引下线，且每根接地引下线均应符合热稳定及机械强度的要求，连接引线应便于定期进行检查测试。

f. 接地体敷设完后的土沟其回填土内不应夹有石块和建筑垃圾等；外取的土壤不得有较强的腐蚀性；在回填土时应分层夯实。室外接地回填宜有 100～300mm 高度的防沉层。在山区石质地段或电阻率较高的土质区段应在土沟中至少回填 100mm 厚的净土垫层，再敷接地体，然后用净土分层夯实回填。

g. 接地装置的连接应可靠。连接前，应清除连接部位的铁锈及其附着物。接地体（线）的连接应采用焊接，焊接必须牢固无虚焊。接至电气设备上的接地线，应用镀锌螺栓连接；有色金属接地线不能采用焊接时，可用螺栓连接、压接、热剂焊（放热焊接）方式连接。用螺栓连接时应设防松螺帽或防松垫片，螺栓连接处的接触面应按现行国家标准 GBJ 149《电气装置安装工程　母线装置施工及验收规范》的规定处理。不同材料接地体间的连接应进行处理。

h. 接地体（线）的焊接应采用搭接焊，其搭接长度必须符合下列规定：扁钢为其宽度的 2 倍（且至少 3 个棱边焊接）；圆钢为其直径的 6 倍；圆钢与扁钢连接时，其长度为圆钢直径的 6 倍；扁钢与钢管、扁钢与角钢焊接时，为了连接可靠，除应在其接触部位两侧进行焊接外，并应焊以由钢带弯成的弧形（或直角形）卡子或直接由钢带本身弯成弧形（或直角形）与钢管（或角钢）焊接。

（四）专项检查

专项检查是为完成政府组织的大型政治活动、大型集会、庆祝、大型娱乐、重要节日等保电工作，上级安排的特殊性工作，或针对一段时间内客户普遍发生的安全事故和存在的安全隐患，而开展专门的用电检查，检查内容及检查时间可根据特定环境自行确定。

第三节　季节性反事故措施

一、客户电气设备春季检修反事故措施

（一）防止电气火灾事故

（1）重点检查客户变电所、配电室内电缆沟、电缆夹层、电缆竖井，要求无热力管道、燃气管道和其他易燃物品。

1）按照设计图纸施工要求，做到布线整齐，各种电缆排放按设计分层布置，电缆弯曲半径符合设计要求，避免任意交叉并留出足够的人行通道。

2）各种电缆沟或电缆夹层、电缆竖井内电缆布置应合理整齐，符合安装工艺要求。

3）电缆清册应每年由设备管理部门审核一次，确保清册内容与现场实际相符。

(2) 控制室、开关室、计算机室等通往电缆夹层、隧道、穿越楼板、墙壁、柜、盘等处的所有电缆孔洞和盘面之间缝隙（含电缆穿墙套管与电缆之间缝隙）必须采用合格的不燃或阻燃材料封堵。

1) 封堵必须严密且厚度适中，不得漏光漏缝。

2) 封堵应平整美观。

(3) 客户扩建工程敷设电缆时，用电检查人员要加强对施工现场的检查，对贯穿在产生设备之间的电缆孔洞和损伤的阻火墙，应及时恢复封堵。

1) 在建工程各类孔洞封堵如当天不能恢复者必须有临时封堵措施。

2) 改、扩建后停用的旧电缆应及时拆除，严禁乱堆乱放。

3) 电缆竖井和电缆沟应分段做防火隔墙，对敷设在隧道和厂房内构架上的电缆要采取分段阻燃措施。

a. 电缆沟防火隔墙设置应合理且符合要求。

b. 电缆沟内应有明显走向标志。

c. 对电缆夹层、隧道装有自动灭火装置的要定期进行性能试验。

(4) 靠近高温管道、阀门等热体的电缆应有隔热措施，靠近带油设备的电缆沟盖板应密封。

1) 电缆沟盖板应完好，盖板之间应连接紧密。

2) 应尽量减少电缆中间接头数量。如需要更换应按工艺要求制作安装电缆头，经质量验收合格后，再用耐火防爆盒将其封闭。

(5) 客户要建立健全电缆维护、检查及防火、报警等各项规章制度。坚持定期巡视检查，对电缆中间接头定期测温，按规定进行预防性试验。

1) 建立电缆防火巡视、维护、检查、报警制度，其制度应包括检查人员、时间要求、巡视路线、巡视项目、检查结果、签字等内容，对检查出的火险缺陷要及时报告有关人员，并应及时消除缺陷隐患。

2) 建立电缆中间接头台账。

3) 严格电缆预防性试验规程，积极创造机会进行预防性试验。

4) 制定电缆着火后的应急预案，并对有关人员进行救火训练，能熟练使用正压呼吸器和各种消防器材。

5) 电缆沟应保持清洁，不积粉尘，不积水，安全电压的照明充足，禁止堆放杂物。

6) 锅炉、燃煤储运场内架空电缆上的粉尘应定期清扫。

(6) 油区的输、装、卸油管道应有可靠的防静电安全接地装置，定期测试接地电阻值。

1) 油区、油库防静电装置应完好。

2) 按规定周期进行接电阻值定期测试并设立记录。

3) 油区、油库必须有严格的管理制度。油区内明火作业时，必须办理动火工作票，并应有可靠的安全措施。对消防系统应按规定定期进行试验检查。

a. 建立油区、油库的管理制度并严格执行。

b. 油区内明火作业必须办理工作票。

c. 消防系统及器材定期试验并记录。

（二）防止电气误操作事故

（1）防止电气误操作事故（简称防误）工作，从组织上要加强领导和管理，要建立健全厂、车间、班组三级管理体系，明确各自的职责。

1）建立三级防误管理制度，坚持“以人为本”的原则，明确各级职责并设立防误专责人。

2）建立倒闸操作现场把关制度。

3）建立健全接地线、接地刀闸的使用管理制度，完善电气设备双重编号和模拟屏等基础工作。

（2）严格执行《电业安全工作规程》中有关操作票、工作票制度（简称两票制度）。

1）严格地执行调度命令，操作时不允许改变操作顺序，当操作发生疑问时，应立即停止操作，并报告地调值班员，不允许随意修改操作票，不允许解除闭锁装置。

2）客户应结合现场情况实际制定防误装置的运行规程及检修规程，加强防误闭锁装置的运行、维护管理，确保已装设防误闭锁装置正常运行。

3）建立完善的万能钥匙使用和保管制度。防误闭锁装置不能随意退出运行，停用防误闭锁装置时，要经本厂的生产副厂长或动力车间主任批准；短时退出防误装置时，应经变电所所长批准，并应按程序尽快投入运行。

4）断路器或隔离开关闭锁回路应直接用断路器或隔离开关的辅助接点；操作时应以现场状态为准。

（3）为防止误登室外带电设备，应采用全封闭（包括网状）的检修临时围栏，局部停电检修时围栏的出入口应设至站内主要通道处并设有出入口标志。

（三）防止压力容器爆炸事故

（1）压力容器内部有压力时，严禁任何修理或紧固工作。检修储压筒等压力容器时，必须泄压后进行。

（2）压力容器上使用的压力表，应列为计量强制检验表计，应按规定周期进行强检。

（3）停用超过2年以上的压力容器重新启用时要进行再检验，耐压试验确认合格才能启用。

（四）防止继电保护事故

（1）客户设备管理部门要高度重视继电保护工作，充实配备技术力量，加强继电保护工作人员专业技能和职业素质的培训，保持继电保护队伍的稳定性。

（2）要认真贯彻各项规章制度及反事故措施，严格执行各项安全措施，防止继电保护“三误”事故的发生。

（3）确保客户高压电动机、变压器的安全运行，重视客户高压电动机、变压器保护配置和整定计算，包括与相关线路保护的整定配合。

1）继电保护整定计算，在保护能正确可靠动作有前提下，不宜将保护整定得过于灵敏，以避免不正确动作。

2）根据新颁发的《大型发电机变压器保护整定计算导则》定期对所辖设备进行整定值全面复算和校核。

3）大型变压器低阻抗保护要有完善的TV失压、断线闭锁措施，包括电压切换过程直流失压和交流失压而不致误动的有效措施，必须采用电流启动方式。

(4) 保证继电保护操作电源的可靠性，防止出现二次寄生回路，提高继电保护装置抗干扰能力。

1) 每套主保护、失灵保护与操作回路的直流熔断器应独立配置，并要注意与上一级熔断器的配合，在设计中应注意各不同直流回路间应采用空接点联系，防止出线寄生回路。

2) 严格执行原电力部《电力系统继电保护及安全自动装置反事故措施要点》中有关保护及二次回路抗干扰的要求，提高保护抗干扰能力。

3) 对长电缆（>500m）跳闸回路要采取防止分布电容影响和干扰出口继电器。

（五）防止变压器损坏和互感器爆炸事故

(1) 客户设备管理部门应对变压器类设备从选型、订货、验收到投运的全过程进行管理，明确变压器专责人员及其职责。

(2) 严格按有关规定对新购变压器类设备进行验收，确保改进措施落实在设备制造、安装、试验阶段，投产时不遗留同类型问题。

(3) 设备采购时，应要求制造厂有可靠密封措施。对运行中的设备，如密封不良，应采取改进措施，确保防止变压器、互感器进水或空气受潮。

(4) 防止套管、引线、分接开关引起事故。变压器35kV及以上套管应采用大小伞裙结构的防污瓷套，10kV套管应采用20kV级瓷套。套管的伞裙间距低于标准的，应采取加硅橡胶伞裙套等措施，防止污闪及雨闪事故。

(5) 潜油泵的轴承，应采用E级或D级，禁止使用无铭牌、无级别的轴承。油泵应选用转速不大于1000r/min的低速油泵。为保证冷却效果，风冷却器应定期进行水冲洗。

（六）防止开关设备事故

(1) 采用五防装置运行可靠的开关柜。

(2) 开关柜母线室各柜间必须封闭，母线支柱及套管应采用具有足够爬电距离的SMC或纯瓷材料，母线及各引线带电部分宜采用交联聚乙烯或硅橡胶绝缘互套全部包封或加绝缘隔板。

1) 根据环境和室内污秽情况，对开关柜进行定期清扫和试验检查，类似JYNC－10型手车式开关柜必须坚持每年彻底清扫。

2) 防止开关柜下部电缆沟内积水，雷雨季节应注意定期对开关室通风。

(3) 客户设备管理部门根据年度内生产能力可能出现的最大负荷运行方式，每年应核算开关设备安装地点的断流容量，并采取措施防止由于断流容量不足造成设备烧损或爆炸。

(4) 开关设备断口外绝缘应满足不小于1.15倍或1.2倍相对地外绝缘的要求，否则应加强清扫工作或采取防误涂料等措施。

(5) 加强运行维护，确保开关设备安全运行。对气动机构应定期清扫防尘罩、空气过滤器，排放储气罐内积水，作好空气压缩机的累计起动时间记录；对液压机构应定期检查回路有无渗漏现象，作好油泵累计起动时间记录。发现缺陷应及时处理，在夏季高温时还应加强对液压机构检查。

(6) 对手车柜每次推入柜内之前，必须检查开关设备的位置，杜绝合闸位置推入手车。手车柜操作进出柜时应保持平稳，防止猛烈撞击。

(7) 根据设备现场的污秽程度，采取有效的防污闪措施，预防套管、支持绝缘子和绝缘提升杆闪络、爆炸。

（8）隔离开关应按规定的检修周期进行检修。对失修的隔离开关应积极申请停电检修或开展带电检修，防止恶性事故的发生。

（9）隔离开关应按规定的检修周期进行检修。对失修的隔离开关应积极申请停电检修或开展带电检修，防止恶性事故的发生。

（10）充分发挥 SF_6 气体质量监督作用，应作好新气管理、运行设备的气体监测和异常情况分析，监测应包括 SF_6 压力表和密度继电器的定期检验。

（11）SF_6 开关设备应按有关规定定期进行微水含量和泄漏的检测，运行中，密度继电器及气压表应结合安装、大修、小修定期校验。

（12）各类断器在新装和大修后均应测量分、合闸速度特性，并符合技术要求否则不能投运。

（13）真空开关交流耐压试验应在开关投运后三个月、六个月、一年各进行一次，以后按正常预防性试验周期进行，真空开关应在负荷侧刀闸的开关侧安装带电监视器（双回路电源应在两侧加装），运行人员在开关操作前后巡视时必须检查电压监视器工作状况，有异常时及时上报有设备技术管理部门。

（七）防止接地网事故

（1）按照地区短路容量的变化，应校核客户接地装置（包括设备接地引下线）的热稳定容量，并根据短路容量的变化及接地装置的腐蚀程度对接地装置进行改造。

（2）对于变电所（室）中的不接地、经消弧线圈接地系统，必须按异点两相接地校核接地装置的热稳定容量。

（3）客户在基建施工时，必须在预留的设备、设施的接地引下线经确认合格（正式文字记录），以及隐蔽工程必须经监理单位和建设单位验收合格后，方可回填土，并应分别对两个最近的接地引下线之间测量其回路电阻，测试结果是交接验收资料的必备内容，竣工时应全部交甲方备存。

（4）接地装置的焊接质量、接地试验应符合规定，各种设备与主接地网的连接必须可靠，扩建接地网与原接地网间应为多点连接。

（5）接地引下线、水平接地体宜采用镀锌钢材，接地装置腐蚀比较严重的地区变电所（所）宜采用铜质材料的接地网。

（6）对于高土壤电阻率地区的接地网在接地电阻难以满足要求时，应完善的均压及隔离措施，方可投入运行。

（7）变压器中性点应有两根与主接地网不同地点连接的接地引下线，且每根接地引下线均应符合热稳定的要求。重要设备及设备架构等宜有两根与主接地网不同地点连接的接地引下线，且每根接地引下线均应符合热稳定的要求。

（8）接地装置引下线的导通检测工作应每年进行一次。根据历次测量结果进行分析比较，以决定是否需要进行开挖、处理。

（9）防止在有效接地系统中出现孤立不接地系统并产生较高的工频过电压的异常运行工况，110～220kV 不接地变压器的中性点过电压保护应采用棒间隙保护方式。对于 110kV 变压器，当中性点绝缘的冲击耐受电压≤185kV 时，还应在间隙旁并联金属氧化物避雷器，间隙距离及避雷器参数配合要进行校核。

（10）认真执行 DL/T 596—1996《电力设备预防性试验规程》中对接地装置的试验要

求，同时还应测试各种设备与接地网的连接情况，严禁设备失地运行。

(11) 用于连接工作接地线的接地桩应直接焊接在设备下方的接地引下线上，如接地桩焊接在设备架构等金属结构件上，结构件必须大于接地引下线截面并直接与接地引下线焊接，严禁将接地桩焊接在操作机构连动杆的结构件上。

(八) 防止污闪事故

(1) 客户受电侧要完善防污闪管理体系，明确防污闪主管职责和责任人的具体职责。

(2) 客户受电侧要定期对输变电设备外绝缘表面的盐密测量、污秽调查和运行巡视，及时根据变化情况采取防污闪措施和完善污秽区分布图，做好防污闪的基础工作。

1) 盐密测量 3 级以下污秽区每年测一次，测量时间选在第一场小雨前（2～3 月）。

2) 盐密测量 3 级以上污秽区每年测 2 次，测量时间分别为 2～3 月和 11 月。

(3) 新建和扩建的输变电设备外绝缘配置应以污秽区分布图为基础并根据城市发展、设备的重要性等，在留有裕度的前提下选取绝缘子的种类、伞型和爬距。

(4) 客户受电侧运行设备外绝缘的爬距，原则上应与污秽分级相适应，不满足的应予以调整，受条件限制不能调整爬距的应有主管防污闪领导签署的明确的防污闪措施。输电线路悬垂串外绝缘的爬距必须与当地污秽分级相适应，耐张串外绝缘配置应综合考虑污秽分级和运行经验确定，且不得低于污秽分级下限。

(5) 在 2 级以上污秽区使用双联瓷、玻璃绝缘子串时，应增加 1～2 片同型号绝缘子。

(6) 鸟粪闪络偶发性大、流动性强，不易防范，要加强分析，采取有效可行的防范措施，对鸟害多发区，结合运行经验，新建线路及已投运线路应采取必要的防范措施（如加防鸟刺、大盘径绝缘子等）。

(九) 防止倒杆断线事故

(1) 客户受电侧工程在设计时要充分考虑特殊地形、气象条件的影响（尽量避开可能引起导线、地线严重覆冰或导线舞动的特殊地区），合理选取杆（塔）型、杆塔强度。对地形复杂、气象条件恶劣、交通困难地段的杆塔，应适当增加杆塔强度。

(2) 对重要跨越处，如铁路、高等级公路和高速公路、通航河流以及人口密集地区应采用独立挂点双悬垂串绝缘子结构。

(3) 设计中应有防止导地线断线的措施，对导地线、拉线金具要有明确要求。

(4) 对可能遭受洪水、暴雨冲刷的杆塔应采用可靠的防汛措施；采用高低腿结构塔的基础护墙要有足够强度，并有良好的排水措施。

(5) 铁塔螺栓的紧固应严格按照规定的周期进行，对新建线路投产后，次年应对铁塔螺栓全部紧固一次。

(6) 在输电线中，“干”字形耐张塔中相跳线串必须按双挂点配置。

(7) 线路器材应符合有关国家标准和设计要求，不合格的金具不准安装使用，禁止在安装中沿合成绝缘子上下导线。

(8) 加强线路杆塔的检查巡视、发现问题应及时消除，线路历经恶劣气象条件后应组织人员进行特巡。

(十) 防人身伤亡事故

(1) 严格执行国家法律、法规有关安全规定，国家电网公司《安全生产工作规定》及《电业安全工作规程》及其他有关规定。考虑到构成生产系统的三要素“人、机、环境”中任何一要素处理不安全状态或发生不安全行为，所以，在安排和从事工作时，必须全面地、系统地做好安全措施并进行安全管理，防止人身事故的发生。

（2）工作或作业场所的各项安全措施必须符合《电业安全工作规程》和 DL 5009.1—1992《电力建设安全工作规程》的有关要求。

1）工作场所安全警示牌、标示牌符合国家电网公司《电力生产企业安全设施规范手册》及其他有关规定，数量充足、醒目。

2）所有设施、设备上的安全色标应符合规定。

3）工作或作业现场的各项安全措施必须符合《电业安全工作规程》和《电力建设安全工作规程》及其他有关要求。

（3）客户电气负责人应重视人身安全，认真履行自己安全职责。认真掌握各种作业的安全措施和要求，并模范地遵守安全规程制度。做到敢抓敢管，要求电气人员严格执行安全规程制度，发现问题及时整改。

（4）定期对人员进行安全技术培训，提高安全技术防护水平。

（5）应经常采取各种形式的安全思想教育，提高职工的安全防护意识和安全防护方法。

（6）要对执行安全规程制度中的主要人员如工作票签发人、工作负责人、工作许可人、工作操作监护人等定期进行正确执行安全规程制度的培训，务使熟练地掌握有关安全措施和要求，明确职责，严把安全关。

1）操作前应仔细核对设备名称编号，详细检查设备情况，站对位置方可操作。

2）工作许可人在下达许可令前应详细向工作负责人介绍安全措施情况并试验确可工作、危险源情况及其他安全注意事项。

3）工作前工作负责人应根据工作任务、工作环境向所有工作人员详细介绍工作票安全措施及安全注意事项和危险因素控制卡安全措施及安全注意事项。

4）工作中应进行不间断的安全监护和安全把关。

（7）在防止触电、高处坠落、机器伤害、灼烫伤等类事故方面，应认真贯彻安全组织措施和技术措施，配备并使用经国家认可有质检机构测验合格的、可靠性高的安全工器具和防护用品。完善设备的安全防护设施，从措施上、装备上为安全作业创造可靠的条件。淘汰不合格的工器具和防护用品，以提高作业安全水平。

二、客户电气设备夏季过夏“六防”反事故措施

（一）防汛反事故检查

（1）用电检查人员在气候进入汛期季节前要检查供电营业区域内高危及重要客户和重要活动场所变电所（或配电室）室外排水设施。排水渠、排水沟完整无损并保证其畅通完好。

（2）电缆沟盖板配置齐全，密封严实防止水淹电缆沟等地下设施。

（3）屋顶不能出现裂痕，防止雷雨天气雨水漏入造成设备短路。

（4）输（配）电线路杆塔基础地处山边、峪口、河道两侧易受洪水冲刷地段应加固。

（5）变电所（或配电室）室外基础下陷应加固。

（6）依据《中华人民共和国电力法》的有关条款督促有关单位、居民拆除线路走廊内的违章建筑。

（二）防雨反事故检查

（1）用电检查人员在气候进入雷雨季节到来前要检查供电营业区域内高危及重要客户和

重要活动场所变电所（或配电室）室外排水设施。

1）高危及重要客户变电所室内外一、二次设备及开关箱和端子箱密封情况。

2）特别要对运行的直流系统接地应有必要的检查手段。

（2）高危及重要客户变电所、配电室和其他建筑物及设备架构基础下陷，下沉、漏雨情况。

（3）防止因漏雨、进水、受潮发生事故。

（三）防雷反事故检查

（1）检查高危及重要客户电气设备的防雷设施，督促客户限期完成变电所（配电室）接地网以及线路接地电阻的测试工作。

（2）检查接地网引下线与地网连接情况、避雷器试验及投运情况、避雷针接地线的连接情况，并将检查结果做好记录。

（四）防风反事故检查

（1）要督促高危及重要客户电气负责人加强输配电线路的巡视，检查拉线、地锚完好、塔材齐全，杆塔无明显倾斜、裂纹现象，防止雨期线路杆塔下陷和变电设施倒塌。

（2）要督促高危及重要客户电气负责人及时清理输、配电线路下面有可能被风刮起落在带电设备上的树枝或杂物。

（3）要督促高危及重要客户电气负责人重点检查线路穿越树林，砍伐危及输、配电线路安全运行的树木。

（五）防暑反事故检查

（1）要督促高危及重要客户电气负责人检查高危及重要客户充油设备油位适中，无溢油、无渗漏现象。

（2）要督促高危及重要客户电气负责人检查变电所（配电室）、电容器室、蓄电池室通风完好。

（3）要督促高危及重要客户电气负责人检查保护装置安装处温度符合设计环境温度，硅整流等发热设备散热良好，无过热现象。

（六）防小动物反事故检查

（1）要督促高危及重要客户电气负责人检查高危及重要客户电气设备架构、开关防雨帽内鸟窝。

（2）要督促高危及重要客户电气负责人检查室外电缆端子箱入口低压电缆通道，以及穿电缆管道应封堵，防止小动物进入变电所室内，窜入电气设备，造成损失。

三、客户电气设备秋季迎峰“度冬”反事故措施

（一）接地装置反事故检查

（1）接地线是否牢固、可靠。

（2）接地网各接地点无开裂现象。

（二）一次设备反事故检查

（1）客户供电线路、电缆有无过负荷、过热现象。

（2）开关设备遮断容量尽量满足短路要求。

（3）断路器、刀闸机构灵活，有无拒分、拒合现象。

（4）充油设备无严重渗漏，无进水受潮现象。

（5）呼吸器封堵，并保证冬季油位处于正常位置。

（6）要对污秽严重地区的客户的供电线路重点检查，应在高峰负荷到来前组织设备清扫，防止发生设备污闪事故。

（三）二次设备反事故检查

（1）直流系统运行良好，各类指示仪表都能够正常显示，并且在合格的允许范围。

（2）要对保护装置进行全面检查，压板投停位置正确、可靠，防止因保护装置拒动或误动造成事故扩大。

（3）检查双电源客户电源开关相互闭锁是否良好。

（4）检查自备发电机客户制定出的防止返送电措施是否符合现场实际情况。

（四）其他反事故检查

要检查客户用电容量较大设备或可能过负荷设备，在检查中采用红外线测温手段对其设备进行监督。防止过负荷造成越级跳闸事故。

第四节　客户电气事故调查

一、生产安全事故等级划分

按照国务院《生产安全事故报告和调查处理条例》相关规定，以事故造成的人员伤亡或者直接经济损失，对生产安全事故划分为以下等级。

（1）特别重大事故。造成30人以上死亡，或者100人以上重伤（包括急性工业中毒，下同），或者1亿元以上直接经济损失。

（2）重大事故。造成10人以上30人以下死亡，或者50人以上100人以下重伤，或者5000万元以上1亿元以下直接经济损失。

（3）较大事故。造成3人以上10人以下死亡，或者10人以上50人以下重伤，或者1000万元以上5000万元以下直接经济损失。

（4）一般事故。造成3人以下死亡，或者10人以下重伤，或者1000万元以下直接经济损失。

二、客户电气事故分类

（1）人身电击死亡事故。因客户电气设备绝缘破坏，或在进行电工作业时，安全措施不当，误操作或其他原因引起客户电工和非电工人员电击死亡。

（2）导致电力系统停电事故。因客户内部原因发生电气事故，造成对其他用户停电，或引起电力系统波动而大量甩负荷的事故。

（3）向供电系统倒送电事故。在系统变电所或线路停电时，因客户安全措施不当或误操作，向停电的系统设备或其他停电的客户倒送电，无论有无人员伤亡，均列为倒送电事故。

（4）电气火灾爆炸事故。客户因导体过热、短路、电弧等原因引起电气设备火灾或爆炸事故。

（5）重要或大型电气设备损坏事故。客户因使用、维护、操作不当等原因造成一次设备损坏事故。

（6）引起系统专线掉闸或客户全厂停电事故。

1）专线供电客户因内部原因虽影响变电所（或发电厂）开关跳闸，但未影响对其他用户正常供电的事故。

2）因客户内部原因造成其全厂停电，使生产（或主要生产）停顿的事故。另两路供电电源客户，一路因故障断电，而另一路及时投入供电，则不列为全厂停电事故；如另一路仅能提供保安电源，使主要生产停顿的，可列为全厂停电事故。

三、电气事故调查

（一）报告与处置

1. 即时报告

客户管理单位接到客户电气事故报告或发现客户发生电气事故，应按以下原则报告：

（1）重要或大型电气设备损坏事故、引起系统专线掉闸或客户全厂停电事故，客户管理单位应立即向市（地）供电分公司报告。

（2）电气火灾爆炸事故、向供电系统倒送电事故，客户管理单位应立即向市（地）供电分公司报告；造成人员伤亡的，市（地）分公司应立即向省电力公司汇报。

（3）由于客户内部原因导致电力系统停电事故，客户管理单位应立即向市（地）供电分公司报告；造成对其他用户大面积停电，或引起电力系统波动而大量甩负荷的，市（地）分公司应立即向省电力公司汇报。

（4）由于客户内部原因发生人身电击死亡事故，或由于客户内部原因构成上述第一条中所列的各级生产安全事故，客户管理单位应立即向市（地）供电分公司报告，市（地）分公司应立即向省电力公司汇报，同时上报政府安全生产委员会。

2. 事故处置

市（地）供电分公司、县（区）供电支公司在客户发生电气事故后应启动相应应急处理预案，必要时向当地政府请求应急支援。

（二）调查程序

（1）用电检查人员到达事故现场后，首先应听取当事人或见证者的事故经过介绍，详细记录有关细节，并根据了解的情况对照现场进行核对检查，做到对整个事故过程有一个全面清晰的了解，不留疑点。

（2）对发生事故当时的气候和环境状况进行了解，记录事故前设备运行的电流、电压、周波等，查阅设备试验记录和缺陷管理记录等历史资料。

（3）查阅事故现场的继电保护动作指示情况，记录并分析相关开关保护整定的定值，记录熔断器熔件残留部分的情况。

（4）检查事故设备的损坏程度和损坏部位，对损坏的设备物件进行拍照取证，分析判断事故的起因和保护装置正确动作的性能。

（5）对误操作事故，检查事故现场与当事人或见证者叙述情况是否吻合，对工作票、操作票的填写与执行是否正确进行核对检查，查找事故发生原因。

（6）为对事故起因作出科学合理的分析、判断，必要时可对相关设备进行复试或拆卸检查。

（7）对事故造成的损失（包括影响售电量和售电收入）、事故性质进行确定，分析原因，撰写《客户电气事故调查报告》。

四、事故处理

（1）对客户设备未定期检修、试验或超负荷运行而引起的电气事故，督促客户进行相关设备的检修、试验工作，并告诫客户不允许超负荷用电，否则按私自增加用电容量论处。

（2）对安全措施不当或误操作引起的电气事故，应吊扣当事人《电工进网作业许可证》，并建议客户暂令其脱离原岗位并进行电气业务知识培训，经培训考核后仍不能胜任电工作业的，建议客户予以调离。

（3）对导致电力系统对外停电或大量甩负荷的事故，双方应根据《供用电合同》相关条款进行协商处理，《供用电合同》中未约定的，参照《供电营业规则》相关要求客户承担经济损失。

（4）对发生向供电系统倒送电事故，用户应承担事故引起的一切后果，同时应承担并网电源每千瓦 500 元的违约使用电费。

（5）针对事故中暴露出的问题和管理方面存在的漏洞，用电检查人员应帮助客户制定相关治理防范措施，提高其技术手段和管理水平。

五、客户电气事故调查报告相关要求

1. 时间要求

用电检查人员应按照实事求是的原则协助客户填写电气事故调查报告，一般应在电气事故发生后的 15 个工作日内完成，特殊情况可适当延期，但最长不能超出 30 个工作日。报告一式三份，一份报其主管部门，一份报供电公司，一份客户自留。

2. 报告格式

（1）客户名称、地址、行业、用电性质、供电营业区。

（2）事故简题。

（3）事故发生时间，调查时间。

（4）事故前设备运行状况、供电方式（附主接线图）、气象环境状况。

（5）事故详细经过。

（6）人员伤亡情况。

（7）事故原因分析及暴露问题。

（8）事故责任及处理情况。

（9）事故防范措施，措施落实责任人及落实期限。

（10）事故调查人员、审核人、客户负责人签名，报出日期。

第五节　安　全　保　电

安全保电是指供电企业受理客户提出的高可靠性电力保障申请后，为满足客户特殊用电需求而提供的一系列保障电力连续、稳定不间断供应的服务。

一、保电对象

下列有关客户或活动可列入申请保电范围：

（1）市（区）级党政机关。

（2）政府重要外事活动或工作会议。

（3）驻地部队。

（4）市（区）级主要新闻媒体。

（5）抢险救灾。

（6）煤矿井下作业、非煤矿山硐采作业。

(7) 中断供电可能引起易燃易爆的场所。

(8) 收押劳改服刑人员的看守所、监狱等刑拘场所。

(9) 手术期间需不间断电源的医院。

(10) 人群密集场所（如大型群众集会、大型超市、商场、宾馆等）。

(11) 大型文艺演出、体育赛事。

二、保电类型

1. 一类保电

保电期限内，除发生不可抗力事件（如自然灾害、地震等）外，在其他任何情况下都必须保障电力供应连续、稳定、可靠供应。

2. 二类保电

保电期限内，除发生不可抗力事件及电网发生重大故障外，必须保障电力供应连续、稳定、可靠供应。

三、供电企业职责

1. 客户服务中心职责

客户服务中心是受理客户保电申请的具体承办单位，主要审核客户提交申请是否属保电范畴，协助客户办理相关手续，将相关保电申请单据上报营销管理部门。

2. 营销管理部门职责

营销管理部门负责保电工作的组织协调工作，在接收到客户服务中心的保电申请后，制定保电计划，明确各配合单位工作职责，将保电安排信息传递至各相关部门、客户管理单位，督促、检查保电工作的准备情况。

3. 生产管理部门职责

生产管理部门负责组织各变电、调度、检修、试验单位做好供电设备、供电线路的清扫和检修工作，落实供电侧安全保电措施。

4. 客户管理单位职责

客户管理单位是保电工作的具体执行单位。负责对用户侧用电设备、用电线路开展隐患检查，并对其内部供电应急预案的针对性和适用性进行检查，必要时可要求客户进行预案模拟预演；安排保电值班人员，布置应急发电装置进驻用户侧，做好突发故障下应急发电。

四、申请保电单位职责

(1) 提供保电场所的平面位置分布图，及需保电的用电设备明细和主要负荷。

(2) 检查自身用电设备、用电线路的电气安全隐患情况，落实整改措施，提高电气设施健康水平。

(3) 制定停电应急预案并开展模拟演练，提高突发供电故障自救能力。

(4) 建立非常时期电气值班制度，严格对用电线路、用电负荷进行不间断监控，发现问题立即向供电企业保电人员汇报。

？复习思考题

1. 什么是周期性检查？什么是非周期性检查？

2. 周期性检查对客户的检查周期是如何规定的？非周期性检查主要包括哪几部分检查

内容？

3. 周期性检查时发现问题如何处理？
4. 叙述客户电气工程中间检查的主要内容。
5. 概括叙述客户电气工程竣工验收时的几个主要验收项目。
6. 客户电气设备夏季过夏“六防”反事故措施有哪些？
7. 客户电气事故分为哪几类？
8. 试述客户电气事故的调查程序。
9. 安全保电工作中，哪些客户可列入申请保电的范围？

第八章

常用测量仪表的使用

第一节　万用表与钳形电流表的使用

万用表与钳形电流表是电工测量中最常用的多用途仪表，根据其原理不同有磁电式和数字式两种。万用表一般可以测量交流电压、电流，直流电压、电流，电阻、电感、电容等。钳形电流表可以测量交流电流、交流电压、电阻。

一、万用表

（一）万用表的构成

万用表的盘面及外形如图8-1和图8-2所示。万用表主要由表头、转换开关和测量电路三个基本部分及面板部件组成。指针式万用表由表盘、转换开关、调零旋钮及插孔或接线柱组成。数字式万用表由显示器、转换开关、插孔组成。

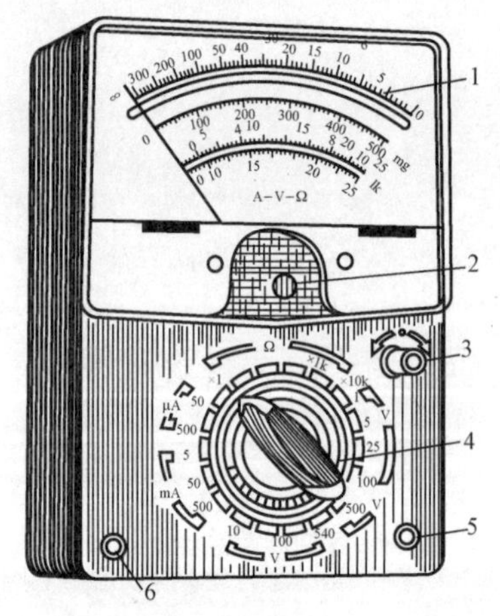

图8-1　磁电式万用表的盘面及外形图

1—刻度盘；2—指针调零钮；3—电阻调零钮；4—选择与量程开关；5—测试笔插孔（+）；6—测试笔插孔（－）

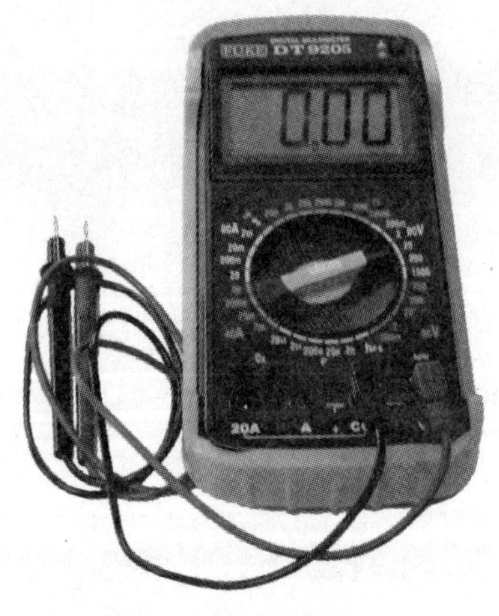

图8-2　数字万用表

1. 表盘的符号含义

直流的符号标志为“—”或“DC”；交流的符号标志为“～”或“AC”；交直流的符号标志为“～”。表8-1为万用表的测量单位及符号。

2. 表笔的使用

万用表配有红色、黑色表笔各一支，使用时分颜色插入对应的插孔内。测量电阻时表笔分别接电阻的两端；测量电压时两支表笔接两个电位端，使万用表与被测电路并联，测量直流电压时要将红表笔接电位“+”端，黑表笔接电位“－”端；测量电流时两支表笔接电路两端，使万用表与被测电路串联，测量直流电流时要将红表笔接电位“+”端，黑表笔接电位“−”端。

表 8-1　　仪表测量单位及符号

名称		符号	名称		符号	名称		符号
电压	毫伏	mV	电流	微安	μA	电流	千安	kA
	伏特	V		毫安	mA	电阻	欧姆	Ω
	千伏	kV		安培	A		千欧	kΩ

3. 万用表的读数

（1）读数方法。指针式万用表的刻度盘上有多条标尺，读数时：①正确利用与被测量对应的标尺计数；②确定标尺数字与被测量量程间的关系，对计数进行换算，测量值=测量读数×倍数；③读数时，为了使读数准确，视线应正对着表针，若表盘上有反射镜，眼睛看到的表针应与镜子里的影子重合。

（2）准确度。为了确切地表示仪表的准确度，规定采用最大引用误差来表示仪表的准确度。因此，仪表的准确度等级是指最大绝对误差与仪表最大量程之比的百分数。仪表准确度对测量误差有一定影响，对于两只相同量程的仪表，仪表的准确度越高，在测量过程中产生的误差就越小。对于同一只仪表由于在同一量程的最大绝对误差不变，所以被测量越接近满刻度，测量结果的最大相对误差就越小。因此，在选择仪表量程时，通常应使被测量的读数占仪表满刻度的 1/2 或 2/3 以上为宜。

（二）万用表的使用

1. 万用表使用前的准备工作

（1）万用表比较脆弱，使用时应小心谨慎，放在平稳、无振动的地方。

（2）使用前特别注意选择转换开关在什么挡位上，必须与被测量的种类相符。当转换开关在电流挡位时，若接在电源的两端，则会将万用表烧毁。

（3）选择量程时，应事先估计一下要测的数值是多少，选一个足够大的量程。若事先估计不出，先用大量程测试，再根据所测值往小调整。

（4）测量前应检查万用表的指针是否停留在零位。如不指零位，应转动调零旋钮，把指针调到零位。如要测量电阻，应先把两表笔短接在一起，然后再旋转电阻调零钮，使指针指零。

（5）使用时红表笔插在红色插孔内，黑表笔插在黑色插孔内。测量直流时，红表笔接电路的正极，黑表笔接电路的负极，否则指针反转。

2. 万用表的使用方法

（1）测量电阻。

1）测量电阻前，先将转换开关旋至“Ω”挡区间，并选择适当的倍率。然后进行调零操作：将两表笔金属端短接，旋动调零旋钮，使指针刚好至零位上；若无法调至零位，说明电池电压太低，应更换新电池。

2）测量时，两支表笔接电阻的两端，被测对象不能有并联支路，否则应将电阻的一端与电路断开。

(2) 测量电压、电流。

1) 测量交流电压。测量前将转换开关旋至"ACV"挡区间，并选择适当的倍率；将两只表笔接在电路的两个电位端，使万用表与被测电路并联；读取测量值，测量完毕，将表笔断开。

2) 测量直流电压。测量前将转换开关旋至"DCV"挡区间，并选择适当的倍率；将两只表笔接在电路的两个电位端（指针式万用表要将红表笔接电位"+"端，黑表笔接电位"—"端），使万用表与被测电路并联；读取测量值，测量完毕，将表笔断开；若测量前不能确定电位高低，则先将红表笔接于被测电路一端，再将黑表笔在被测电路另一端轻轻一碰，立即拿开，观察指针偏转方向，确定电位情况。

3) 测量交流电流。测量前将转换开关旋至"ACA"挡区间，并选择适当的倍率；通过两只表笔将万用表串联在被测电路中；读取测量值，测量完毕，将电流回零后再断开表笔。

4) 测量直流电流。测量前将转换开关旋至"DCA"挡区间，并选择适当的倍率；通过两只表笔将万用表串联在被测电路中（指针式万用表要将红表笔接电位"+"端，黑表笔接电位"—"端）；读取测量值，测量完毕，将表笔断开；若测量前不能确定电位高低，参照直流电压测量，确定电位情况。

3. 万用表使用注意事项

(1) 指针式万用表使用注意事项。

1) 万用表内装干电池，是测量电阻时用的。测量电阻以后，应将转换开关放在电压挡的最大量程上，以防表笔相碰耗费表内电池。如果万用表忘装电池，测量电阻时指针不动。电池用旧了应及时更换，不然测量结果不准确，电阻挡也调不到零位。

2) 不允许带电测量电阻。不然不仅无法得到准确的测量结果，而且有可能损坏仪表。

3) 万用表的表笔应完整无损，操作时不允许用手接触表笔金属端，以免漏电伤人。

4) 严禁在测电流和电压时旋动转换开关，以免产生电弧，烧坏转换开关的触点。

5) 使用电阻挡时，由于万用表的红表笔是接表内电池的负极，黑表笔接电池的正极。所以用万用表测试晶体管和电解电容等有正负极性的元件时，要注意极性关系。

6) 除电阻档外表计指到满刻度为量程值，其他位置时，按照正比关系计算。

(2) 数字式万用表使用注意事项。

1) 遵守指针式万用表使用注意事项中的 (1)～(5) 条。

2) 使用前将黑表笔插入"COM"插孔内，红表笔插入相应被测量的插孔内。测量时将电源开关打开，接通表内工作电源。测量后将电源开关关闭。

3) 测量直流时，不用特别考虑其极性，当被测电流或电压极性接反时，显示的数值前会出现负号。

4) 用数字万用表测量电阻前不必进行零位调整。使用电阻挡时，数字万用表的红表笔是接表内电池的正极，黑表笔接电池的负极，与磁电式万用表相反。所以用数字万用表测晶体管和电解电容等有正负极性的元件时，同样要注意极性关系。

5) 数字万用表读数值为所测值，不需进行量程和倍率的换算。若显示屏左边出现"1"字（溢出数），说明超出量程范围或者测二极管时极性接反。

6) 检查电路通断时，将转换开关打在标有二极管符号的档上，表笔位置与接法和测电阻时相同。检查时若指示灯发光、蜂鸣器发声，说明电路通。反之，电路不通或接触不良。

二、钳形电流表

（一）钳形电流表的构成

钳形电流表由电流互感器和电流表两部分构成，电流互感器的铁心有一活动部分，它与手柄相连。钳形电流表可以在不断开电源的情况下，测量电路中的电流，钳形电流表外形如图 8-3 所示。有些钳形电流表还能测量电压、功率、电阻等。

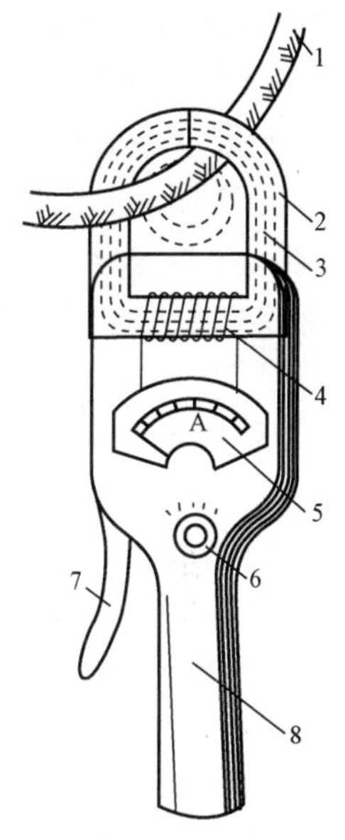

图 8-3　钳形电流表外形图

1—被测导线；2—铁心；3—磁通；4—副边线圈；5—电流表；6—量程旋钮；7—手柄；8—表把

（二）钳形电流表的使用方法

（1）测量前应先估计被测电流值的大小，选择合适的量程。或先选用较大的量程测量，然后根据所测值的大小，减小量程，但测量过程中不能切换量程。

（2）测量电流时，应按动使铁心张开的手柄，把被测导线（一根）穿到钳口中央，就可从表盘上读出被测电流值。

（3）测量时，只能卡一根导线。单相电路中，如果同时卡进相线和中性线，则电流表读数为零。

（三）钳形电流表的使用注意事项

（1）为使读数准确，应使钳口两个结合面很好接合。测量时若有杂音，可将钳口重新开合一次。钳口若有污垢，可用汽油擦净。

（2）测量小于 5A 以下的电流时，为了获得较准确的测量值，若条件允许时，可把导线多绕几匝放进钳口中测量，但实际电流值为读数除以放进钳口内的导线匝数。

（3）测量完毕一定要把转换开关放在最大电流量程的位置上，以防下次使用时，因未经选择量程造成仪表损坏。

（4）通常不能用钳形电流表测量高压电路中的电流，也不能用钳形电流表测量低压电路中裸导线的电流（特殊情况时必须做好安全措施），以免发生事故。

（5）对于多功能钳形电流表，电阻、电压的测量方法与万用表相同。

第二节　绝缘电阻表及接地电阻仪的使用

一、绝缘电阻表

（一）绝缘电阻表构成

绝缘电阻表由高压直流电源和磁电系比率表构成。高压直流电源为手摇直流发电机或其他高压直流电源。绝缘电阻表外形如图 8-4 所示。绝缘电阻表上有三个接线柱：L 接线柱为“线路”端钮，E 接线柱为“接地”端钮，G 接线柱为“保护或屏蔽”端钮。

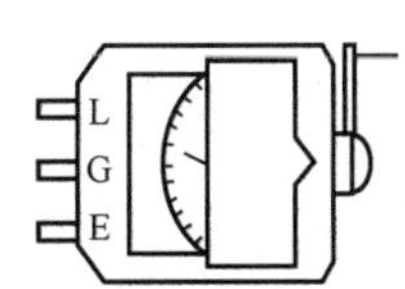

图 8-4　绝缘电阻表外形图

（二）绝缘电阻表的种类

绝缘电阻表根据其电源产生的电压不同有 500V、1000V、

2500V 和 5000V 四种，它的标度尺单位是 MΩ。

（三）绝缘电阻表的读数

（1）绝缘电阻表不使用时指针位置是不确定的，使用时通过短接测试表计是否回到零位。

（2）测试时指针稳定后读取数据。

（四）绝缘电阻表的选择

对于额定电压为 380V 和 220V 的设备和线路，选用 500V 的绝缘电阻表。对于额定电压为 500V 及以上的设备或线路，选用 1000V 或 2500V 的绝缘电阻表。若用电压较高的绝缘电阻表测量低压设备的绝缘电阻，可能损坏被测设备的绝缘。如用电压较低的绝缘电阻表测量高压设备的绝缘电阻，将使测量结果不符实际。

（五）绝缘电阻表的使用

1. 测试前的准备

（1）测量前应检查绝缘电阻表是否良好。当绝缘电阻表 L、E 两接线柱开路时，摇动手柄，表针应指在“∞”的位置；当把绝缘电阻表的两接线柱短接时，缓慢摇动手柄，表针应指在“0”的位置，否则不能保证测量的准确性。

（2）绝缘电阻表接线柱与被测物之间的连接导线，应采用绝缘良好的单股导线，分开连接。不能用双股绝缘绞线，以免因绞线绝缘不良而引起测量误差。

（3）被测设备在测试前要先切断电源，并进行充分放电，以保证人身和设备的安全。

2. 测量方法

（1）接线方法。当用绝缘电阻表测量线路绝缘电阻时，L 柱接线路导线，E 柱接地。测量电动机绕组对地绝缘电阻时，L 柱接电动机绕组引线，E 柱接电动机外壳，如果要测绕组之间的绝缘电阻时，则将 L、E 两柱分别接在两个绕组的导线上。测量电缆对地绝缘电阻时，L 柱接电缆芯线，E 柱接电缆外表，G 柱则接电缆绝缘层上。

（2）测试方法。测量时，应使绝缘电阻表放平稳，摇动发电机手柄时，速度应由慢到快，当转速达到 120r/min 时，经 1min 指针基本稳定后，再行读数。若在摇动手柄时，发现表针指“0”，就不可再摇，以免烧坏仪表线圈。

（3）测量后，要等绝缘电阻表停止转动并将被测物充分放电后，方可用手触摸设备和拆除仪表接线，以免触电。

3. 使用注意事项

（1）选择绝缘电阻表的电压等级应与被测物的耐压水平相适应，以免被测设备的绝缘被击穿。

（2）严禁摇测带电设备的绝缘电阻。

（3）严禁在有人工作的线路上进行摇测绝缘电阻。雷电时严禁进行摇测工作。

（4）在带电设备附近，摇测绝缘电阻时，人员与表计选择的位置应合适，与带电设备保持安全距离以防绝缘电阻表的测量引线碰触带电部分。

二、接地电阻测试仪的使用

（一）测试前的准备

（1）测量前，应将接地装置与被保护的电气设备断开。

（2）在被测接地装置的位置向垂直线路的方向距离 20m 和 40m 处各将电位探针，电流探针用锤子钉入地下，深度为 0.3～0.4m。

（二）测量方法

（1）接地电阻测量仪接线如图 8-5 所示。将三端钮（E、P、C）接地电阻测量仪的 E 端接 5m 长的导线与被测的接地极 E′相连，测量仪的 P 端 20m 的导线接在电位探针 P′上，C 端 40m 的导线接在电流探针 C′上。如果是四端钮（C1、P1、C2、P2）接地电阻测量仪，测量时，应将 C2 和 P2 端钮短接后再与被测接地体连接，C1 和 P1 的连接与上面相同。

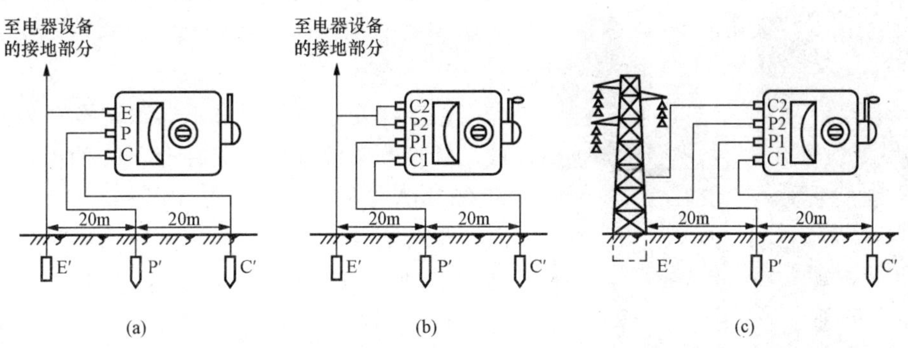

图 8-5　接地电阻测量仪接线图
(a)～(c) 接线图

（2）将接地电阻测量仪放置水平位置，检查检流计的指针是否指在红线上，若指针不在红线上，可调整零位调整器来校正。

（3）将仪器的“倍率标尺”置于较大倍率挡，首先慢慢转动接地电阻测量仪的摇把同时调整“测量标度盘”使检流计指针平衡，当指针接近盘中线（即零位）时，再加快仪表摇把的转速，使其转数达到稳定每分钟 120 转，并同时调整“测量标度盘”使指针指示在表盘中线，此时“测量标度盘”所指示的数值乘以倍率标度指示值，即为接地装置的接地电阻值。

（4）若被测电阻值数较小时，可选择较小的倍率，重新调整“测量标度盘”使指针平衡在零位上，即可取得读数。

（5）使用接地电阻测量仪时，如果发现仪表的检流计灵敏度过高或过低、可适当调整电位探针的深度。

（三）使用注意事项

（1）接地电阻值的规定。容量 100kVA 及以上的变压器其接地装置的接地电阻不应大于 4Ω；容量 100kVA 以下的变压器其接地装置的接地电阻不应大于 10Ω；柱上油开关、隔离开关和熔断器的防雷装置其接地电阻不应大于 10Ω；居民区的水泥杆、铁塔接地电阻不宜大于 30Ω。

（2）注意事项。在线路带电情况下进行接地电阻测量时，解开或恢复电杆、配电变压器和避雷器的接地引线时，应戴绝缘手套；接地电阻测量应在干燥天气进行，避免雨后立即测量接地电阻；测量时尽量避免与高压线或地下管道平行，以减少对测量的干扰。

第三节 伏安相位仪的使用

伏安相位仪的主要功能是测量相位、交流电流和交流电压。常用于电压相序、变压器的接线组别、二次回路和母差保护、电能计量装置接线的检测。

一、双钳数字伏安相位仪的结构

伏安相位仪主要由测量电路、转换开关和显示器三个基本部分组成。AH202 手持式双钳数字伏安相位仪的盘面及外形图如 8-6 所示。

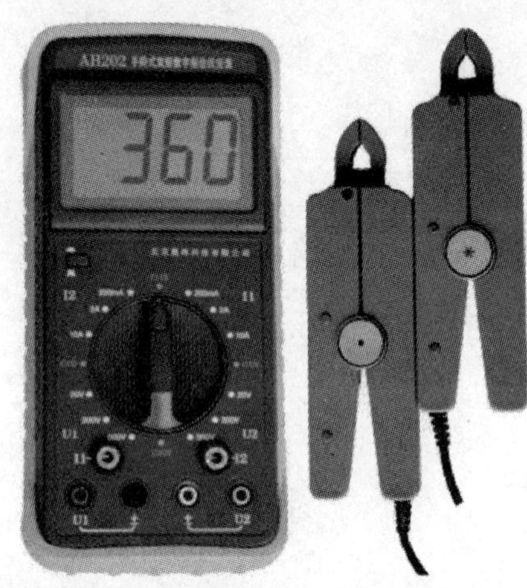

图 8-6 伏安相位仪

1. 面板

数字伏安相位仪由显示器、转换开关、插孔组成。转换开关位置：电流有 I1、I2 两挡，电流量程有 200mA/2A/10A 三挡；电压有 U1、U2 两挡，电压量程有 20V/200V/500V 三挡；相位有 U1I2、I1U2、I1I2、四挡。接线插孔：设有 U1、±，U2、±，I1、I2 六个插孔。

2. 符号含义

伏安相位仪是一种双通道输入测量仪器，测量相位时，两输入回路完全绝缘隔离。U_1 为通道 1 电压、U_2 为通道 2 电压、I_1 为通道 1 电流、I_2 为通道 2 电流。

二、伏安相位仪使用

1. 电压的测量

转换开关切换 U1 或 U2 挡，量程根据被测量大小选择，电压信号从电压端子 U1、±或（U2、±）接入，显示窗口的示值即为所测电压值。

2. 电流的测量

转换开关切换 I1 或 I2 挡，量程根据被测量大小选择，电流信号通过钳形互感器从电流插孔 I1 或 I2 输入，显示窗口的示值即为所测电流值。

3. 相位的测量

（1）测量两路电压之间的相位。将量程打在 U1U2 挡上，表笔分别接在（U1、±）、（U2、±）上，显示窗口的示值即为 U1 超前 U2 的相位角。

（2）测量两路电流之间的相位。将量程打在 I1I2 挡上，电流信号通过钳形互感器从 I1、I2 孔插入，显示窗口的示值即为 I1 超前 I2 的相位角。

（3）测量电压和电流之间的相位。将量程打在 U1I2 或 I1U2 挡上，把表笔接在（U1、±和 I1）或（U2、±和 I2）上，显示窗口的示值即为 I 路超前 II 路的相位角。

4. 感性电路、容性电路的判定

将被测电路的电压从 U1 端输入，电流经卡钳从 I2 插孔输入，测量其相位，若测得相位小于 90°，则电路为感性；若测得相位大于 270°，则电路为容性。

5. 三相电压相序的测量

当测量相序时，接线端子黑短线把±、U2 短接，黄线接 U1，绿线接±，红线接 U2，然后黄、绿、红另外三端接表尾三相电压，如果指示数是 300°即是正相序，指示数是 60°即是逆相序。在三相四线系统中，黄、绿、红三个接线端也可按相线、中性线、相线对应接入，指示数是 120°即是正相序，指示数是 240°即是逆相序。

三、伏安相位仪使用注意事项

1. 测量相位

当测量相位角时，U1、±和 I1 不能使用同一个通道，必须电流和电压交叉使用，即 U1、±和 I2 同时使用。

2. 更换电池

当电池低于稳压值时，需要更换电池。

3. 钳形电流互感器

钳口涂以仪表脂，用时擦去，用后再涂上仪表脂、钳口的锈蚀直接影响测量的精度。

4. 仪表的保存

仪表应该放在 0～40℃，相对湿度小于 85%，且环境空气中不应有酸、碱及腐蚀性气体的室内。

伏安相位仪供二次回路和低压回路检测，不能用于测量高压线路中的电流，以防通过卡钳触电。仪表电源开关使用时打开，不用时关闭。

第四节　变压器容量测试仪的使用

变压器容量测试仪是专门用于在低电压、小电流情况下测试标准配电电力变压器容量的仪器。

一、变压器容量测试仪结构

变压器容量测试仪由主机和配件包两部分组成，其中主机是仪器的核心，所有的电气部分都在主机内部，配件箱用来放置测试导线及工具。SH71A 型变压器容量测试仪外形如图 8-7 所示。最上方从左到右依次为容量测试用输入端子（Ua、Ub、Uc、Ia 正负输入端子、Ib 正负输入端子、Ic 正负输入端子）、容量测试用端子（Ia、Ib、Ic、Ua、Ub、Uc）、接地端子、充电电源插座及开关。

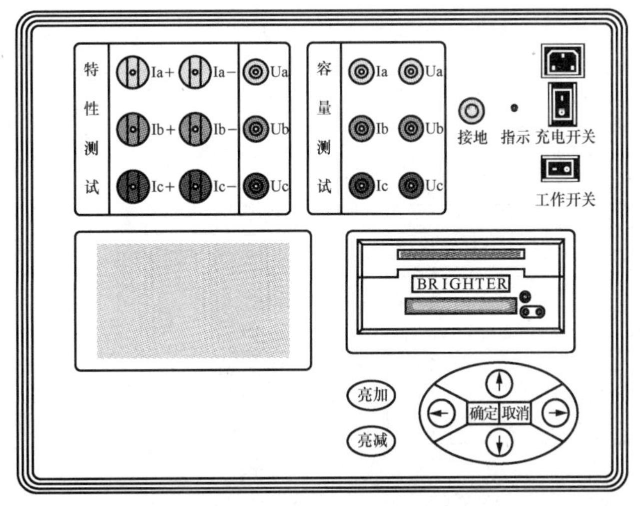

图 8-7　变压器容量测试仪

二、主要技术参数

（1）输入特性。

1）有源部分：电压测量范围为 0～10V，电流测量范围为 0～10A。

2）无源部分：电压测量范围

为 0～750V 宽量限。

3）电流测量范围：0～100A 内部全部自动切换量程。

（2）准确度。

1）电压、电流、频率：±0.2%。

2）功率：±0.5%（cosφ>0.1），±1.0%（0.02<cosφ<0.1）。

（3）工作温度：-10～+40℃。

（4）充电电源：交流 160～260V。

（5）绝缘。

1）电压、电流输入端对机壳的绝缘电阻≥100MΩ。

2）工作电源输入端对外壳之间承受工频 2kV（有效值），历时 1min 实验。

三、使用方法

这里分为两部分来介绍：有源容量负荷损耗和无源损耗测量。

（一）有源变压器容量、负荷损耗测量部分

1. 基本概念

有源容量试验指通过一些必要的数据来确定某个变压器的实际容量值，从而检查出被试变压器铭牌容量是否真实。

2. 测试方法

容量测试仪配有三把测试钳（黄、绿、红），每只钳子分别引出两根测试线，一根粗线、一根细线，粗线接到仪器面板上容量测试端子对应颜色的电流端子（Ia、Ib、Ic），细线接到仪器面板上容量测试端子对应颜色的电压端子（Ua、Ub、Uc），将钳头按颜色分别夹在被试变压器的高压侧各相接线柱上，变压器的低压侧要用专用短接线良好短接，如图 8-8 所示。

接好线后，在主界面选择容量测试项目，此时进入容量参数设置屏，按下列操作步骤进行设置：

（1）设定当前温度，通过上、下键将手型指针指到“当前温度”选项，用左右键调节温度数值，要求尽量准确，最好以温度计的示值为准。

（2）设置高压侧额定电压，通过上、下键将手形指针指到“高额定电压”选项，用左右键调节高额定电压挡，例如被测变压器是 10kV/400V 的配电变压器，则将本项设置为 10kV。

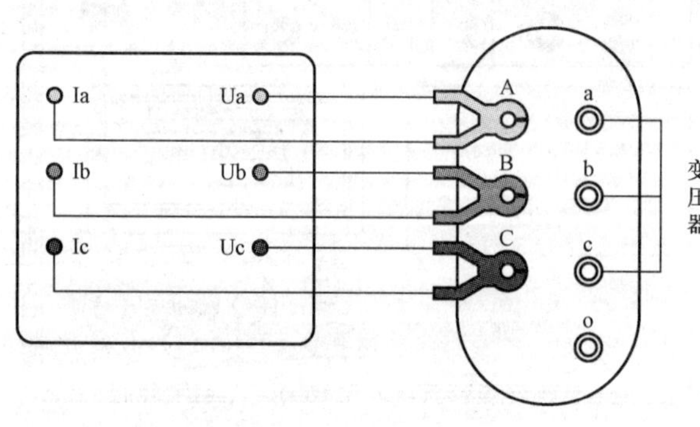

图 8-8　有源容量试验接线图

（3）设置变压器类型，通过上、下键将手形指针指到“变压器类型”选项，用左右键调节该选项，使之与铭牌相符。

（4）设置分接挡位，通过上、下键将手形指针指到“分接挡位”选项，用左右键调节该选项，通常将分接打到 2 分接位置，如遇被测变压器分接在其他位置，则将该选项设置到正确位置。

(5) 通过上、下键将手形指针指到“被试品编号”选项，用左右键调节该选项为某个编号值。

(6) 按开始键进行测试，结果自动保留在液晶上。

(7) 选择“保存”可将结果保存到内部存储器中，如不需保存，则不选此项。

(8) 选择“打印”可将测试结果打印出来。

(9) 有源负荷试验的接线方法与容量测试完全相同，操作也同样简单。值得注意的是，有源负荷试验的参数设置是用主界面中的第三项“参数设置”，一定要正确设置。

(二) 无源变压器损耗测量部分

1. 基本概念

(1) 空载试验。从变压器的某一绕组（一般从二次低压侧）施加正弦波额定频率的额定电压，其余绕组开路，测量空载电流和空载损耗。如果试验条件有限，电源电压达不到额定电压，可在非额定电压条件下试验，这种试验方法误差较大，一般只用于检查变压器有无故障，只有试验电压达到额定电压的 80%以上才可用来测试空载损耗。

(2) 短路试验。将变压器低压大电流侧人工短连接，从电压高的一侧线圈的额定分接头处通入额定频率的试验电压，使绕组中电流达到额定值，然后测量输入功率和施加的电压（即短路损耗和短路电压）以及电流值。

2. 测试方法

单相电源分相对三相变压器空载损耗的测量：当现场试验条件无法满足用三相电源来做空载试验时，可用单相电源（交流220V）来进行三相变压器的空载试验。分别对变压器的每相加压试验，试验结果自动折算到三相电源试验的情况。接线图如图 8-9 所示。

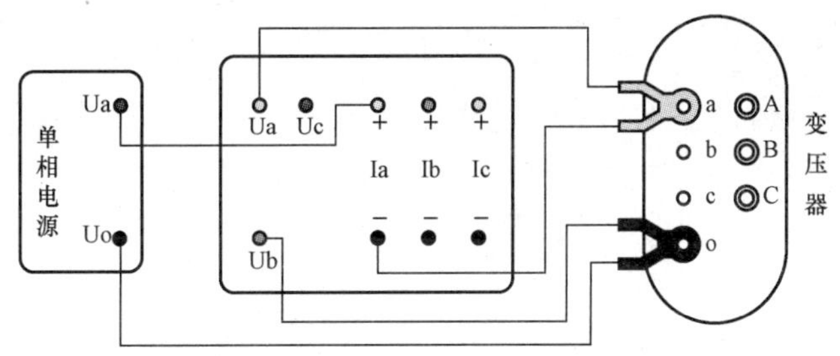

图 8-9　单相电源测量三相变压器空载损耗

利用仪器的 Ua、Ub 插孔测量电压，用 A 相电流回路测量电流，依次对被测变压器的低压侧 Ao、Bo、Co 加电，进行测试。

四、注意事项

(1) 在测量过程中一定不要接触测试线的金属部分，以避免被电击伤。

(2) 测量接线一定要严格按说明书操作。

(3) 测试之前一定要认真检查设置的参数是否正确。

(4) 最好使用有地线的电源插座。

(5) 不能在电压和电流过量限的情况下工作。

(6) 短路试验时，非加压侧的短接必须良好，否则会对测试结果有影响。

(7) 做短路试验时，如果高压或中压侧出线套管装有环形电流互感器时，试验前电流互感器的二次一定要短接。

(8) 试验接线工作必须在被试线路接地的情况下进行，防止感应电压触电。所有短路、接地和引线都应有足够的截面积，且必须连接牢靠。测试组织工作要严密，通信顺畅，以保证测试工作安全顺利进行。

复习思考题

1. 使用万用表前应注意哪些事项？
2. 在使用钳形电流表时应注意什么？
3. 简述绝缘电阻表使用时的注意事项。
4. 伏安相位仪的主要功能是什么？
5. 伏安相位仪使用时的注意事项有哪些？
6. 变压器容量测试仪的作用是什么？
7. 变压器容量测试仪使用中的注意事项有哪些？

第九章

触电急救及处理

一、触电急救基础知识

（一）常见的人体触电方式

常见的人体触电情况有单相触电、两相触电、跨步电压触电、接触电压触电。此外，还有高压触电和雷击触电等。

1. 单相触电

单相触电是指人体站在地面或其他接地体上，人体的某一部位触及一相带电体所引起的触电。单相触电的危险程度与电压的高低、电网的中性点是否接地、每相对地电容量的大小有关。单相触电是较常见的一种触电事故。而单相触电与电网的运行方式有一定的关系，中性点接地系统里的单相触电比中性点不接地系统的危险性大。为防止触电需要使用带有绝缘性能的器具进行防护。

2. 两相触电

两相触电是指人体有两处同时接触带电的任何两相电源时的触电。这时，无论电网的中性点是否接地、人体与地是否绝缘，人体都会触电。发生两相触电时，若线电压为 380V，则流过人体的电流只要经过 0.186s 就可能致触电者死亡，故两相触电比单相触电更危险，但发生几率较小。

3. 跨步电压触电

当电气设备发生接地故障或线路发生一相带电导线断线落在地面时，故障电流就会从接地体或导线落地点向大地流散，当人进入带电区域内行走，其两脚之间的电位差就是跨步电压，由跨步电压引起的触电，称为跨步电压触电。当跨步电压较高时，人就会因双脚抽筋而倒在地上，这不但会使作用于身体上的电压增加，还有可能改变电流通过人体的路径而经过人体重要器官，因而大大增加了触电的危险性。

4. 接触电压触电

当电气设备发生绝缘击穿或接地短路故障时而使设备外壳带电，人触及漏电设备的外壳，其手、脚之间所承受的电压称为接触电压，由接触电压引起的触电称为接触电压触电。接触电压的大小随人体站立点的位置而异。人体距离接地体较远时，承受的接触电压较大；当人体站在距接地体 20m 以外处与带电设备外壳接触时，接触电压达到最大值，等于带电设备外壳的对地电压；当人体站在接地体附近与设备外壳接触时，接触电压接近于零。为防止接触电压触电，往往要把一个车间、一个变电所的所有设备均单独埋设接地体，对每台电动机采用单独的保护接地。

（二）电流对人体的效应

电流流过人体时，电流的效应产生的高温会引起肌体烧伤、碳化或某些器官发生损坏；肌体内的体液或其他组织会发生分解作用，从而使各种组织的结构和成分遭到严重破坏；肌体的神经组织或其他组织因受到刺激而兴奋，内分泌失调，使人体内部的生物电被破坏；产生一定的机械外力引起肌体的机械性损伤。因此，电流流过人体时，人体会产生不同程度的刺麻、酸疼、打击感，并伴随不自主的肌肉收缩、心慌、惊悸等症状，伤害严重时会出现心律不齐、昏迷、心跳呼吸停止直至死亡的严重后果。

（三）电流对人体的伤害

人体触及带电体，电流通过人体，对人体造成伤害，其伤害的形式主要有电击和电伤两种。

1. 电击

（1）电击的概念。当人体直接接触带电体时，电流通过人体，对人体内部组织造成的伤害称为电击。电击是最危险的触电伤害，多数触电死亡事故是由电击造成的。

（2）电击伤害。电击主要是伤害人体的心脏、呼吸和神经系统，因而破坏了人的正常生理活动，甚至危及人的生命。

（3）几种电击情况：

1）当人体将要触及 1kV 以上的高压电气设备带电体时，高电压能将空气击穿，使其成为导体，这时电流通过人体而造成电击。

2）低压单相（线）触电、两相触电会造成电击。

3）接触电压和跨步电压触电会造成电击。

2. 电伤

（1）电伤的概念。电伤是指电流对人体外部（表面）造成的局部创伤。电伤往往在肌体上留下伤痕，严重时，也可导致人的死亡。

（2）电伤分类：

1）灼伤。指电流热效应产生的电伤。最严重的灼伤是电弧对人体皮肤造成的直接烧伤。例如，当发生带负荷拉刀开关、带地线合刀开关时，产生的强烈电弧会烧伤皮肤。灼伤的后果：皮肤发红、起泡，组织烧焦并坏死。

2）电烙印。指电流化学效应和机械效应产生的电伤。电烙印通常在人体和带电部分接触良好情况下才会发生。电烙印的后果：皮肤表面留下和所接触的带电部分形状相似的圆形的肿块痕迹。电烙印有明显的边缘，且颜色呈灰色或淡黄色，受伤皮肤硬化。

3）皮肤金属化。指在电流作用下，产生的高温电弧使电弧周围的金属熔化、蒸发并飞溅渗透到皮肤表层所造成的电伤。其后果是使皮肤变得粗糙、硬化，且呈现一定颜色。金属化皮肤经过一段时间后会逐渐剥落，不会永久存在而造成终身痛苦。

二、现场抢救原则

（1）发生电击情况后，同班组工作人员或现场目击者应立即断开电源对触电者实施紧急救护，动作迅速、果断正确，措施有效得当，要争分夺秒就地抢救。

（2）实施紧急救护人员要认真细致地观察伤员的全身状况，用手背触及触电者的鼻孔呼吸气流，发现心跳停止时立即在现场采用心肺复苏法就地抢救，激活触电伤员的呼吸循环系统。

（3）实施紧急救护时应保护好现场，并做好救护记录。待救护工作结束后应将记录移交现场管理单位或上级部门。

（4）实施紧急救护的人员在现场采取措施的同时，应向 120 急救中心或附近的医院请求救援。触电伤员死亡诊断只能由医生作出结论，实施紧急救护的人员应做到：

1）在医护人员未到达前，不能放弃现场抢救。

2）不能仅凭触电伤员没有呼吸表征和脉搏跳动就擅自判定死亡，放弃抢救。

3）不能放弃现场抢救而直接送往医院。

三、脱离电源的方法

1. 触电伤员脱离电源的原则

（1）实施紧急救护的人员应使触电者迅速脱离电源，速度越快越好，因为时间越长，电流对人体伤害程度越大。

（2）脱离电源就是要把触电者身体部位接触到的全部或部分与带电体全部断开，或采用其他方法与带电设备脱离。

（3）伤员在没有完全脱离电源之前，现场救护人员不能用手直接触及触电者的任何部位，规避救护者间接触电。如触电者身距地面较高地方时，应采取其他方法或相应的临时性补救措施，防止伤员脱离电源后坠落造成新的伤害。

2. 脱离低压电源的方法

电气作业人员或其他人员触及低压带电设备时遭到电击后，现场救护人员应设法切断电源，迅速拉开低压带电设备的控制开关。

（1）断开空气断路器、刀闸、电源插头等控制设施。

（2）使用绝缘工具、干燥的木棒、木板、绳索等不导电物体解救触电者。

（3）用手抓住触电者干燥不贴身的衣服将其拖开。

（4）触电者紧握带电体时，救护人员设法用干燥的木板塞到其身下与地面强行隔离，用带有绝缘把柄的钢丝钳、木棒或木柄斧子将电源线截断解救触电者。

3. 脱离高压电源的方法

电气作业人员或其他人员偶然触及高压带电设备时遭到电击后，现场救护人员应设法切断电源或选用适合电压等级的绝缘（戴绝缘手套、穿绝缘靴并使用绝缘棒）工具，解救触电者。救护人员迅速拉开带电设备的控制开关，并在抢救过程中应注意自身与周围带电部分的安全距离。

4. 脱离低压线路的方法

如电气作业人员触电在架空的低压线路上按以下方法处理：

（1）现场工作监护人或其他人员应迅速切断控制线路电源的断路器实施抢救。

（2）现场救护人员迅速登杆系好安全带、个人保安绳后，用带有绝缘把柄的钢丝钳、干燥不导电的物件或绝缘物将触电者拉离电源进行抢救。

5. 脱离高压线路的方法

如电气作业人员触电在架空的高压线路上按以下方法处理：

（1）在带电的高压线路不能迅速切断电源断路器的情况下，现场工作监护人或其他人员可采用抛挂足够截面积和适当长度的金属短路线使电源迅速短路跳闸。

（2）在抛挂前应将金属短路线一端固定在铁塔或接地引下线上，另一端系重物。

（3）在抛掷金属短路线时，应防止电弧伤人或断线危及其他人身安全。

（4）救护人员要特别防范在触电者脱离电源后高空坠落或再次触及其他带电的线路。

6. 其他人员触及断落在地面上的带电高压导线的处理

(1) 现场救护人员要首先判断线路是否有电。

(2) 现场救护人员在未采取安全措施(如穿绝缘靴或临时双脚并紧跃进触电者)前，不得接近以断线点为中心的8～10m的范围，防止产生跨步电压伤人。应立即设置安全警戒线或围栏，不能让其他行人误入。

(3) 现场救护人员将触电者脱离带电导线后，应迅速将其移到8～10m以外的安全地带再开始对症急救。

(4) 只有在确认线路无电时，方可在触电者脱离导线后实施就地抢救。

四、伤员脱离电源后的处理方法

1. 对神志清醒伤员的处理方法

(1) 应将伤员就地仰面平躺，密切关注其呼吸、脉搏等生命表现特征。

(2) 不能让伤员站立或行走。

2. 对神志不清醒伤员的处理方法

应将伤员就地仰面平躺，密切关注其呼吸、脉搏等生命表现特征，并保证伤员气道畅通。并用5s时间，呼叫伤员或轻拍其肩部，来判断伤员是否丧失听觉和感觉意识。禁止摇动伤员头部时直呼其姓名。

(1) 对需要进行心肺复苏的伤员，在其脱离电源后，应立即就地采用心肺复苏法抢救。

(2) 对伤员呼吸、心跳的判断，如触电伤员丧失意识，应在10s内用看、听、试的方法判断伤员呼吸心跳情况：

1) 看，即观察伤员的胸部、上腹部有无呼吸起伏的表征。

2) 听，即用耳贴近伤员的口、鼻处，判断有无呼气声。

3) 试，即用两手指外侧贴近伤员的口、鼻处，判断其有无呼吸气流。再用两手指内侧轻试伤员一侧(左或右)喉结旁凹处的颈动脉有无搏动迹象。

4) 采用看、听、试的方法发现伤员既无呼吸又无颈动脉搏动迹象后，可判断伤员呼吸心跳已停止。

(3) 采用心肺复苏法。发现触电伤员呼吸、心跳停止时，应立即采用心肺复苏法的畅通气道、人工呼吸、胸外心脏按压三种措施实施抢救。

1) 畅通气道。触电伤员呼吸停止，首要的任务要确保其气道畅通。

a. 发现伤员口腔内有异物，立即将其身体和头部同时侧转，迅速用一个或两个指头交叉从口中插入取出异物。取异物时不能将异物推到伤员咽喉深部。

b. 气道畅通可采用仰头抬颌法，用一只手放在伤员口内前额，另一只手的手指将其下颌骨向上抬起(颈部有损伤的伤员不能采用此方法)，两手同时将头部推向后仰，舌根随之抬起气道即可畅通。

c. 抢救伤员时严禁使用枕头或其他物品垫在伤员头下，这样会使伤员头部抬高前倾，加重气道堵塞，导致胸外按压时流向胸部的血流减少，甚至消失。

2) 人工呼吸法。

a. 在保证伤员气道畅通的同时，救护人员用手捏住伤员的鼻翼，自己深呼吸后，与伤员口对口紧合，在不漏气的情况下先连续大口吹气两次，每次约1～1.5s。经过两次吹气后，救护人员用手测试伤员颈动脉，发现仍无搏动既可判定伤员心跳停止。此时应立即采取胸外按压的方法进行抢救，若有脉搏而无呼吸，则以每分钟 12 次的速度进行人工呼吸。

b. 抢救人员除开始的时候大口吹气两次外，其余的口对口（鼻）人工呼吸吹气量不要过大，以防引起伤员胃膨胀。抢救人员在口对口吹气放松时，要观察伤员胸部有无起伏的呼吸症状，吹气时如有较大的阻力，可能是伤员头部后仰的角度不够，要及时调整。

c. 抢救人员遇有伤员的牙关紧闭，可采取口对鼻进行人工呼吸。在采用口对鼻人工呼吸时，必须将伤员的嘴唇紧闭防止漏气。

d. 现场已配备急救器具，可用简易呼吸面具、呼吸隔膜或 S 形口咽吹气管进行隔式人工呼吸，避免直接接触引起交叉感染。

e. S 形口咽吹气管人工呼吸法，是将 S 形口咽吹气管一端插入伤员口腔内，并将其舌头压在管子下使托盘正好压在紧伤员的嘴唇，密闭伤员口部，用手捏住伤员鼻孔向吹气管内吹气。

3）胸外心脏按压法。胸外心脏按压前，抢救人员先用拳的小鱼际处适度捶击伤员的前胸区，一般捶击 1～2 次，若体表较大动脉的搏动暂时没有得到恢复，立即采取胸外心脏按压。

a. 胸外心脏按压位置选择是抢救伤员的前提条件，按压位置选择步骤如下：

第一步：右手的食指和中指沿伤员的右侧肋弓下缘向上找到肋骨和胸骨的接合部的中点。

第二步：两手指并齐后中指放在切迹中点（剑突底部），食指平放在胸骨下部。

第三步：另一只手的掌根紧挨食指上缘置于胸骨上，既为正确按压位置。

b. 胸外心脏按压姿势的正确与否是抢救伤员的基本保证，按压姿势操作步骤如下：

第一步：抢救人员将伤员仰面平躺在比较平硬的地方，跪在伤员一侧肩旁，其两肩位于伤员胸骨正上方且两手臂伸直，肘关节不弯曲，两手掌根相叠手指翘起，手掌根部置于伤员胸骨中下 1/3 交界处。

第二步：抢救人员以髋关节为支撑点利用上身的重力，垂直将正常人胸骨压陷 3～5cm。

第三步：抢救人员压陷伤员胸骨达到要求的程度后应立即松开，但手掌根不能离开前胸壁（伤员为儿童时要用力适当）。

c. 按压操作频率要求如下：

第一步：胸外心脏按压要以匀速进行，切忌不用力过猛或过大。用力过猛或过大容易导致伤员肋骨或胸骨骨折，甚至引起其病发症。所以，每分钟约 80～100 次，每次按压和放松的间隔时间要相等。

第二步：胸外心脏按压法与口对口人工呼吸法交替进行，旧国际标准中其交替节奏为：单人抢救时每按压 15 次后进行口对口人工吹气 2 次（15∶2），用此方法反复操作；双人抢救时每按压 5 次后进行口对口人工吹气 1 次（5∶1），用此方法反复操作。新国际标准规定：不论单人、双人抢救每按压 30 次后进行口对口吹气两次（30∶2），用此方法反复操作。

第三步：抢救人员替换时的时间不应超过 5s。

4）头部降温。

a. 伤员的心跳恢复后，抢救人员用冰袋、冰帽敷在伤员的头部。

b. 情况紧急时可用冰棍或冷毛巾置于伤员的额部。

3. 抢救过程中的再判断

(1) 按压吹气 1min 后，再用看、听、试法在 5～7s 的时间内检查伤员呼吸和心跳是否恢复。

(2) 若伤员的颈动脉有波动但无呼吸，暂停胸外按压法则改为 2 次口对口人工呼吸法，随后每 5s 吹气 1 次（即 12 次/min）。若脉搏和心跳均未恢复，则继续采用心肺复苏法实施抢救。

(3) 现场抢救人员在医务人员未到达前，不能轻易放弃抢救机会。

4. 抢救过程中伤员的转移与转院

(1) 抢救人员发现触电伤员后，应在现场就地采用心肺复苏法进行抢救，不能为图省事或图方便随意将伤员转移到医院。确实需要转移的，中断抢救时间不能超过 30s。

(2) 抢救人员运送伤员到医院前，现场其他人员与所到医院联系，请求医院做好接收伤员的准备，接受医生嘱咐的注意事项和应急处理措施。

(3) 抢救人员在运送伤员到医院的路程中，要让伤员平躺在垫有木板的担架上，继续采用口对口人工呼吸法进行抢救。发现伤员心跳呼吸停止立即改为心肺复苏法，同时要做好伤员的保温措施。

5. 伤员好转后的处理

(1) 现场抢救人员经过对触电者采取的各种措施，伤员心跳呼吸恢复后，暂停心肺复苏。

(2) 现场抢救人员要密切观察伤员呼吸症状，不能麻痹大意。因为伤员心跳呼吸恢复的早期有可能再次出现骤停，发现骤停立即采用心肺复苏法进行抢救。

6. 高空作业电击急救

(1) 发现有杆上触电者，现场工作班成员立即携带绝缘安全工具和牢固的绳索登杆进行抢救。

(2) 登杆救护人员发现触电者确已脱离电源，观察周围环境确无危险电源，并做好防止高空坠落安全措施后对伤员实施抢救。

(3) 登杆救护人员将触电者扶在自己的安全带上，并保证伤员气道畅通。

(4) 登杆救护人员发现触电者呼吸停止，立即采取口对口（鼻）吹气 2 次，然后用手测试伤员的颈动脉，若有搏动每 5s 吹气一次，若无搏动，用空心拳叩击心前区 2 次，激活心跳和呼吸循环系统功能。

1) 单人抢救时，先将绳索一端挂在横担上环绕 2～3 圈后固定，绳索另一端绑在伤员腋下环绕一圈，再打三个半靠结，绳头塞进伤员腋旁的内圈压紧（绳子的长度约杆长的 1.2～1.5 倍）。然后再松开伤员的安全带和脚扣，解开固定在横担上绳子将伤员缓慢送到地面。

2) 双人抢救时，绳索一端与单人救护固定法相一致，另一端由地面抢救人员握紧（绳子的长度约杆长的 2.2～2.5 倍），杆上与地面人员要协调一致，放下伤员后立即进行抢救。

? 复习思考题

1. 常见的人体触电方式有哪几种？

2. 发生触电后现场抢救的原则是什么?
3. 简述触电伤员脱离电源的原则。
4. 发生人身高压触电后，脱离高压电源的方法是什么?
5. 触及断落在地面上带电的高压导线应如何处理?
6. 简述对脱离电源后神志不清的伤员的处理方法。
7. 什么情况下应采取心肺复苏法? 详细叙述具体实施方法。
8. 抢救过程中对伤员转移与转院时应注意什么?

第十章

电力营销管理信息系统

第一节 电力营销技术支持系统概述

一、电力营销管理信息系统特色

1. 全省大集中式信息共享

全省以省公司为单位建立电力营销数据中心，从省公司到地市分公司、县区支公司、营业所通过路由器，使用光纤形成全省的广域网，全省营销业务大集中。

2. 主动式流程化的管理

电力营销管理信息系统改变传统的以部门职能划分为依据来组织系统的功能，而是全面采用以结果为导向的流程管理方式来组织系统功能，一个流程可以贯穿不同的职能部门，并提供全面的科学化流程管理。

3. 严密高效的业务处理

电力营销管理信息系统使业务处理更加严密，更加高效。系统提供了各种预警功能，各种严密限制，提供了丰富的数据一致性保证和检查功能。实现同城异地业务处理，客户可以在任何一个营业所进行报装、咨询、缴费等。

二、电力营销管理信息系统主要功能

电力营销管理信息系统包括决策层、管理层、操作层三个管理层面，实现了从省公司到地市分公司、支公司、营业所的四级管理体系。电力营销管理信息系统分为营销业务管理系统、营销客服管理系统、营销工作质量管理系统和辅助决策支持系统。

1. 营销业务管理系统

营销业务管理系统适用与地、市、县供电企业处理具体营销业务，包括业扩报装、电费核算、收费账务、电能计量、用电检查、线损管理、需求侧管理七个子系统。

2. 客户服务管理系统

客户服务管理系统为客户提供方式多样、内容丰富的信息服务，包括柜台服务、多媒体查询、呼叫中心、Internet 远程网络服务四个子系统。

3. 营销工作质量管理系统

营销质量管理系统包括工作流控制、业务稽查和经营控制三个子系统，为营销管理人员提供全面的图文并茂营销业务工作流控制、全面细致的业务稽查和包括线损管理、成本控制、Intranet 综合查询在内的全面经营控制管理。

4. 营销决策支持系统

营销决策支持系统包括综合指标分析、用电需求预测、市场策划和客户动态分析四个子系统，为高层营销决策提供全面的信息支持。

第二节　电力营销用电检查系统

电力营销信息管理系统是建立在计算机网络基础上覆盖营销业务全过程的计算机信息处理系统，是电力营销技术支持系统的核心部分。

一、电力营销信息管理系统构成

1. 系统的层次结构

电力营销信息管理系统从逻辑功能上可划分为四个层次：客户服务层、营销业务层、营销工作质量管理层和营销管理决策支持层。

2. 系统的网络构成

某省电力营销信息管理系统网络结构如图10-1所示。

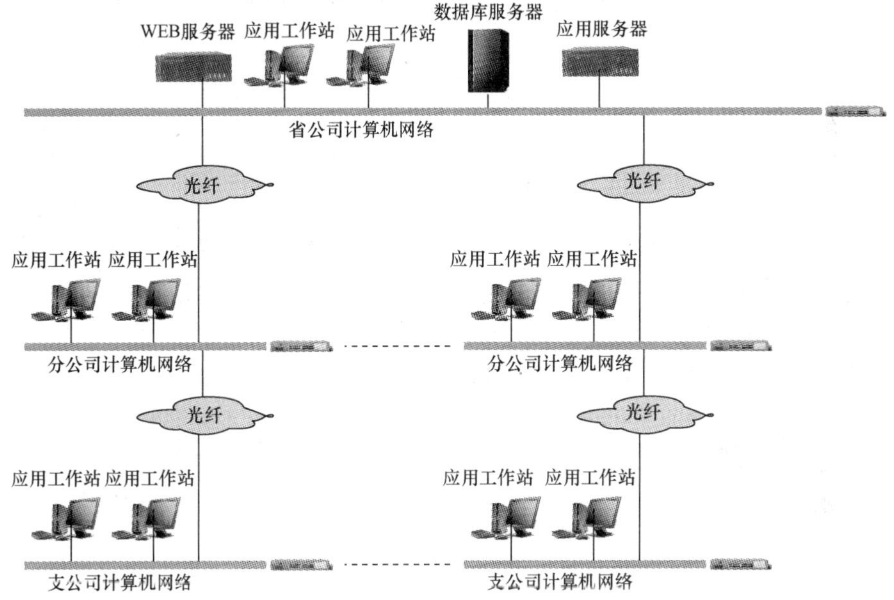

图10-1　某省电力营销信息管理系统网络结构

某省电力营销信息管理系统采用完全集中方式，将数据库服务器、应用服务器集中在省公司，数据和应用集中布置和管理，客户端（工作站）通过光纤、专线直接与数据和应用服务器进行交互。

二、窗口

1. 窗口的组成

“电力营销管理信息系统”主窗口如图10-2所示。

主窗口由下列几部分组成：

(1) 标题栏。列出本窗口的名称。

(2) 菜单栏。是应用程序操作的菜单，用来选择命令以进行相应操作。

(3) 工具栏。列出各种工具，为操作提供快速方法。

(4) “导航”窗口。选择不同的项目可以方便地切换到系统不同的状态，可以用“系统”

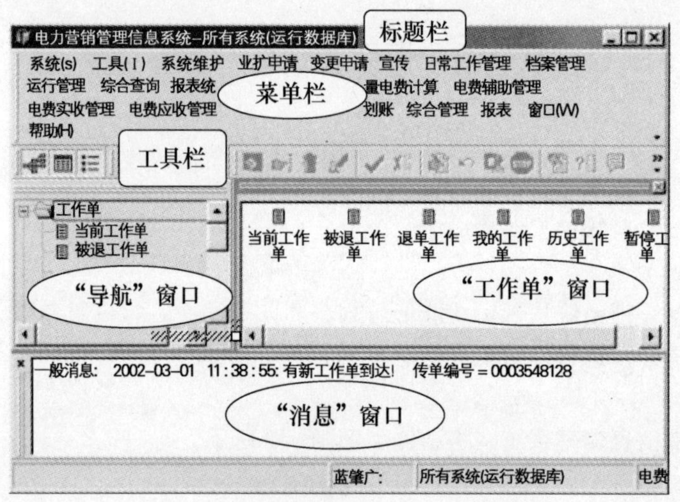

图 10-2 "电力营销管理信息系统"主窗口

菜单中的命令（或系统工具）打开或关闭。

（5）"工作单"窗口。列出待处理的工作单，可以用"系统"菜单的命令（或系统工具）打开或关闭。

（6）"消息"窗口。列出刚处理完的工作单，可以用"系统"菜单的命令（或系统工具）打开或关闭。

2. 窗口数据的输入方法

（1）文本框数据的输入。常用三种文本框形式见表 10-1。

表 10-1　　常用文本框

序号	形式	名称	数据填入方式
1	联系人:	一般文本框	直接输入数据
2	客户类型:	下拉列表文本框	从下拉列表中选取
3	户　号:	下续窗口文本框	自动填写或从下续窗口选取

（2）"特殊按钮"引导的数据输入。"特殊按钮"在窗口中有多种形式，如"数据编辑按钮"、"窗口按钮"、"系统按钮"等，单击按钮后待输入文本框被激活，然后在被激活的文本框内填入数据，样例见表 10-2。

表 10-2　　"特殊按钮"及功能

序号	名称	图例	功能
1	数据编辑按钮	新增(Z) 修改(U) 删除(D)	对文本框数据进行编辑

续表

序号	名　称	图　例	功　能
2	窗口按钮	供电电源(E) 用电设备(E)	引导下续窗口输入数据信息
3	系统按钮	保存(S) 清除(C) 发送(E)	执行数据保存和传送

三、主要菜单

"电力营销管理信息系统"的业务处理过程是通过"运行菜单命令"和"处理工作单"二种手段来进行的。

"运行菜单命令"除了可以受理用电业务外，还可以处理账务和实现一系列的对内对外管理业务。电力营销信息管理系统主要菜单如图 10－3 所示。

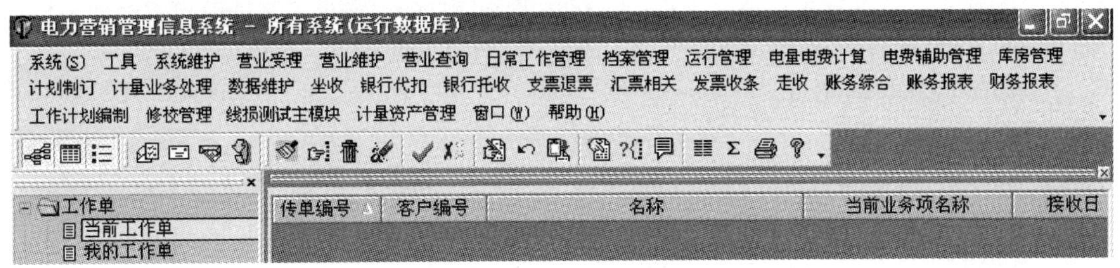

图 10－3　电力营销信息管理系统主要菜单

四、电力营销信息管理系统基本操作

(一) 菜单的使用和工作单处理

"电力营销管理信息系统"的业务处理过程是通过"运行菜单命令"和"处理工作单"两种手段来进行的。

1. 业务处理的方法和过程

(1) 运行菜单命令。当营销人员在工作岗位上接受客户的用电申请后，首先登录到"营销系统"，然后运行"菜单命令"，选择执行对应的命令，开始具体的营销业务。运行"菜单命令"的操作步骤：

1) 在 WINDOWS 桌面上选中"电力营销管理信息系统"图标，并双击打开它。

2) 在"登录"对话框中选择使用的系统和数据库，再输入"代码"和"登录口令"，然后回车或单击"确定"按钮。

3) 选择适当的菜单，选中适用的命令，打开适合客户用电需要的窗口。

4）在窗口中输入数据，开始进行营销工作的业务流程。

5）按客户的业务要求完成数据输入后，单击“确定”按钮，将业务流程发向下一步工序。

6）按系统的提示，为客户打印一份登记查询资料即“客户查询卡”。

此时系统将对每一个新申请的客户产生一个唯一的“客户编号”。“客户编号”可以快捷地用来查询客户有关的业务信息。同时发送一张“工作单”，系统自动产生“传单编号”作为客户该项业务流程编号，用来查询有关业务的进程信息。

（2）处理工作单。在“电力营销管理信息系统”的内部，一切工作都是按流程以“工作单”顺序传递流转来进行的，而且这个流转的顺序是非常严格的。“处理工作单”的操作步骤如下：

1）在 WINDOWS 桌面上选中“电力营销管理信息系统”图标，并双击打开它。

2）在“登录”对话框中选择使用的系统和数据库，再输入代码和“登录口令”，单击“确定”按钮。

3）选择“系统”菜单，选中“工作窗口”命令，打开“当前工作单”。

4）在“当前工作单”窗口找到属于自己处理的“工作单”，并双击打开它。

5）按业务要求输入数据，单击“发送”按钮，将业务流程发向下一步工序。

此时在系统的“消息窗口”内可以看到一条“一般消息”，说明你发出的“工作单”已经发送到下一个处理部门。

（3）退回正在的处理工作单。发现前一环节的处理有问题或出于某种原因需要把工作单退回到某一环节，这种操作称其为“退回工作单”。操作方法如下：

1）选中欲退回的工作单。

2）在窗口的工具栏中单击“退单”按钮（）。

3）在出现的“退单处理”窗口内选择退单处理方式和退单原因，单击“发送”按钮。

（4）单击“退出”按钮，结束“退回工作单”操作。

2. 工作单查询

工作单查询是通过“营业查询”菜单的“工作单查询”命令来进行的。在选择“工作单查询”命令后，输入查询条件，然后“回车”或按“查询”按钮，出现所查工作单，选中后单击“确认”按钮，就会出现用电工作单的详细信息。

（二）常用工具使用

为了方便操作员的操作，系统给出了多种常用工具，具体按钮符号、名称和功能见表 10-3。

表 10-3　按钮符号、名称和功能表

类型	按钮符号	按钮名称	按钮功能
系统工具		导航窗口按钮	打开或关闭导航窗口
		工作窗口按钮	打开或关闭工作窗口
		消息窗口按钮	打开或关闭消息窗口

续表

类型	按钮符号	按钮名称	按钮功能
邮件工具		发件箱按钮	打开发件箱窗口，编写、发送邮件
		收件箱按钮	打开收件箱窗口，查看、回复或删除收到的邮件
		已发送邮件箱按钮	打开已发送邮件箱，查看或删除已发送的邮件
		废件箱按钮	打开废件箱，查看或删除废件箱中的邮件
常用工具		刷新按钮	刷新工作窗口内容
		查找按钮	查找符合条件的工作单
		过滤按钮	过滤符合条件的工作单
		取消过滤按钮	取消过滤工作单功能，显示所待处理工作单
		工作单选取按钮	选取待办工作单，选取后其他工作人员不能处理
		取消选取按钮	取消已选取的工作单
		工作单处理按钮	进入处理工作单窗口，处理工作单
		退单	将选定的工作单退回到前面的工作岗位去
		暂停	暂停选定工作单的处理
		工作单查询	查询工作单数据
		流程查询	查询工作单流程信息（处理部门、时间等）
		超期理由	查询工作单超期理由
		列自定义	设置待办工作单中不显示的列
	 Σ	统计	统计业务、业务项名称和工作量
		打印	打印工作单等
		帮助	查看帮助信息

（三）流程查询

点击“查询与统计”项下的“标准流程查询”命令，出现“标准流程查询”窗口，在其窗口内选择“业务类别”为“用电稽查子系统”，“业务名称”为“用电检查工作”，则会显示用电检查工作的业务流程图。查询办理业务流程：当前工作单窗口内鼠标右击，在出现的快捷菜单中点击“流程查询”命令，出现在“办业务流程查询”窗口，在“流程查询”窗口中输入传单编号后回车，显示相应的流程状况。

五、用电检查工作计划流程

《用电检查管理办法》规定，用电检查人员可根据实际需要，定期或不定期地对客户的用电状况进行检查。年初或月初应制定年或月用电检查工作计划，然后按计划开展用电检查工作。

（一）低压用电检查工作计划

1. 工作流程

低压工作计划流程如图 10-4 所示。

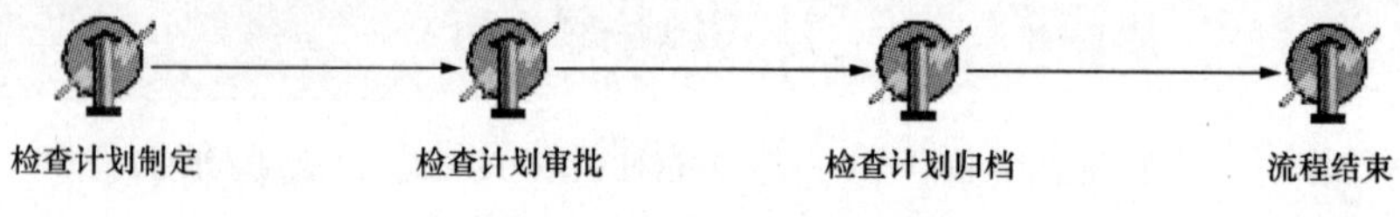

图 10-4　低压工作计划流程图

2. 年计划制定

(1) 检查计划制定。操作员进入系统后，单击工具栏中“日常工作管理”下的“低压工作计划”，进入“检查计划制定”窗口，填入“计划种类”、“检查类型”、“检查部门”，填写“检查内容”，单击“保存”按钮保存该信息；保存完毕进行计划检查客户的增加，点“增加”后，选择增加计划检查客户的方式：“计划规则增加”和“通过异常客户检索增加”。

1）选择“计划规则增加”，选择对应的规则代码，点 生成(Z) 按钮，自动增加计划检查客户。

2）选择“通过异常客户检索增加”，录入条件，点“查询”，在结果浏览中查看需要检查的客户，选择计划检查客户，选完点“确认”即可。

3）选择完要检查的客户后，必须对年计划的需检查客户进行分月处理，分别对这些客户分到具体的年月中检查，以便于以后做月计划时查询。

4）检查计划制定完成后，单击“发送”按钮，流程进入“检查计划审批”环节。

(2) 检查计划审批。在工作窗口，双击选择工单，或是右键选择工单处理，进入检查计划审批窗口。

1）单击“审批”按钮，录入信息，点“确认”。

2）单击“明细”按钮，可查看检查的计划明细，确认无误后，单击“发送”，进入“检查计划归档”环节。

(3) 检查计划归档。在工作窗口，双击选择工单，或是右键选择工单处理。进入“检查计划归档”窗口，单击“归档”，完成年计划归档，低压工作年计划制定完工。

3. 月计划制定

低压月计划编制由用电检查专员每月月初或者上个月末制订本月或者下月的低压用电检

查工作计划。用电检查工作月计划的制订总体根据低压工作年计划和具体检查部门的时间工作量来定制。系统依据管理单位、变电所、线路、变压器台站进行分区，可查到该区所有客户，然后按用电类别、报装容量、电压等级、计量方式、负荷性质等可进行分类统计，为计划编制提供基础资料。

(1) 低压月检查计划制定。进入系统后，点击工具栏中“日常工作管理”下的“低压工作计划”，进入“检查计划制定”窗口，填入“计划种类（选择月计划）”、“检查类型”、“检查部门”，填写“检查内容”，单击“保存”按钮保存该信息；保存完毕进行计划检查客户的增加，点“增加”后，选择增加计划检查客户的方式：“通过年计划增加”和“通过异常客户检索增加”。

1）选择“通过年计划增加”，通过过滤条件，选择计划当月的客户，或者上月有些客户还未处理，也可以加入到本月中来。

2）选择“通过异常客户检索增加”，若需要增加年计划外的客户，也可通过异常客户检索来增加，选完点“确认”即可。

3）检查计划制定完成后，单击“发送”按钮，流程进入“检查计划审批”环节。

月计划制订总体根据年计划中的每月安排的客户数来安排，不过可以根据工作时间的需要，对年计划进行调整。

(2) 检查计划审批与归档的操作方法与年计划相同。

(二) 高压用电检查工作计划

高压工作年（季）计划编制由用电检查专员每年（季）年（季）初或者上个年（季）末制订本年（季）或者来年（季）的高压用电检查工作计划。系统依据管理单位、变电所、线路、变台进行分区，可查到该区所有客户，然后按用电类别、报装容量、电压等级、计量方式、负荷性质等可进行分类统计，为计划编制提供基础资料。

高压工作年（季）计划和月计划编排的操作方法，参考低压工作计划。

六、用电检查工作管理流程

用电检查人员根据用电检查计划，进行异常户排查，填写《用电检查工作单》并发送给用电检查主管，用电主管审批后，用电检查员打印《用电检查工作单》。用电检查员持工作单到现场进行检查。

现场检查工作结束后，用电检查员记录用电检查结果，并根据不同情况进行处理。

(一) 用电检查流程图

用电检查流程图如图 10-5 所示。

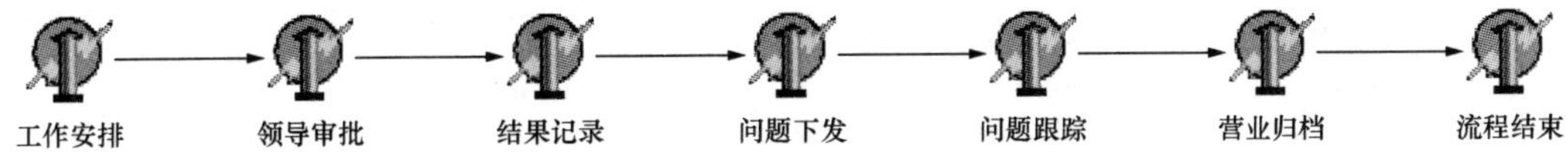

图 10-5 用电检查流程图

(二) 用电检查流程操作

1. 检查工作安排

(1) 用电检查员进入工作窗口，打开“检查工作安排”窗口，选择“检查类型”、选择检查人员，“检查内容”中输入需要检查的内容，单击“保存”保存该用检信息。

（2）单击“增加”按钮增加被检查的客户。分为三种增加检查客户的方式：“通过计划安排”、“通过异常客户检索增加”、“通过复检客户增加”。

（3）单击“发送”按钮，进入下一环节“领导审批”。

2. 检查工作审批

用电检查工作单须经用电检查主管审批，审批后发送回用电检查岗位。

（1）操作员打开“检查工作审批”窗口，填入审批意见。审批不同意，不允许发送。

（2）单击“发送”按钮，出现流程发送成功对话框，单击“确定”按钮。流程进入“结果记录”环节。

3. 检查结果记录

用电检查员从现场回来后，将带回的工作单、通知书存档，将检查基本情况信息输入微机，检查结果正常，进行资料归档；否则填写并打印《用电检查结果通知书》，客户现场签收。检查结果异常，则发起问题整改流程，异常分为存在安全隐患、计量异常（含故障换表、错接线两种情况）、违约窃电、营销差错、其他等情况。在整改流程中对出现的检查结果的异常分别来处理：安全隐患则安排客户对存在缺陷情况的限期整改，定期进行复查；对计量异常情况，走计量异常流程处理（指故障换表或错接线）；对违约窃电情况，走违约窃电流程处理；对营销差错则发起退补电量电费流程；其他的情况可以进行文本处理。

4. 问题下发

对检查工作出现的问题，记录后需要下发给相关部门和人员进行处理。

用电检查员打开工作单，根据问题的类型，可以将几个问题分成一批或者多批下发出去，进入整改的流程。每下发一次都产生一条问题整改的工单，问题整改工单处在“整改派工”环节。

5. 问题跟踪

问题跟踪是对用点检查工作出现的异常整改，下发后的跟踪查看，查看问题整改的进度和整改的结果。如果问题整改没有完成，则不允许发送到下个岗位。

6. 营业归档

用电检查工作检查完毕，出现的问题整改结束后，就可以对本次业务工单进行审核归档处理。

七、用电检查问题整改流程

（一）检查问题整改流程图

问题整改流程如图 10-6 所示。

图 10-6　问题整改流程

（二）检查问题整改流程具体操作

1. 整改派工

根据用电检查问题下发的问题整改工单，进行处理。将待整改的问题一条条或全部选中进入派工的客户，选择指定整改人员。然后将流程发送至“整改处理”环节。

2. 整改处理

（1）“违约窃电”：发起违约窃电流程。

（2）“计量异常”：发起计量异常流程。

（3）“电费退补”：发起电费退补流程。

（4）“文本处理”：对问题的处理，文本录入。

3. 整改结果反馈

对问题的整改结果及时反馈到用电检查流程的问题跟踪环节。需要增改问题的具体流程结束之后（如违约窃电，计量异常流程）才能反馈具体的整改信息（如追补电费、追补电量、违约使用电费等等）。

4. 整改归档

整改流程归档后，在问题跟踪窗口看到异常客户的处理状态和整改状态已经改变为已归档，用电检查问题跟踪环节就可以发送工作单到用电检查归档环节。

八、违约用电窃电处理流程

（一）违约用电与窃电处理流程图

违约用电与窃电处理流程如图 10－7 所示。

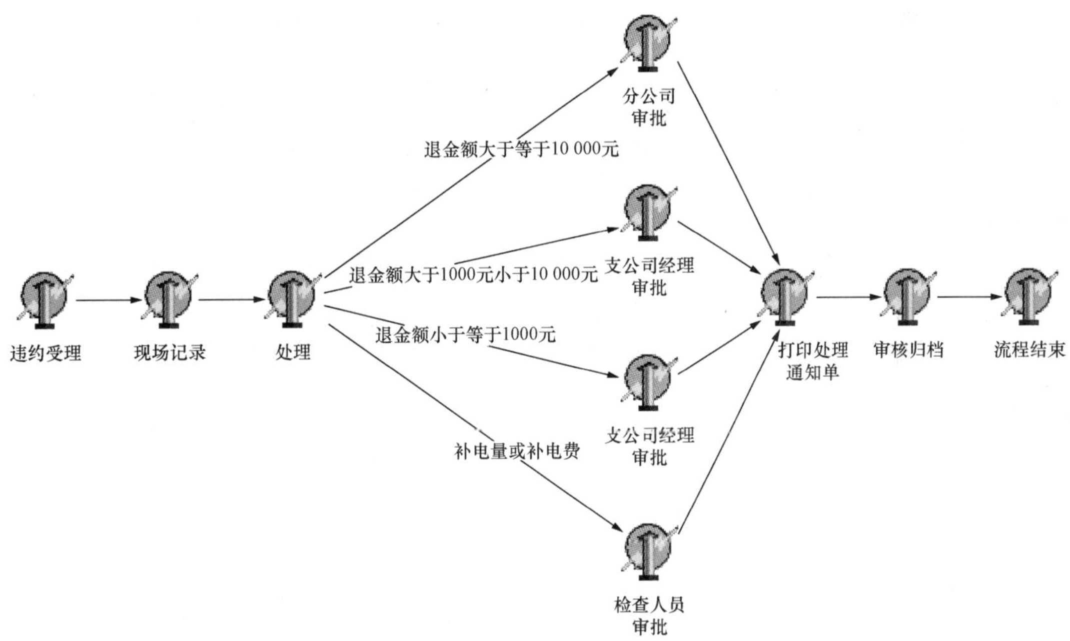

图 10－7　违约用电与窃电处理流程图

（二）违约用电与窃电处理具体操作

1. 违约用电和窃电的受理

用电检查人员根据现场检查的情况，在营销系统的“违约用电窃电受理”窗口填写户号、检查人及现场情况，启动违约用电和窃电处理流程。

2. 违约用电窃电记录

用电检查人员在“营销系统”待办工作单窗口打开要处理的工作单，根据《违约用电窃电工作单》的内容，在违约用电窃电记录窗口填写违约用电窃电行为及处理方式。

3. 违约用电窃电处理

用电检查人员根据“违约用电窃电记录”所填写的内容，确定应追补的电量及违约使用电费。

4. 违约用电窃电审批

用电检查班长根据“违约用电窃电处理”所填写的内容，对应追补的电量及违约使用电费进行审批。

5. 违约用电窃电处理通知

用电检查员将“违约用电窃电处理结果”通知客户，让客户及时到供电部门接受处理，补交追补电费及违约使用电费。

6. 违约用电窃电审核归档

客户及时到供电部门接受处理，补交追补电费及违约使用电费。用电检查班长对“违约用电窃电处理”情况进行审核后，将该项工作归档，流程结束。

7. 交费

客户接到违约用电窃电处理通知后，到供电营业所办理交费事宜。

九、电气运行及档案管理流程

（一）运行管理

1. 客户事故管理

客户发生以下六大类用电事故，应及时向供电企业报告：①人身触电死亡；②导致电力系统停电；③专线掉闸或全停电；④电气火灾；⑤重要或大型电气设备损坏；⑥停电期间向电力系统倒送电。

供电企业应对事故情况要按照“三不放过”的原则调查分析事故，总结经验教训和落实防范措施，并进行安全用电的宣传。用电检查人员进行事故调查分析，录入结果，打印出事故报告，以电子报告或纸张报告方式上报。事故报告给客户一份，并通知限期整改。

2. 无功考核管理

无功电力应就地平衡。客户应在提高用电自然功率因数的基础上，按有关标准设计和安装无功补偿设备，并做到随其负荷和电压变动及时投入或切除，防止无功电力倒送。

（二）中止与恢复供电管理

除因故中止供电外，供电企业需对客户停止供电时，应按程序办理停电手续：引起中止供电的原因消除后，供电企业应在三日内恢复供电。

1. 中止供电流程

中止供电流程如图 10 - 8 所示。

2. 中止供电流程操作

（1）中止供电受理。当客户存在欠费、违章、窃电或其他需中止供电的情况时，有职权的负责人或岗位（如用电检查人员）在机内提出申请。

（2）审批。审批时提出审批意见，若同意中止供电，流程发送至执行岗位；若不同意中止供电，流程发送至归档。

（3）通知客户。检查人员打印停电通知单，并将停电通知单在规定时间内送达客户，并注明停电日期。

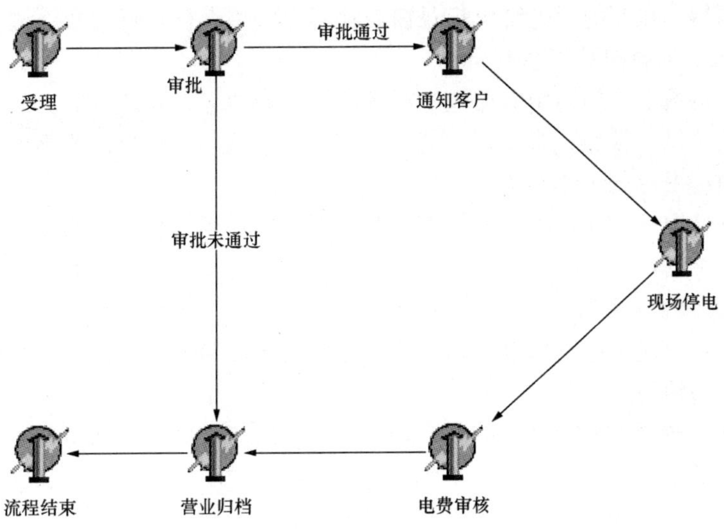

图 10-8　中止供电流程图

(4) 现场停电。执行停电任务的检查人员接到停电任务后，打印停电执行单，然后到执行现场停电操作，断电源、贴封条。专线供电的高压客户经审批后通知调度实施停电。

(5) 电费审核。电费审核人员进行电费审核。

(6) 归档。流程结束后，审核显示的数据，并将有关资料归档。

3. 恢复供电流程

中止供电的原因消除后，认为该客户可以恢复供电时，有职权的负责人或岗位（如用电检查人员）在机内提出申请进行办理。

（三）用电检查档案管理

1. 客户档案维护操作

用电工程竣工验收后，应建立客户用电检查档案。档案内容包括客户基本信息、一次接线图、计量装置、客户进网电工、电力电缆、保安负荷、隔离开关、客户无功补偿设备、避雷器、主变压器、配电变压器、高压电动机、继电保护、自备发电机、主要产品、转（供）电、供电电源、多路电源、断路器、安全设备等。

2. 双电源管理操作

用电检查部门应定期检查双（多）电源客户，双（多）电源客户应加装联锁装置，或按照供用双方签订的协议进行调度操作。

十、用电检查查询统计

（一）计划执行情况查询统计

统计年计划执行情况操作步骤：

(1) 本次年计划客户在月计划安排情况。

(2) 单击“计划审批”按钮，查看月计划审批的记录。

(3) 单击“工作单据”按钮，查看月计划的各个工作单据信息。

(4) 单击“客户档案”按钮，查看计划中的每户信息。

(5) 单击“流程查询”按钮，查看这个流程的流程信息。

（二）统计月计划的执行情况

1. 本次月计划对客户检查执行情况

单击“每户信息”按钮：查看每户的具体检查信息。

单击“问题信息”按钮：查看每户的存在的问题信息，通过单击“整改工单”按钮可以查看存在问题对应发起的工单的工单信息。

单击“检查情况”按钮：年计划没有检查情况，月计划已经完成的客户和使用未完成的客户有检查情况。

2. 历史用电检查查询统计

查询统计历史做过的用电检查工作。用电检查历史检查查询条件：“检查部门”和“检查日期”。

单击“查询”按钮：根据录入的查询条件查询检查的计划，查询出对应的历史用电检查批次和批次对应的客户。

单击“检查情况”按钮：查看检查客户的具体的用电检查情况。

单击“工单执行情况”按钮：查看一个检查批次的检查工单的信息。

单击“工作单据”按钮：查看检查工单涉及工作单据。

单击“每户信息”按钮：查看检查工单涉及的每户检查情况信息。

单击“流程信息”按钮：查看检查工单的流程信息。

单击“客户档案”按钮：查看检查工单中具体户的客户档案信息。

单击“问题信息”按钮：查看检查工单中每户的存在的问题信息，通过单击“整改工单”按钮可以查看存在问题对应发起的工单的工单信息。

3. 查看中止供电工单和恢复供电工单的信息

查询条件包括：“查询类型”、“管理单位”、“停电类型”、“查询日期”、“次数”等。

单击“查询”按钮：根据录入的查询条件，查询统计停复电的工作计量。

单击“显示明细”按钮：查看具体每一宗停复电的记录明细信息，停复电查询明细包括查看停电明细和复电明细，“流程查询”页面分别查询停电工单的流程信息和复电流程的工单信息。

单击“打印月停电记录”按钮：打印每户停电的客户的记录，根据上面“查询日期”页面中的时间选择月份。

单击“导出 EXCEL”按钮：把查询结果导成 EXCEL 文件。

（三）违约窃电查询统计

1. 违约、窃电查询

查看违约窃电工单的信息：

单击“查询”按钮：根据选择条件，查询违约窃电的工单信息。

单击“显示明细”按钮：查看具体某条违约窃电的工单的信息。

单击“打印”按钮：补打或者查看打印违约窃电通知书。

2. 违约、窃电统计报表

统计查处违约用电、窃电完成量：

单击“查询”按钮：统计违约窃电的情况。

单击“打印”按钮：打印违约窃电情况统计表和明细表。

?复习思考题

1. 电力营销管理信息系统的主要功能是什么?
2. 电力营销管理信息系统的业务处理是通过哪两种手段来实现的?
3. 电力营销用电检查子系统包括哪几个主要流程?
4. 试画出用电检查问题整改流程图。
5. 试画出违约用电与窃电处理流程图。
6. 用电检查子系统的客户用电检查档案里主要包括哪些内容?